·普通高等教育重点学科规划教材·电子信息类

电工同步指导与实习

主 编 骆雅琴

副主编 程卫群

中国科学技术大学出版社

·合 肥·

内 容 简 介

本书由“电工同步指导”及“电工实习”两篇组成。“电工同步指导”是根据高等学校“电工学”课程教学基本要求，参照安徽工业大学“电工学”课程体系而编写的，其内容由目标、内容、要点、应用、例题、练习六部分组成。书中还收编了近年来安徽工业大学本科非电类学生的期末试卷及分析，以供读者参考。“电工实习”是针对安徽工业大学电工课程实习内容——可编程序控制器而编写的。通过实习帮助学生提高技术综合和实践创新能力。

本书可作为普通高等学校理工科非电类本科各专业学生学习电工学的辅导教材和实习用书，也可供有关教师教学参考，还可以作为理工科电类各专业学生学习电工技术的教学参考与实习用书。

图书在版编目（CIP）数据

电工同步指导与实习/骆雅琴主编.—合肥：中国科学技术大学出版社，2010.9
ISBN 978-7-312-02680-5

Ⅰ. 电…　Ⅱ. 骆…　Ⅲ.电工技术—实习—高等学校—教学参考资料　Ⅳ. TM-45

中国版本图书馆 CIP 数据核字(2010)第 043837 号

责 任 编 辑：张善金　吴月红
出　版　者：中国科学技术大学出版社
　　地　址：合肥市金寨路 96 号　　邮编：230026
　　网　址：http://www.press.ustc.edu.cn
　　电　话：发行部 0551-3602905　邮购部 3602906
印　刷　者：安徽辉隆农资集团瑞隆印务有限公司
发　行　者：中国科学技术大学出版社
经　销　者：全国新华书店
开　　　本：787mm×1092mm　1/16
印　　　张：15.25
字　　　数：382 千
版　　　次：2010 年 9 月第 1 版
印　　　次：2010 年 9 月第 1 次印刷
印　　　数：1—6000 册
定　　　价：24.00 元

前　言

为适应高等学校“电工学”课程改革和广大学生学习本课程的需要，我们在总结了长期从事教学研究和教学改革的实践经验后，编写了这本《电工同步指导与实习》。以帮助读者在学习“电工学”课程时，学懂基本内容、理解基本概念、掌握基本分析方法、提高分析问题和解决问题的能力。

本书参照安徽工业大学“电工学”课程体系而编写。上篇“电工同步指导”是针对《电工学》上册“电工技术”的内容进行同步指导。由于“电工技术”的理论授课学时是40学时，选讲内容有限，本书在进行同步指导时适当补充内容，以满足“电工学”课程的学习需要。

本书每章的“同步指导” 编写了目标、内容、要点、应用、例题和练习六项内容。

在“同步指导”中，“目标”是根据高等学校“电工学”课程教学基本要求提出的学习目标；“内容”是用框图和简述基本知识点来帮助读者整合知识；“要点”是重点提示；“应用”则是扩展知识面。由于“电工学”课程内容多，学时少，无法安排习题课，不能满足学生的学习需要，因此用本书的“例题”给予弥补。为了帮助学生熟悉课程内容，提高思考能力，本书还编写了“练习”。练习后附有练习答案，以供读者参考。

本书下篇“电工实习”是针对“可编程控制器”的基本内容，按实习要求从理论和实践两方面系统地、简要地编写的。通过几年的教学实践，证明电工实习能让非电类各专业学生在较短的时间内，基本掌握可编程控制器的使用方法。

为帮助学生期末复习考试，本书还编入了近年来安徽工业大学本科非电类学生期末试卷，并对试卷进行了分析，其中的新编试卷还给出了评分标准，以供读者参考。

本书是安徽工业大学“电工学”课程教学团队的集体教学研究成果，参加本书编写工作的有：骆雅琴、程卫群、周红、周春雪等。

本书由骆雅琴担任主编，负责全书的策划、组织、统稿及“电工同步指导”的编写等工作；程卫群担任副主编，负责“电工实习”的编写；朱志峰、唐得志、程木田、郑睿、杨末（安徽工业大学工商学院）等参加了本书的录制、插图、审稿等工作。

我们对支持本书编写和出版的安徽工业大学教务处、电气信息学院以及对本书编写和出版给予支持和帮助的同事和朋友们表示衷心地感谢！

由于编者的水平和经验有限，书中难免有疏漏和不妥之处，敬请读者批评指正。

骆雅琴

2010 年 8 月 8 日于安徽工业大学

目 录

上篇 电工同步指导

下篇 电工实习

上　篇

电工同步指导

第一部分　同 步 指 导

第 1 章　电路的概念与定律

1.1　目　　标

- ☞ 了解电路的组成与作用。
- ☞ 了解电路模型及理想电路元件。
- ☞ 了解电路的基本物理量，理解电压、电流参考方向的意义。
- ☞ 理解电路基本定律（欧姆定律、基尔霍夫电压定律、基尔霍夫电流定律），能够正确应用。
- ☞ 了解电源的三种状态（有载工作、开路、短路）及额定值意义。
- ☞ 理解电功率并能够正确计算。
- ☞ 掌握计算电路中各点电位的方法。

1.2　内　　容

1.2.1　知识结构框图

电路的基本知识结构框图如图1.1所示。

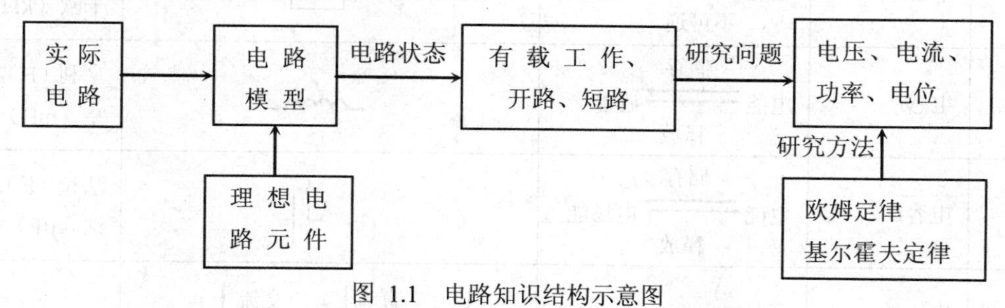

图 1.1　电路知识结构示意图

1.2.2　基本知识点

一、电路及其组成

1. 电路

电路是电流的通路。通路必须闭合。图 1.2 所示电阻 R' 没有形成通路，因此没有电流通过它。电路是电路模型的简称。电路模型是用理想电路元件来描述实际电路。

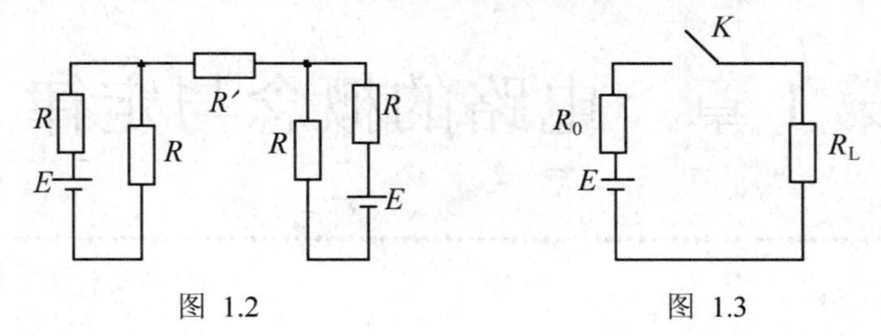

图 1.2　　　　图 1.3

2. 电路的组成

电路的组成有三大部分——电源（或信号源）、负载、中间环节。

3. 电路分析

电路分析研究的是电路中电压、电流、功率等共性问题，也就是已知电路的结构和参数，讨论电路的激励和响应之间的关系。不同的实际电路可能具有相同的电路模型。如图 1.3 电路，可以是手电筒电路模型，也可以是任一直流供电电路模型。

二、理想电路元件

理想电路元件就是将实际电路元件理想化，即在一定的条件下，突出其主要的电磁性质，而忽略次要因素。

理想电路元件分别由相应的参数表征，用规定的图形符号来表示如表 1.1 所示。

表 1.1　理想电路元件一览表

序号	元件名称	作　用	符　号	单　位
1	电阻R	电能 —转变/不可逆→ 其他能	R	欧姆（Ω），千欧（kΩ）等
2	电感L	电能 ⇄（储存/释放）磁能	L	亨利（H），毫亨（mH）等
3	电容C	电能 ⇄（储存/释放）电场能	C	法拉（F），微法（μF）等
4	电压源（直流E、交流e(t)）	供给电能	直流 E　直流 + E −　交流 + $e(t)$ −	伏特（V），毫伏（mV）等
5	电流源（直流I_S、交流i(t)）	供给电能	I　$i(t)$	安培（A），毫安（mA）等

三、电路结构

电路由结点、支路、回路及元件所构成。如图1.4所示。

每个元件都有两个端点；流过同一电流的分支称作支路；三条及三条以上支路的连接点叫结点；由多条支路围成的闭合路径叫回路；网孔是回路，但回路不一定是网孔。图1.4中闭合路径1，2，3是回路，也是网孔，但闭合路径4是回路不是网孔。

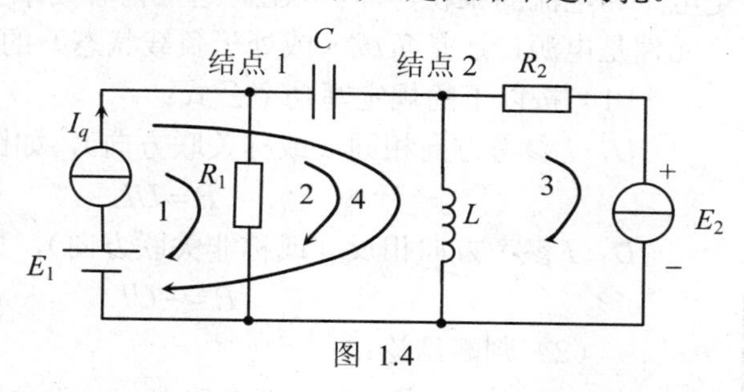

图 1.4

四、电路的基本物理量

电路的基本物理量有：电流、电压、电动势、电位。这些物理量已在物理课中讲过。重新研究它们的意义在于引入了参考方向（即正方向）。参考方向是一种重要的分析方法。

电压、电位、电动势虽然是不同的电量，但是它们之间有着极其密切的关系，可以相互描述。电动势又称电位升；电压又称电位降、电位差；电位也是一种电压，即参考点与某点之间的电压。

电源可以用电动势来描述，也可以用电压来描述，且电位升等于电位降。

两点间的电压也就是两点间的电位差。它与计算路径无关，与参考点无关。

某点电位是某点与参考点之间的电压。它与参考点有关。改变参考点，电位随之改变。

五、电路状态

电路有开路、短路和有载工作三种状态。下面以实际电压源为例来说明这三种状态的不同特征。

1．开路

开路状态的特征是开路端没有电流，但有电压，且电压等于电动势（复杂电路为等效电动势）。

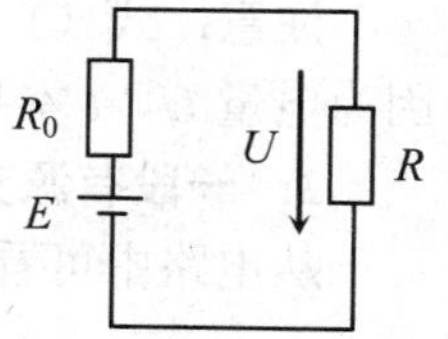

2．短路

短路状态的特征是短路端没有电压，但有电流，且电流等于电动势（或等效电动势）除以内阻（或等效内阻）。对于电压源，内阻较小，短路电流很大，因此短路被视为事故状态。电路中所需要的局部短路，不会引起事故，通常称为短接。

R_0　U　R　E

图 1.5

3．有载

有载工作状态的特征是负载端有电压，也有电流，可以写出电路的伏安关系方程，该方程又称之为电压平衡方程式。图 1.5 所示电路的电压平衡方程式写为：

$$U = E - IR_0$$

等式两边同乘电流，得$UI = IE - I^2R_0$，可以写为：$P_R = P_E - P_{R0}$，该式称为功率平衡方程式。

六、功率

功率在直流电路中是电压和电流的乘积，即 $P=UI$。这一内容要掌握以下两点：

第一，判断电路某一元件是电源，还是负载（或处于负载状态）的方法。

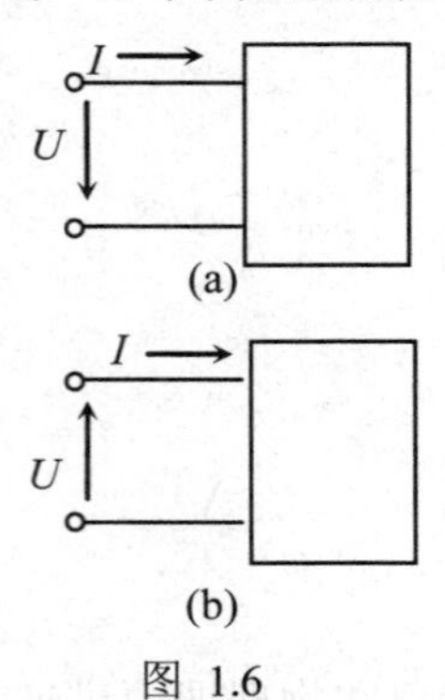

图 1.6

（1）按以下的规定写功率公式：

U，I 参考方向相同（或称关联方向），如图 1.6(a)，有：

$$P = UI \tag{1.1}$$

U，I 参考方向相反（或称非关联方向），如图 1.6(b)，有：

$$P = -UI \tag{1.2}$$

（2）判断结论：

$P > 0$　吸收功率——为负载

$P < 0$　提供功率——为电源

注意：按以上规定写出的功率公式才可用如上结论判断。另外（1.1）式的最终结果不一定为正，（1.2）式的最终结果不一定为负。因为电量 U，I 本身还有一个正、负号。

第二，功率平衡。电源发出的功率等于负载吸收的功率。

七、欧姆定律

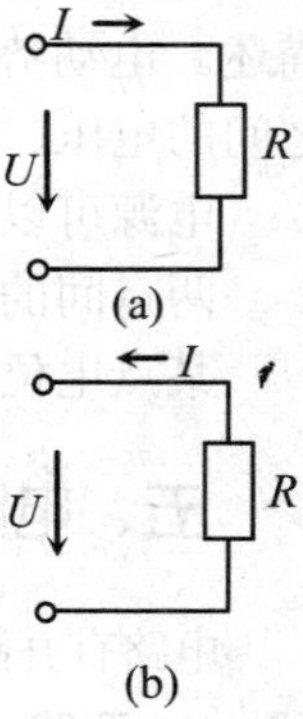

欧姆定律是描述线性电路伏安关系的定律，要掌握以下两点：

1．欧姆定律公式

U，I 参考方向相同（或称关联方向），如图 1.7(a)，有：

$$U = IR \tag{1.3}$$

U，I 参考方向相反（或称非关联方向），如图 1.7(b)，有：

$$U = -IR \tag{1.4}$$

(a)

(b)

图 1.7

注意：式（1.3）最终结果不一定为正，式（1.4）最终结果不一定为负。因为电量 U，I 本身还有一个正、负号。

2．一段有源支路的欧姆定律

从电路中可看出电压 U 有两部分，一部分是电阻 R 上的电压，一部分是电动势可以用分解的方法分别描述。电阻 R 的电压用式（1.3）或式（1.4）描述，而电动势则用电位升等于电位降写出其正、负号。

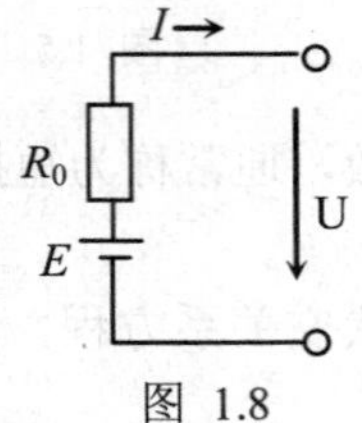

图 1.8

因此该电路欧姆定律公式为：

$$U = E - IR \tag{1.5}$$

（1.5）式中电流I与电压U的参考方向相反，因而有负号。电动势的方向（电位升的方向）与电压U的方向（电位降的方向）正好相反，符

合电位升等于电位降的关系，因而为正。

八、基尔霍夫定律

1. 基尔霍夫电流定律（Kirchhoff's Currunt Law，简称 KCL）

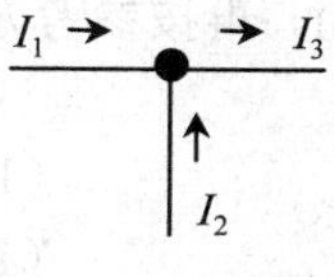

该定律反映了汇合到电路中任一结点的各支路电流间的相互制约关系。在图 1.9 所示电路中，有：

$$\sum I = 0,\quad I_1 + I_2 - I_3 = 0 \tag{1.6}$$

或

$$\sum I_{进} = \sum I_{出}\qquad I_1 + I_2 = I_3 \tag{1.7}$$

图 1.9

在式（1.6）中，设流进的电流为正，流出的电流就为负，反之亦可。

2. 基尔霍夫电压定律（Kirchhoff's Voltage Law，简称 KVL）

该定律反映了一个回路中各段电压之间的相互关系。在图1.10所示的电路中，对于回路I，有：

$$\sum U = 0\quad I_1R_1 - I_2R_2 - E_1 + E_2 = 0 \tag{1.8}$$

$$\sum U = \sum E\quad I_1R_1 - I_2R_2 = E_1 - E_2 \tag{1.9}$$

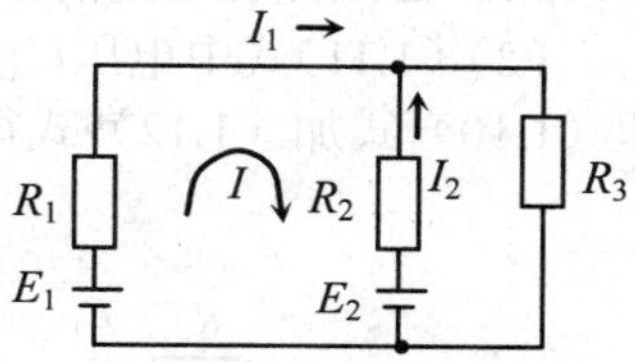

图 1.10

在（1.8）式中，每个元件沿绕行方向，按其电压方向与绕行方向相同为正，反之为负的方法写。

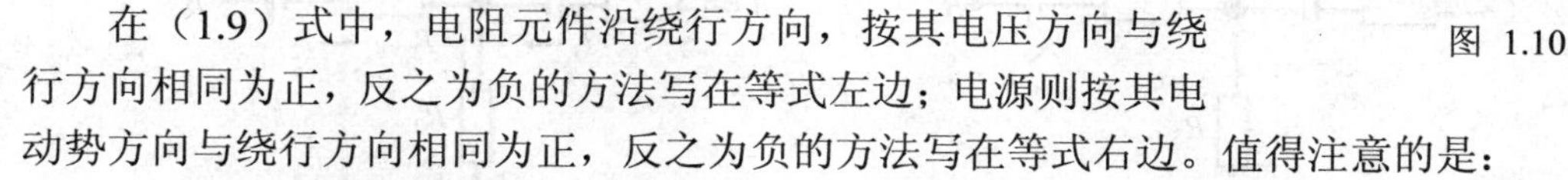

在（1.9）式中，电阻元件沿绕行方向，按其电压方向与绕行方向相同为正，反之为负的方法写在等式左边；电源则按其电动势方向与绕行方向相同为正，反之为负的方法写在等式右边。值得注意的是：

（1）在书写符号时，直流电均为大写，如：电流I、电压U、电位V、电动势E。

（2）在应用基尔霍夫电流定律时，首先要设支路电流的参考方向。

（3）在应用基尔霍夫电压定律时，首先要设支路电流的参考方向和回路的绕行方向。不用支路电流表示的，就要设其元件的电压方向。

1.3　要　　点

主要内容：
- 电量的参考方向（即正方向）
- 隐含在定理中的两套正、负号
- 电位的应用及计算

一、电量的参考方向（正方向）

电路中电流和电压的方向是客观存在的，但是在分析较为复杂的电路时，往往难以事先判断出它们的实际方向。因此在分析电路时，往往先设一个方向，按此方向应用电路定理列写公式进行计算，而后根据计算结果判断实际方向。当所选的电压或电流的参考方向与实际方向一致时，则电压或电流为正值；反之，则为负值。

设参考方向是一种重要的分析方法。

切记：电路中电量的计算公式和参考方向是配套使用的，二者不可缺一。

【举例】 图 1.11 是复杂电路的一部分，列出 U_{AB} 的计算公式。

【分析】 根据题意，A，B 并非开路端口。这是一个复杂电路的部分电路，它以简化形式出现。要列其电压方程，首先设相关支路电流的参考方向，如图 1.11(b)。再按参考方向，用 KVL，列出：

$$U_{AB} = I_1R_1 + E_1 - I_2R_2 - E_2 \quad (1.10)$$

$$U_{AD} = I_1R_1 + E_1 + I_3R_3 - E_3 \quad (1.11)$$

$$U_{BD} = I_2R_2 + E_2 + I_3R_3 - E_3 \quad (1.12)$$

验证：

$$U_{AB} = U_{AD} - U_{BD} = I_1R_1 + E_1 - I_2R_2 - E_2$$

概念与结论：

（1）必须先设电量的参考方向，才能列出方程。

（2）(1.11)式中电压U_{AD}的计算路径是$A \to C \to D$。也可以由其他路径求出。如$U_{AD}= U_{AB}+U_{BD}$即（1.10）式加（1.12）式得（1.11）式。所以电压大小与计算路径无关。

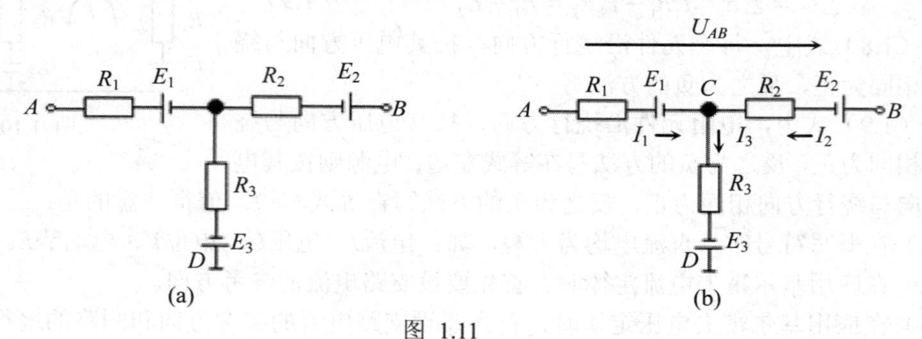

图 1.11

二、隐含在定律中的两套正负号

所谓两套正负号，即一套是用定理写公式时的正负号；另一套是电量自身的正负号。公式正负号是根据所设参考方向（正方向）来确定，而电量正负号，则说明电量的正方向与实际方向是否相同，相同为正，相反为负。两套正负号在本章中有三处应用，它们分别是：

1．欧姆定律

公式正负号：若电阻的电压、电流正方向为关联方向，公式冠以正号，即 $U=IR$；若电阻的电压、电流正方向为非关联方向，公式冠以负号，即 $U=-IR$。

电量正负号：两式中的电流可以是正，也可以是负。如所设正方向同实际方向为正；反之为负。

由上得出结论：定律所求电量的最终结果由两套正负号共同决定。

2．基尔霍夫定律

（1）基尔霍夫电流定律(KCL)：对于图1.12所示电路，用公式正负号写出其表达式：

$$I_1+I_2-I_3=0 \quad 或 \quad I_3=I_1+I_2$$

若　　$I_1=1\text{A}$，$I_2=-5\text{A}$　（已知条件反映出电量正负号）

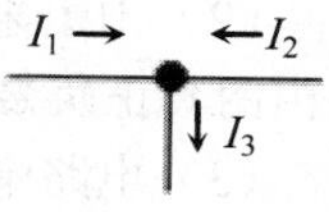

将已知条件代入 KCL 公式，得：

I_3=1A−5A=4A　（该结果由两套正负号共同决定）

I_1 → ← I_2 ↓ I_3

图 1.12

（2）基尔霍夫电压定律(KVL)：对于图1.13所示回路Ⅰ，用公式正负号写出其表达式：

$$R_1I_1-R_2I_2=E_1-E_2$$

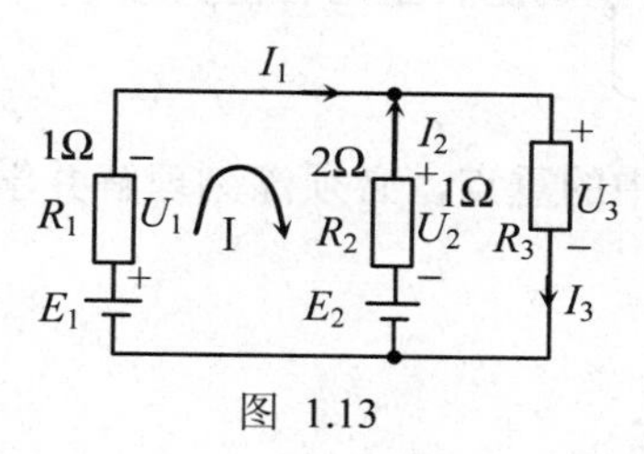

图 1.13

若 $I_1=4\text{A}$，$I_2=-2\text{A}$，$E_2=-2\text{V}$（已知条件反映了电量正负号），将已知条件代入公式得：

$$1\times4-2\times(-2)=E_1-(-2)$$

所以：

$E_1=6\text{V}$（由两套正负号共同决定结果）

3．求功率

以图 1.13 为例，方法如下：

（1）设定绕行方向（各电压的正方向）及各支路电流正方向。

（2）写功率公式：若元件上电压与电流的正方向相同（即关联方向），其功率公式冠以正号，反之为负。

图 1.13 的功率公式为：

$$P_{R1}=U_1I_1，\ P_{R2}=-U_2I_2，\ P_{R3}=U_3I_3，\ P_{E1}=U_{E1}I_1，\ P_{E2}=-U_{E2}I_2$$

其中，U_{E1} 正方向（即绕行方向）与E_1方向相同，是电位升而不是电位降的方向，因此出现负号，即：

$$U_{E1}=-E_1，\qquad P_{E1}=U_{E1}I_1=-E_1I_1$$

U_{E2} 方向（即绕行方向）与E_2方向相反，是电位降的方向，因此有：

$$U_{E2}=E_2，\qquad P_{E2}=-U_{E2}I_2=-E_2I_2$$

（3）计算功率大小：代入已知电量（其中含有电量正负号）：I_1=4A，I_2= −2A，E_1=6V，E_2= −2V，算出：

$$U_3=-I_2R_2+E_2=2\,(\text{V})，\qquad I_3=I_1+I_2=2\,(\text{A})$$
$$U_1=E_1-R_3I_3=6-2=4\,(\text{V})，\qquad U_2=R_3I_3-E_2=2-（-2）=4\,(\text{V})$$
$$P_{R1}=U_1I_1=4\times4=16\,(\text{W})，\qquad P_{R2}=-U_2I_2=-4\times(-2)=8\,(\text{W})$$
$$P_{R3}=U_3I_3=2\times2=4\,(\text{W})，\qquad P_{E1}=U_{E1}I_1=-E_1I_1=-6\times4=-24\,(\text{W})$$
$$P_{E2}=-U_{E2}I_2=-E_2I_2=-(-2)\times(-2)=-4\,(\text{W})$$

以上功率由两套正负号共同决定。

（4）判断功率性质：

$$P_{R1}+P_{R2}+P_{R3}=16+8+4=28\,(\text{W})>0 \quad 吸收功率$$
$$P_{E1}+P_{E2}=-24-4=-28\,(\text{W})<0 \quad 发出功率$$

4．概念与结论

（1）发出功率等于吸收功率——功率平衡。

（2）由于采用设立正方向的分析方法，产生出“公式与电量”两套正负号。所求最终结果由两套正负号共同决定。

（3）电路中两大问题：

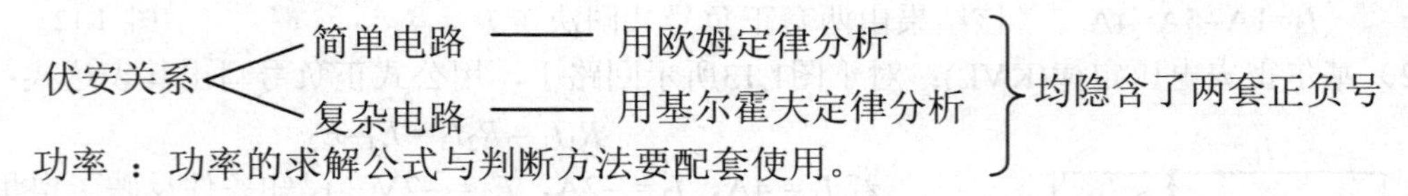

（4）欧姆定律、基尔霍夫定律及功率求解方法都是电路中的重点，必须深刻理解并学会应用。

三、电位的应用与计算

电位也是一种电压。某点电位等于某点对参考点之间的电压。如图1.11中$V_A=U_{AD}$，即电位V_A等于A点与D点（参考点）之间的电压。

求电位需要设一个参考点，参考点改变，电位也相应改变，这就是电位的相对性。图 1.11 中将 D 点接地，一般把接地点作为参考点。

可用电位来描述其他量。如：电动势又叫电位升，电压叫电位降，还叫电位差，由图 1.11 可知：

$$\because \quad U_{AD}=V_A，\ U_{BD}=V_B$$

$$\therefore \quad U_{AB}=U_{AD}-U_{BD}=V_A-V_B$$

可用电位来简化电路，如图 1.13 化简为图 1.14。在图 1.14 中，电源一端（正极）接在电路上，另一端（负极）虽未画出，但它是接在接地点。

在图1.15电路中，当K合上时，$V_A=-5\text{V}$；当K打开时，$V_A=0\text{V}$。开关合上，形成回路，有电流，才在电阻上产生电压，也就有了电位。因此求电位与求电压的方法相同。

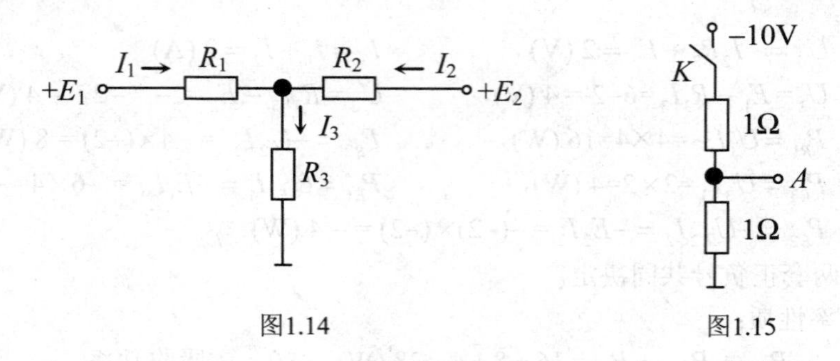

图1.14　　图1.15

1.4 应　　用

> 内容提示：
> - 基尔霍夫定律的扩展应用
> - 负载讨论
> - 最大输出功率

一、基尔霍夫定律的扩展应用

1．基尔霍夫电流定律的扩展——广义结点

把电路中的任一假设闭合面看作一个结点，这个结点就叫做广义结点。流过广义结点的电流可以用基尔霍夫电流定律来求解。

在图 1.16 中，三个电阻所围成的假想闭合面可以看作是一个广义结点。流经结点的电流的代数和等于零（$\sum I=0$）。即 $I_1+I_2+I_3=0$。

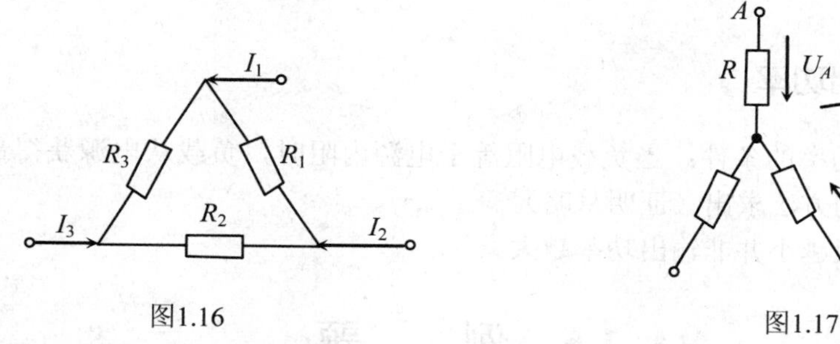

图1.16　　图1.17

2．基尔霍夫电压定律的扩展——假想回路

把电路中的任一开口电路看作一个假想回路，这个假想回路绕行一周的电压降等于零（$\sum U=0$）。如图 1.17 所示电路，$U_{AB}-U_A+U_B=0$，或 $U_{AB}=U_A-U_B$。

前述图 1.11 电路用假想回路求解如下：

先设假想回路的绕行方向，如图 1.18 电路所示。回路的绕行方向也相当于回路电压的参考方向。写回路电压方程：

$$-U_{AB}+I_1R_1-I_2R_2=-E_1+E_2$$
$$-U_{AD}+I_1R_1+I_3R_3=-E_1+E_3$$
$$-U_{BD}+I_2R+I_3R_3=-E_2+E_3$$
$$U_{AB}=I_1R_1+E_1-I_2R_2-E_2$$
$$U_{BD}=I_2R_2+E_2+I_3R_3-E_3$$
$$U_{AD}=I_1R_1+E_1+I_3R_3-E_3$$

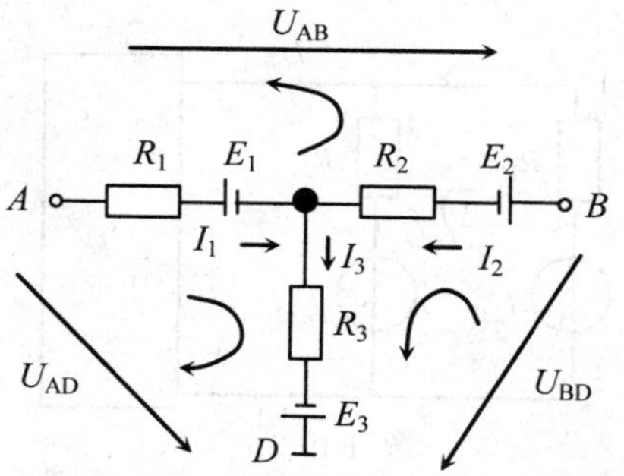

图 1.18

二、负载讨论

负载是电路组成的三部分之一。在直流电路中，用电器（或供电对象）通常是用电阻来模拟。但是在分析电路时，负载却是指负载电流而不是指负载电阻，这个概念非常重要。也就是说，负载的增加是指负载电流的增加，而不是指负载电阻的增加，恰恰相反，负载电阻是在减少，因为在电路中负载往往是并联使用的。

负载的大小通常被描述为：满载、欠载、过载。这是与电流的额定值对比得出的三种状态。因此电路的有载工作状态有三种情况：

（1）满载：$I=I_N$，工作电流等于额定电流。

（2）欠载：$I<I_N$，工作电流小于额定电流。

（3）过载：$I>I_N$，工作电流大于额定电流。“过载”又称超载。

工作电流为电路工作时的电流实际值；额定电流为电路工作时的电流额定值。额定值是电路在给定工作条件下，正常运行所达到的最大容许值。额定值表示电路具有的能力。长期超载会损坏电路；欠载使用不经济，而有的负载在欠载情况下工作达不到最佳工作状态。

负载问题与电路的功率也有关系。从图 1.5 所列电压平衡方程式可知：用电压源供电时，内阻越小越好，内阻小负载分压多；用电流源供电时，内阻越大越好，内阻大负载分流多。

用电压源供电时，内阻越小负载电压越高，是否输出功率越大呢？这就是下面要讨论的问题。

三、最大输出功率

负载获得最大功率的条件：当负载电阻等于电源内阻时，负载从电源获得最大功率。这一条件可用求极值的方法求出（证明从略）。

由此可知，内阻越小并非输出功率越大。

1.5 例　　题

1 在图 1.19 所示电路中，已知：$U_{S1}=50\text{V}$，$U_{S2}=40\text{V}$，$R_2=1\Omega$，$I=2\text{A}$，$I_2=1\text{A}$，试用基尔霍夫定律求电阻 R_1 和负载 N 的功率，并验证功率平衡关系。

【解题思路】 由 KCL 求 I_1，由 KVL 求电阻 R_1，由电压、电流求其功率。

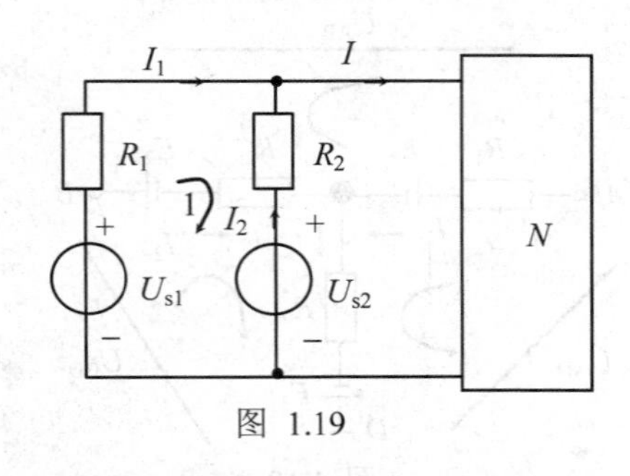

图 1.19

【解】 （1）由 KCL：$I_1+I_2-I=0$，$I_1=1\text{A}$

由 KVL 列写回路 1 方程：$R_1I_1-R_2I_2+U_{S2}-U_{S1}=0$

求得：　　　$R_1=11\ \Omega$

（2）求负载N的功率：$P_N=I\,(U_{S2}-R_2I_2)=78\text{W}$

（3）验证功率平衡：$P_{S1}=-I_1U_{S1}=-50\text{W}$，$P_{S2}=-I_2U_{S2}=-40\text{W}$，$P_1=R_1I_1^2=11\text{W}$，$P_2=R_2I_2^2=1\text{W}$，$P_N=78\text{W}$，$U_{S1}$，$U_{S2}$均为电源，发出功率共90 W；$R_1$，$R_2$，$N$均为负载，吸收功率共90 W,功率平衡。

2 在图 1.20 所示电路中，已知：$U_{S1}=15\text{V}$，$U_{S2}=5\text{V}$，$I_S=6\text{A}$，$R=5\Omega$。求电路中

各元件的功率，指出它们是电源还是负载？验证功率平衡关系。

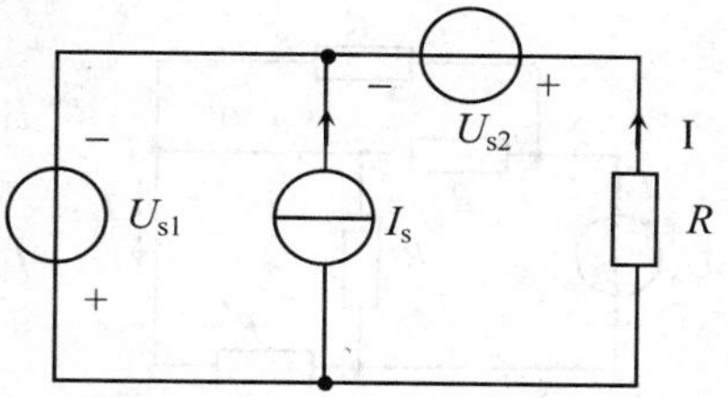

【解题思路】本题求出电流便可求得功率。列写功率式子时，按电压、电流方向相同，公式为正，反之为负来写。功率小于零是电源，功率大于零是负载。

图 1.20

【解】 $I=\dfrac{U_{S1}-U_{S2}}{R}=2A$，$P_R=I^2R=2^2\times 5=20\ (W)$

$P_{S1}=-U_{S1}(I_S+I)=-15\times(6+2)=-120\ (W)$

$P_{S2}=U_{S2}I=5\times 2=10\ (W)$，$P_S=U_{S1}I_S=15\times 6=90\ (W)$

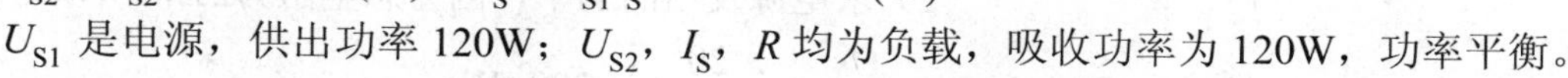

U_{S1} 是电源，供出功率 120W；U_{S2}，I_S，R 均为负载，吸收功率为 120W，功率平衡。

3　图 1.21 是某电路的一部分，求电流 I，电压 U_s 和电阻 R。

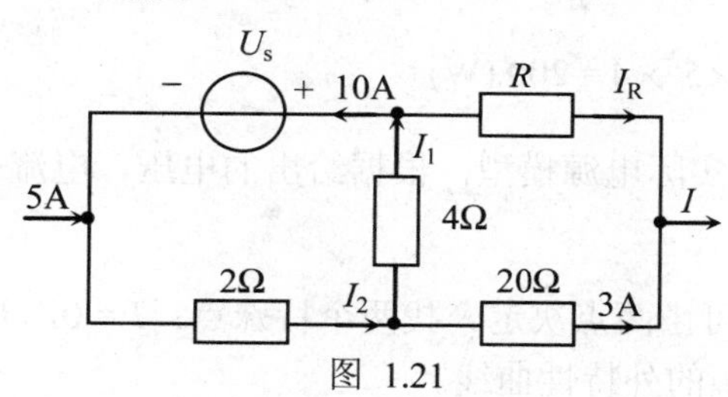

图 1.21

【解题思路】由 KCL，KVL 及欧姆定律求解。

【解】流过 2Ω 电阻的电流 $I_2=10+5=15\ (A)$，

流过 4Ω 电阻的电流：　$I_1=15-3=12\ (A)$

流过电阻 R 的电流：　$I_R=12-10=2\ (A)$

$I=2+3=5A$，$U_s=-15\times 2-12\times 4=-78\ (V)$

$$R=\frac{U_R}{I_R}=\frac{-12\times 4+3\times 20}{2}=6\ (\Omega)$$

4　求图1.22电路中A点的电位V_A。

【解题思路】由图1.22电路可见，电压源、电流源各自自成回路，分别求解即可。最后相加时要注意极性。

【解】

$$V_A=\frac{10\Omega}{10\Omega+10\Omega}\times 20V-2A\times 4\Omega=10\ V-8\ V=2\ V$$

5　求图1.23电路中A点的电位V_A。

【解题思路】A点电位就是A点对地的电压。

【解】流过1Ω电阻的电流：　$I=4-1=3\ (A)$

$$\therefore\quad V_A=-3\times 1+2\times 1=-1\ (V)$$

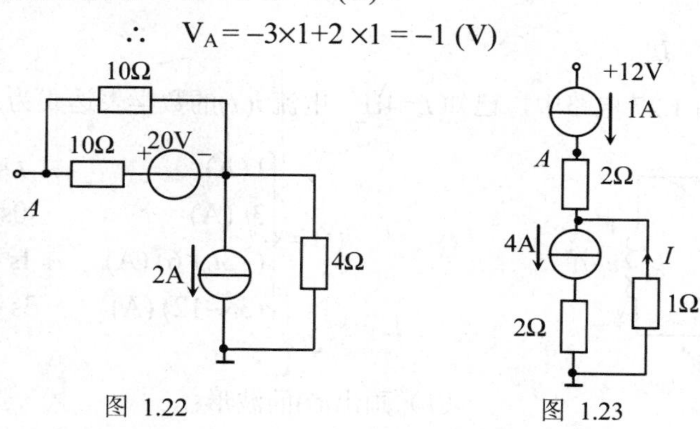

图 1.22　　　　图 1.23

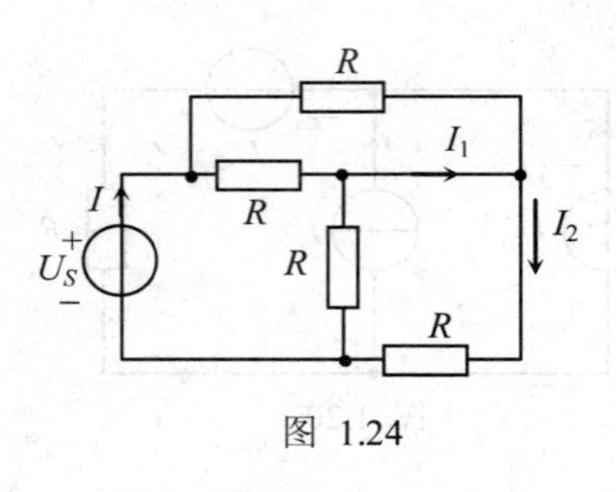

图 1.24

6 图1.24电路，已知电源Us=20 V，R=2Ω，求电流I_1，I_2和电源发出的功率，并验算功率平衡。

【解题思路】 因为该电路是一个平衡电桥，所以I_1=0，I_1短路线两端本是短路，现也可视为开路。

【解】 （1）I_1=0，$I_2=\dfrac{U_S}{R+R}=\dfrac{20}{2+2}=5\,(\text{A})$

（2）求电源发出的功率，因为总电阻为2Ω，所以

$$P=-UsI=-\frac{Us^2}{R}=-\frac{20^2}{2}=-200\,(\text{W})$$

电源发出的功率等于电阻消耗的功率：

$$P=\ I^2R=2I_2^{\ 2}(R+R)=2\times5^2\times4=200\,(\text{W})$$

7 在图 1.25 所示电路中，虚线框内为一实际电源模型，根据给出的电压，电流 I 正方向画出电源的外特性。

【解题思路】 线性电路的伏安特性是一直线，可由两点决定。找两个特殊点：$I=0$，开路点；$U=0$，短路点。连接两点画出的直线即为电源的外特性曲线。

【解】 电源的外特性如图 1.26 所示。其中，A 点是开关 S 闭合时的工作点，此时电源短路，电压 U=0，电流 I=－1A。B 点是开关 S 打开时的工作点，此时电源开路，电流 I=0，电压 U=－1 V。

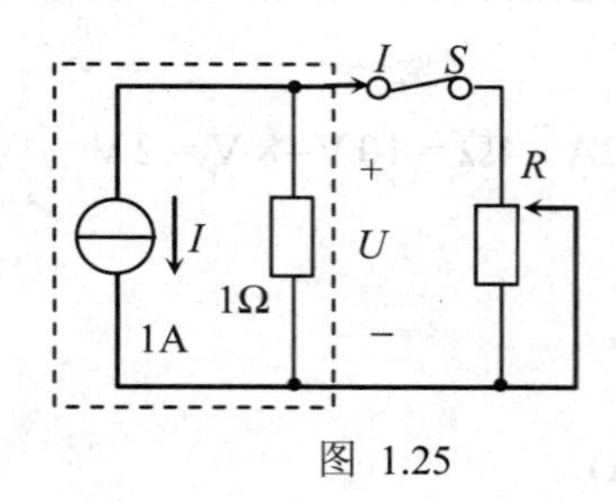

图 1.25

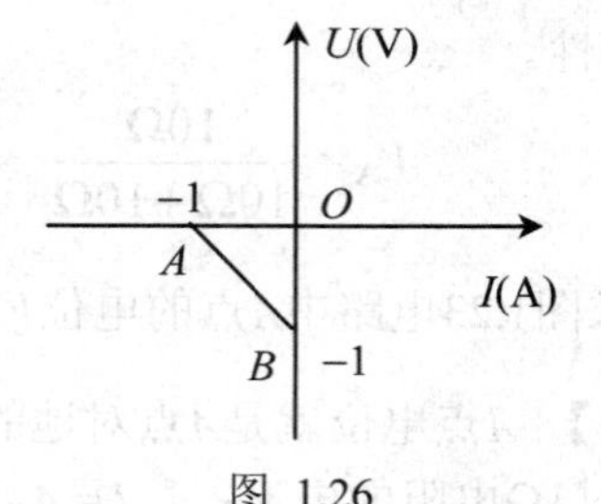

图 1.26

8 在图 1.27 电路中，已知 L=4H，电流 $i(t)$的数学表达式为：

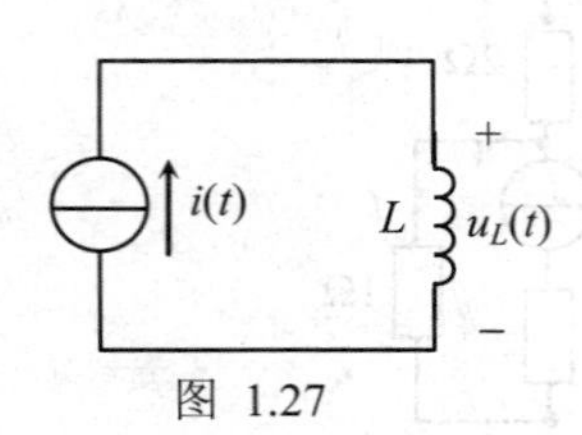

图 1.27

$$i(t)=\begin{cases}1\,(\text{A}) & t<0\\ 3t\,(\text{A}) & 0\text{s}\leqslant t\leqslant 1\text{s}\\ (-3t+6)\,(\text{A}) & 1\text{s}<t\leqslant 3\text{s}\\ (3t-12)\,(\text{A}) & 3\text{s}<t\leqslant 4\text{s}\end{cases}$$

（1）画出$i(t)$的波形；

（2）求$u_L(t)$，并画出波形；

（3）求$t=1.5$ s时，电感元件的功率和储能。

【解题思路】 将电流分段微分，求出 $u_L(t)$；分段画出电流、电压的波形；将 t=1.5 s 时的电感电流代入能量公式，求得电感元件的储能；用 t=1.5 s 时的电流、电压求功率。

【解】 （1）$i(t)$的波形如图 1.28。

（2）由已知条件得：

$$u_L(t)=L\frac{\mathrm{d}i}{\mathrm{d}t}=\begin{cases}0 & t<0\\ 3\times4=12\,(\mathrm{V}) & 0\mathrm{s}\leqslant t\leqslant 1\mathrm{s}\\ -3\times4=-12\,(\mathrm{V}) & 1\mathrm{s}<t\leqslant 3\mathrm{s}\\ 3\times4=12\,(\mathrm{V}) & 3\mathrm{s}<t\leqslant 4\mathrm{s}\end{cases}$$

$u_L(t)$的波形如图 1.29 所示。

（3）$P(1.5\mathrm{s})=ui|_{t=1.5\mathrm{s}}=-18\mathrm{W}$

（4）$W(1.5\mathrm{s})=\frac{1}{2}Li^2(t)|_{t=1.5\mathrm{s}}=4.5\mathrm{J}$

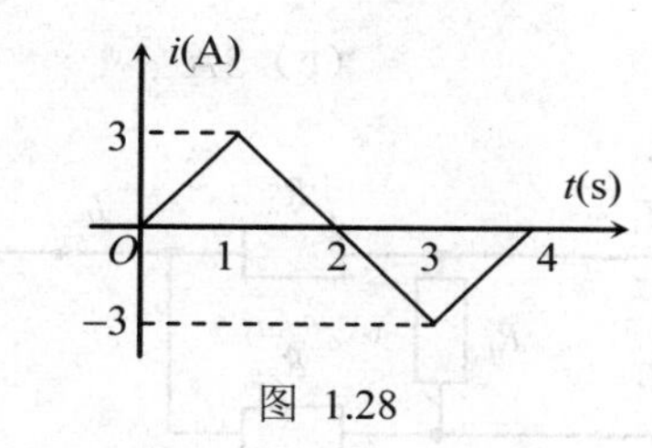

图 1.28

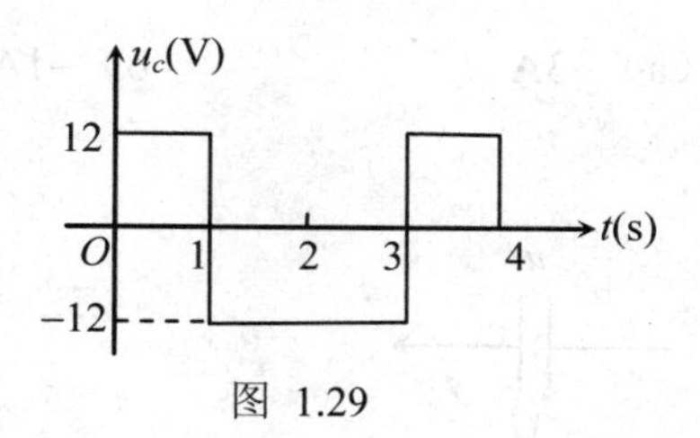

图 1.29

1.6 练　　习

单项选择题(将唯一正确的答案代码填入下列各题括号内)

1 两个并联电阻的功率相同，它们的电阻值（　　）。

（a）相同　　（b）不同　　（c）不确定

2 两个并联电阻，则电阻值大的功率（　　）。

（a）较大　　（b）较小　　（c）不确定

3 两个电阻并联后，总电流值（　　）。

（a）变大　　（b）变小　　（c）不确定

4 两个电阻并联后，总电阻值（　　）。

（a）变大　　（b）变小　　（c）不确定

5 电路分析中所说的“负载增加”，指（　　）增加。

（a）负载电阻　　（b）负载电压　　（c）负载功率

6 在由理想电压源供电的负载 A 两端并联负载 B，则负载 A 中的电流（　　）。

（a）变大　　（b）变小　　（c）不变

7 理想电流源的外接电阻越大，它的端电压（　　）。

（a）越高　　（b）越低　　（c）不确定

8 图 1.30 电路中，电容电压与电流的正确关系式应为（　　）。

（a）$u = Ci$　　（b）$i = C\dfrac{\mathrm{d}u}{\mathrm{d}t}$　　（c）$u = C\dfrac{\mathrm{d}i}{\mathrm{d}t}$

9 在图 1.31 所示电路中，已知电流 $I_1 = 1\text{A}$，$I_3 = -2\text{A}$，则电流 I_2 为（　　）。

（a）–3A　　（b）–1A　　（c）3A

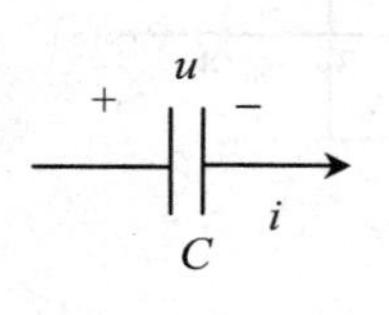

图 1.30

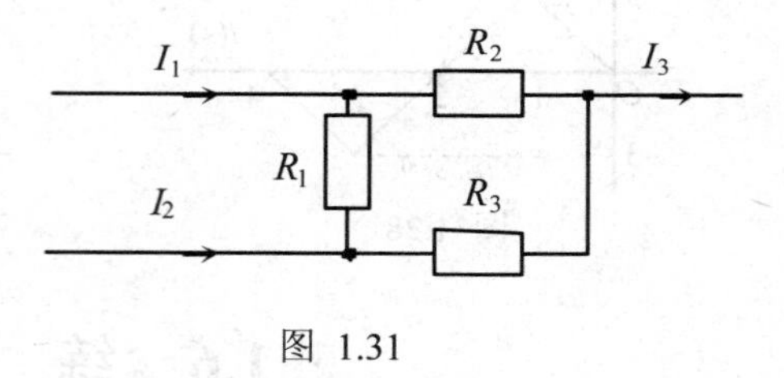

图 1.31

10 在图 1.32 所示电路中，已知：$I_{S1} = 4\text{A}$，$I_{S2} = 2\text{A}$，$I_{S3} = 6\text{A}$，则电流 I 为（　　）。

（a）–8 A　　（b）8A　　（c）0 A

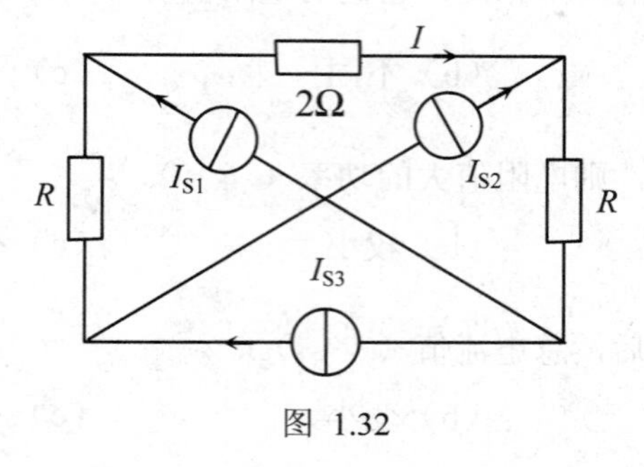

图 1.32

11 在图 1.33 所示电路中，其欧姆定律表达式正确的是（　　）。

（a）图 1.33-1　　（b）图 1.33-2　　（c）图 1.33-3

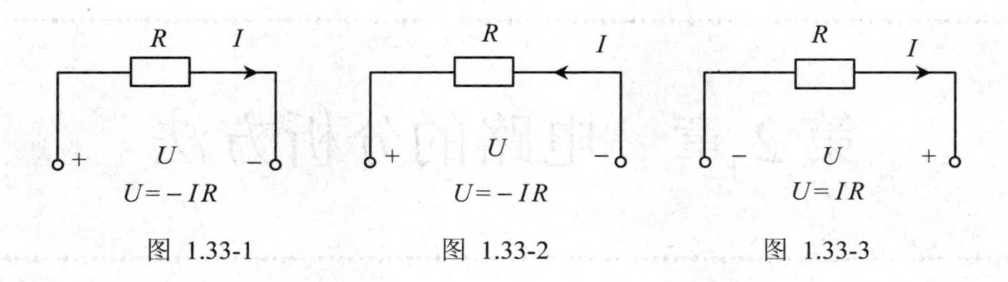

图 1.33-1　　图 1.33-2　　图 1.33-3

12 额定值为 110V，60W 的一个白织灯和额定值为 110V，40W 的一个白织灯串联后接到 220 V 的电源上，后果是（　）的白织灯烧坏。

（a）40 W　　（b）60 W　　（c）40 W 和 60 W

13 在图 1.31 所示电路中，供出功率的电源是（　）。

（a）理想电压源　　（b）理想电流源

（c）理想电压源与理想电流源

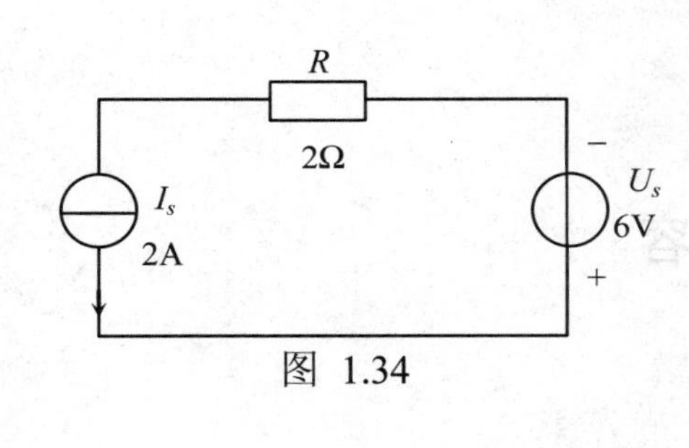

图 1.34

14 若设图 1.34 所示电路中的理想电压源和理想电流源的联结端为参考点，理想电流源的另一端电位为（　）。

（a）–10 V　　（b）10 V　　（c）0V

15 将电路中电位为 5V 的一点改为参考点后，电路中各点的电位比原来（　）。

（a）变高　　（b）变低　　（c）不确定

附：1.6 练习参考答案

单项选择题参考答案

1.（a） 2.（b） 3.（a） 4.（b） 5.（c） 6.（c） 7.（a） 8.（b） 9.（a） 10.（b） 11.（b）12.（a）13.（b） 14.（a）15.（b）

第2章　电路的分析方法

2.1　目　标

☞ 了解电阻串并联联接的等效变换。
☞ 理解电压源、电流源及其等效变换。
☞ 学会用基本的结点电压法分析电路。
☞ 掌握用支路电流法分析电路的方法。
☞ 掌握用叠加原理分析电路的方法。
☞ 掌握用戴维宁定理和诺顿定理分析电路的方法。
☞ 了解含受控电源电路的分析方法。
☞ 了解非线性电阻电路的分析方法。

2.2　内　容

2.2.1　知识结构框图

电路分类及其适用的分析方法如图2.1所示。

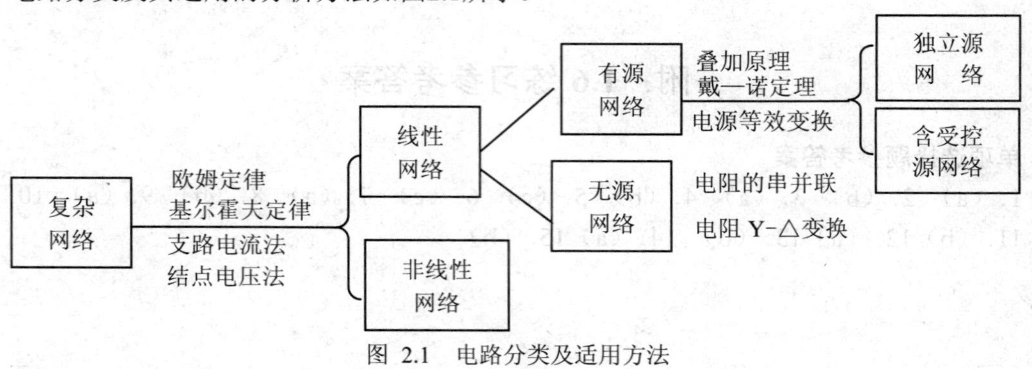

图 2.1　电路分类及适用方法

2.2.2　基本知识点

1. 电阻的串、并联

电阻的串、并联是无源网络的一种化简方法。

两个电阻只有一端接在一起，叫电阻串联。电阻串联时，各电阻中通过同一电流。

两个电阻的两端分别接在一起，叫电阻并联。电阻并联时，各电阻承受同一电压。

2. 电压源与电流源

当一个实际电源的内阻远远小于负载电阻时，可近似看作为电压源。

当一个实际电源的内阻远远大于负载电阻时，电源供出的电流不随负载电阻变化而变，则可近似看作为电流源。

当实际电压源的内阻很小，忽略其内阻的分压作用，$R_0 \approx 0$，此时电压源端电压近似等于电动势，即$U \approx E$，电压基本恒定，可以认为是理想电压源，又称之为恒压源。

当实际电流源的内阻很大，忽略其内阻的分流作用，$R_0 \approx \infty$，此时电流源端口电流近似等于电流源电流，即$I \approx I_S$，电流基本恒定，可以认为是理想电流源，又称之为恒流源。

3. 电压源与电流源等效变换

电压源与电流源等效变换是有源网络的一种化简方法。

在表2.1中，表征电压源与电流源外特性的伏安特性线完全相同,因此一个电压源可用一个电流源来代替。等效变换时，电源内阻R_0的大小不变，结构改变。R_0与电压源串联；R_0与电流源并联。电源大小为$E=I_S R_0$ 或 $I_s=\dfrac{E}{R_0}$，电流源I_S方向为电压源的电位升方向，如图2.2所示。

表 2.1　电源元件一览表

内容 \ 电源		电压源	恒压源	电流源	恒流源
特点		电压源是实际电源或有源二端网络的电路模型，它由内阻R_0（$R_0 \neq 0$）和一恒压源串联组成 电压源的内阻R_0较小	恒压源是理想的电源模型，是内阻$R_0 \approx 0$的电压源 恒压源的端口电压由自身决定，电流由外电路决定	电流源是实际电源或有源二端网络的电路模型，它由内阻R_0（$R_0 \neq 0$）和一恒流源并联组成 电流源的内阻R_0较大	电流源是理想的电源模型，是内阻$R_0 \approx \infty$ 的电流源 恒流源的端电流由自身决定，电压由外电路决定
图形代号		I, R_0, +, E, −, U, R_L	I, +, E, −, U, R_L	I, $\frac{U}{R_0}$, I_s, R_0, U, R_L	I, I_s, U, R_L
伏安关系	空载	$I=0$ $U=E$	$I=0$ $U=E$	$I=0$ $U=I_S R_0$	$I=0$ $U=\infty$
	短路	$I_S=\dfrac{E}{R_0}$	$I=\infty$ $U=0$	$I=I_S$ $U=0$	$I=I_S$ $U=0$
	负载	U, $U=E-IR_0$, $U=E$, $I_s=\dfrac{E}{R_0}$, I	$U=E$, U, $U=E$, I	$U=I_s-\dfrac{U}{I_0}$, U, $U=I_sR_0$, I_s, I	U, $I=I_s$, $U=I_sR_L$, I, I_s

在表2.1中，表征理想电压源与理想电流源外特性的伏安特性线完全不相同，因此，一个理想电压源不可用一个理想电流源来代替。即恒压源与恒流源不能进行等效变换，如图2.3所示。

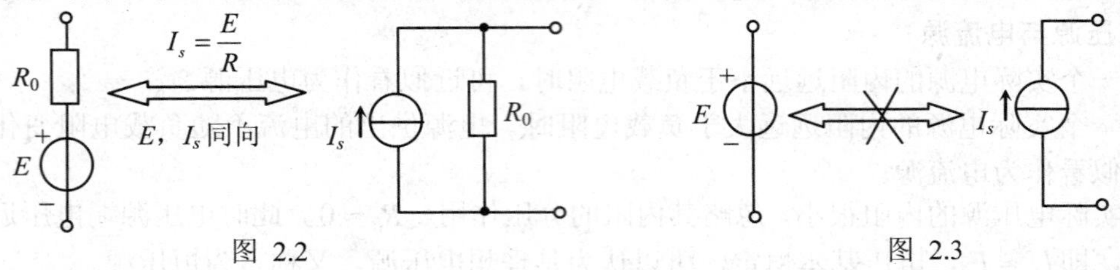

图 2.2　　　　　图 2.3

4．支路电流法

支路电流法是一种最基本的电路分析法。它以各支路电流为未知量,直接应用基尔霍夫电流定律KCL和基尔霍夫电压定律KVL列方程式,再解出各未知的支路电流。

5. 结点电压法

本课程只要求学会两结点电路的分析，求两结点间电压U_{ab}可直接用下式：

$$U_{ab}=\frac{\sum\frac{E}{R}}{\sum\frac{1}{R}}=\frac{\frac{E_1}{R_1}+\frac{E_2}{R_2}+\cdots+\frac{E_{m'}}{R_{m'}}}{\frac{1}{R_1}+\frac{1}{R_2}+\cdots+\frac{1}{R_m}}$$

式中，m不一定与m'相等；结点电压U_{ab}的正方向由a指向b；公式中电动势有正负号，当电动势同结点电压的正方向相反时取正号，反之取负号；结点电压求出后，结点间各支路电流便可应用欧姆定律计算出来。若支路中有恒流源，那么该支路的电流便已知。注意对这类特殊问题的处理。

6．叠加原理

叠加原理适用于多个独立源同时作用的线性电路。它指出：某一支路的电流恒等于各个电压源（或电流源）单独作用于该支路所产生的电流之代数和。由于叠加原理是解决线性问题的，功率的计算不能用叠加原理。

使用叠加原理分析电路时要注意两个问题：一是当其独立源单独作用时，要将其他独立源除去。除源的方法是：保留电源内阻，将恒压源短路；恒流源开路；二是将各独立源单独作用的结果叠加时要注意电压、电流的方向是否和原电路一致。—致者，此项为“+”号；否则为“– 号。

7．戴维宁定理

戴维宁定理是简化有源二端网络的重要定理。利用戴维宁定理可将任何复杂的有源二端网络化简为一个等效电压源，即一个等效电动势E和一个等效内阻R_0串联的电路模型。

求有源二端网络的戴维宁等效电路，就是求等效电动势E和等效内阻R_0。等效电动势E是该有源二端网络的开路电压，等效内阻R_0是原网络除去所有电源后的无源二端网络等效电阻。即$E=U_{ab}$，$R_0=R_{ab}$。

8．诺顿定理

诺顿定理是将一个有源二端线性网络等效为一个电流源和一个电阻并联的电路模型。等效电流源的电流为有源二端线性网络的短路电流，等效电阻的求法同戴维宁定理。

9．受控源

电源可分为独立源与非独立源。独立源的电压或电流是定值或是一定的时间函数．受控

源是一种非独立源，它是反映元、器件中电压与电流关系的一种模型，是具有一对输入端和一对输出端的双口网络。

在学习受控源电路时应掌握以下几点：

（1）区别独立电源和受控电源。

（2）了解四种理想受控电源的模型以及相应的系数μ、γ、g及β 的意义。

（3）了解对含受控源电路的分析方法和计算时的注意事项。

10．非线性电阻电路

（1）区别线性电阻和非线性电阻。

（2）区别非线性电阻元件的静态电阻R和动态电阻r。

（3）学会非线性电阻电路的图解分析法。即：先找出非线性元件的伏安特性曲线；列出非线性元件以外的线性电路伏安方程，并画出其直线；两线的交点即为电路工作时的工作点。

2.3　要　　点

主要内容：

- 电路的等效变换
- 电源等效与等效电源中的问题
- 电流源与恒流源

一、电路的等效变换

1．“等效”的概念

“等效”是分析电路的一种非常重要的方法。所谓“等效”（如：等效电阻、等效电路、等效电源等），就是在一定的条件下，两种不同的事物在某些方面具有相等的效果。由于等效后电路结构发生了变换，所以常称“等效变换”。

无源网络用电阻串、并联的方法进行等效变换。有源网络则用电源等效与戴—诺定理来进行等效变换。“等效”是指对外部电路等效，即反映等效二者的外特性是一样的。而它们的内部是不等效的，这一点应切记。

2．“等效变换”的应用

图 2.4 中各网络端口电压已定，就是理想电压源的电压。因此，与理想电压源并联的任何元件甚至网络，在对外等效时都可以去掉（去掉元件的地方开路）。

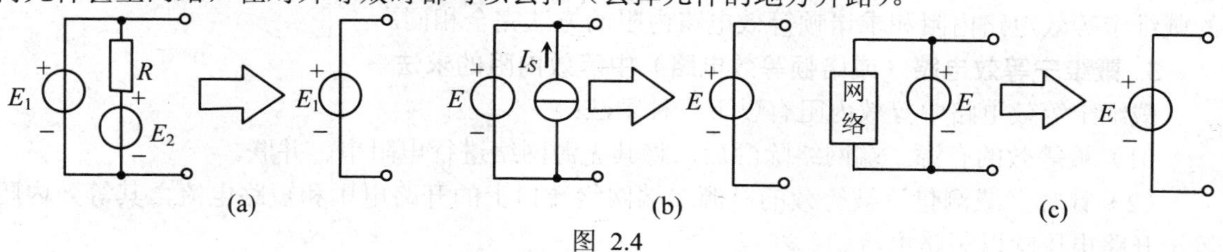

图 2.4

图 2.5 中各网络端口电流已定，就是理想电流源的电流。因此，与理想电流源串联的任何

元件甚至网络，在对外等效时都可以去掉（去掉元件的地方短路）。

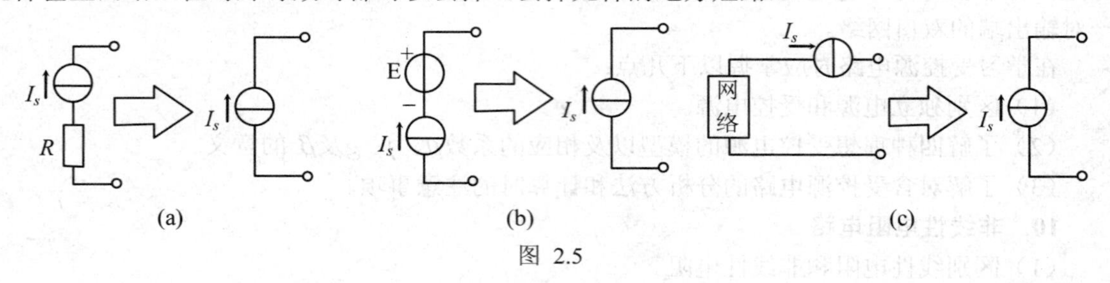

图 2.5

二、电源等效与等效电源中的问题

1. 概念

电源等效：指将一个电源等效成另一个电源，即电压源与电流源之间进行等效变换。

等效电源：指将有源二端网络化简为一个等效电压源（即戴维宁等效电路）或一个等效电流源（即诺顿等效电路）。

2．戴维宁等效电路、诺顿等效电路及电源等效变换三者之间的关系

图2.6给出了戴维宁等效电路、诺顿等效电路及电源等效变换三者之间关系的示意图。

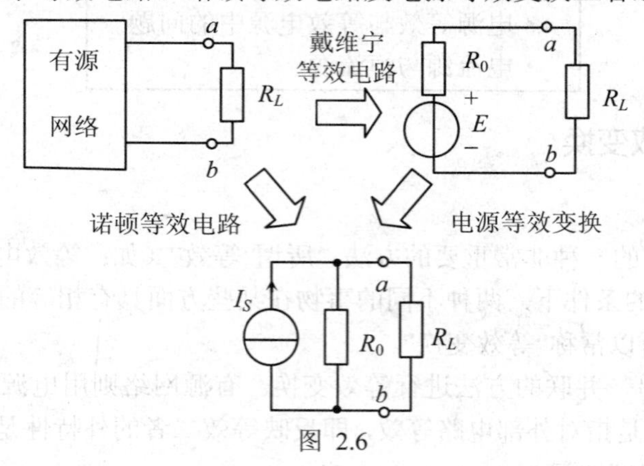

图 2.6

戴维宁等效电路和诺顿等效电路是对偶的电路结构，电源等效变换验证了这种对偶关系。从图 2.6 可以看出它们之间的内在关系。

电源进行等效变换时，其内阻大小不变，只是结构发生了变换。同理，求有源二端网络的戴维宁等效电路内阻和求诺顿等效电路内阻的方法完全相同。

3. 戴维宁等效电路（或诺顿等效电路）中等效内阻的求法

戴维宁等效电路中等效内阻有以下三种求法：

（1）被等效的有源二端网络除源后，将其无源网络进行电阻串、并联。

（2）计算（或测量）被等效的有源二端网络端口上的开路电压和短路电流，其等效内阻等于开路电压除以短路电流。

（3）在除源后的二端网络端口上外加电源，求（测）出端口电流，将外加电源除以端口

电流便算出等效内阻。

用戴维宁定理分析受控源电路时，其等效内阻只能用以上后两种方法。

4．特例——无戴维宁等效电路的有源二端网络和无诺顿等效电路的有源二端网络

若有源二端网络进行电源等效变换后，变成理想电流源，这一有源二端网络无戴维宁等效电路，但有诺顿等效电路且等效内阻无穷大；若有源二端网络进行电源等效变换后，变成理想电压源，这一有源二端网络无诺顿等效电路，但有戴维宁等效电路且等效内阻趋于零。因此理想电压源和理想电流源不能进行电源等效变换。

应该说明的是：戴—诺定理适用于线性电路，但只要被等效的有源二端网络是线性的就行。外电路是非线性，不影响该定理的使用。

三、电流源与恒流源

电流源是重点也是难点，因为电流源用得较少，初学者往往对它的特性搞不清。学习电流源时要注意它的结构和特点。它是由恒流源和内阻并联而成。

恒流源的电流由它自身决定，端电压由外电路决定。

2.4 应　　用

主要内容：

- 串、并联应用的扩展
- 等电位的扩展应用
- 网络中的对偶原理及其应用

一、串、并联应用的扩展

串、并联是电学领域中普遍使用的两种联结方式。因此，电阻的串、并联可以扩展到元件的串、并联，网络的串、并联，甚至设备的串、并联等，如图 2.7 所示。

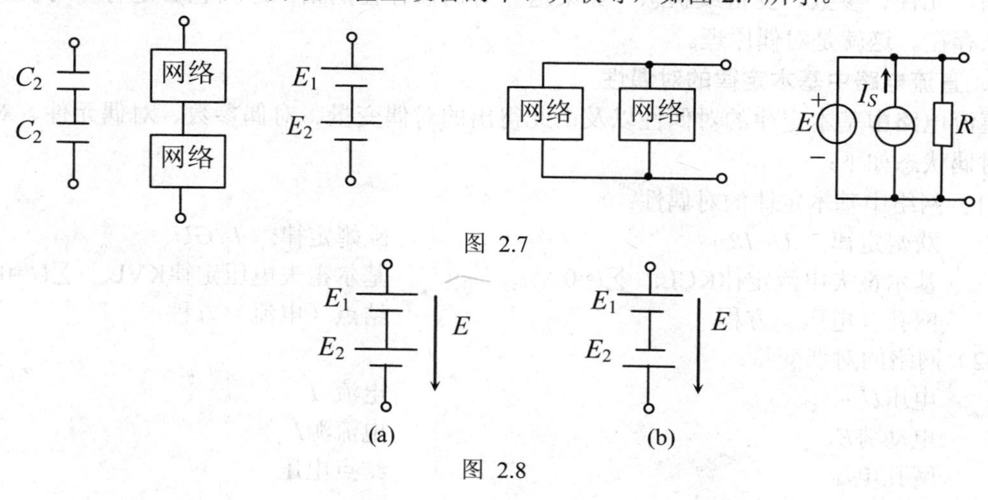

图 2.7

图 2.8

串、并联又分有极性、无极性两类。电阻的串、并联是无极性的，而像图 2.7 中的电压源串、并联则是有极性的。串联后的总电压可能比单个电压高，也可能比单个电压低，在如图 2.8 所示电路中，图（a）的总电压是 $E=E_1+E_2$；图（b）的总电压是 $E=E_1-E_2$。

在设备、仪器连接中，也常常遇到有极性的串、并联。例如，直流电压表是有极性的并联，而直流电流表是有极性的串联。连接时要注意极性，否则会烧坏仪表。

网络串、并联，也具有串、并联的特征。即串联网络流过同一电流；并联网络承受同一电压。串联的网络具有分压作用，其等效电阻增大；并联的网络具有分流作用，并联网络的等效电阻减小。

二、等电位的扩展应用

求图2.9中二端网络a、b两端的等效电阻，用串、并联做不出来，用星-三角变换太麻烦。

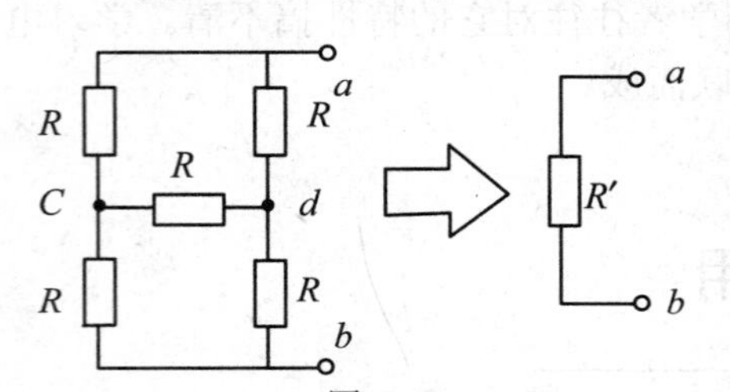

图 2.9

仔细观察，这是一个平衡电桥，c、d点是等电位点。c、d两点之间的电阻没有电流流过，无电流可看作开路。根据欧姆定律电阻上无电流时，也无电压。无电压可视为短路。两种处理方法是等效的。若图中电阻均为2Ω，则将其c、d点开路或短路处理后再串、并联求得a、b两端的等效电阻R'为2 Ω。

在电路的串、并联中，应用等电位的概念来等效电路，可以使电路分析简化。将等电位概念进行拓展应用，会收到意想不到的效果。在电路分析中要学会用活电路的基本概念。

三、网络中的对偶原理及其应用

1．对偶原理

若网络的某些结构、元件、参数或状态之间存在某一规律或具有某种关系，则与之对偶的结构、元件、参数、变量或状态（如果这些对偶量存在的话）之间也必定有一对偶的规律或关系存在。这就是对偶原理。

2．直流电路中基本定律的对偶性

直流电路中基本定律的对偶性以及由此得出的对偶变量、对偶参数、对偶元件、对偶结构、对偶状态如下：

（1）网络中基本定律的对偶性：

欧姆定律：$U=IR$	欧姆定律：$I=GU$
基尔霍夫电流定律KCL：$\sum I=0$	基尔霍夫电压定律KVL：$\sum U=0$
网孔（电压）方程	结点（电流）方程

（2）网络的对偶变量：

电压U	电流 I
电动势E	电流源I
网孔电流	结点电压

（3）网络的对偶参数：

电阻R	电导　G
电感　L	电容　C

（4）网络的对偶元件：

电阻元件	电导元件
电感元件	电容元件
理想电压源	理想电流源
电压源	电流源

（5）网络的对偶结构：

电阻的串联	电导的并联
串联	并联
网孔	结点

（6）网络的对偶状态：

开路	短路

3．对偶原理的应用

对偶原理的应用举例如下：

（1）电压源的内阻与电动势串联；电流源的内阻与电流源并联。

（2）除去电压源时，电路中接电压源的两端短路处理；
　　除去电流源时，电路中接电流源的两端开路处理。

（3）恒压源的端电压由电源本身决定，电流由外电路决定；
　　恒流源的电流由电源本身决定，电压由外电路决定。

（4）戴维宁等效电路中的电动势是其被等效的有源二端网络的开路电压。
　　诺顿等效电路中的电流源是其被等效的有源二端网络的短路电流。

由于电路中处处存在对偶关系，可以对照理解和掌握。应用对偶原理可以达到知其一便知其二，触类旁通的效果。

2.5　例　　题

图2.10所示电路中，已知：$U_{s1}=U_{s2}=U_{s3}=20\text{V}$，$R_1=R_2=10\,\Omega$，$R_3=5\,\Omega$，$R_0=2\,\Omega$ 用支路电流法求各支路电流。

【解题思路】 本题有 4 条支路，要求 4 个未知电流。用 KCL，KVL 列写出 4 个独立方程，并对其方程组联立求解。

【解】 运用KCL和KVL列出方程：

$$I_1+I_2+I_3-I_0=0$$
$$R_0I_0+R_1I_1-U_{s1}=0$$
$$R_0I_0+R_3I_3+U_{s3}=0$$
$$R_0I_0+R_2I_2-U_{s2}=0$$

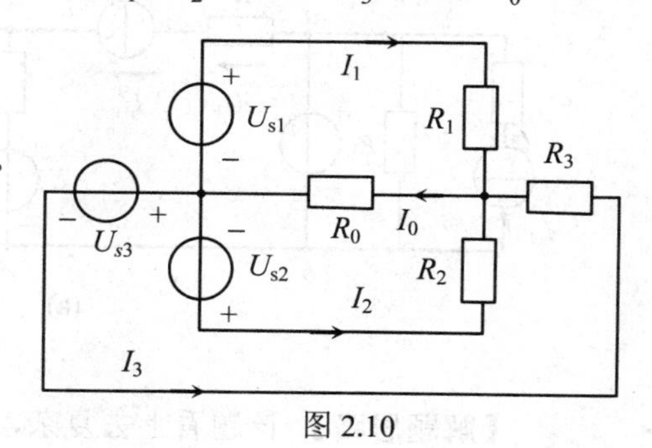

图 2.10

解联立方程得：

$$I_0=\frac{40}{9}\text{A}，\qquad I_1=I_2=\frac{10}{9}\text{A}，\qquad I_3=\frac{20}{9}\text{A}$$

 对于图2.11电路，求等效前、后电压源所发出的电流和功率。

【解题思路】 理想电压源与电阻并联时，由于对外端口的电压一定，即为理想电压源电压，因此对外等效时，电阻 R 可以去掉。这样处理后并不影响负载两端的电压 U 和电流 I。但等效电路的内部却发生了变化。等效前电阻 R 有分流作用，等效后却没有电阻的分流作用。因此等效前、后电压源所发出的电流是不一样的，功率也不一样。但这并不影响对外电路的分析。所以等效是对外部电路而言，这一点切记。

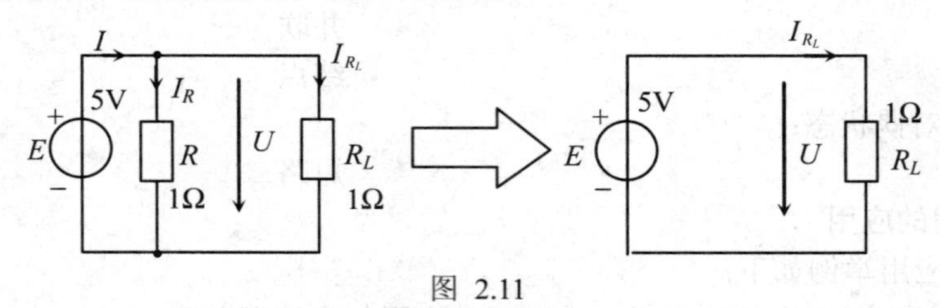

图 2.11

【解】 根据解题思路分析，求解如下：

（1）等效前电压源发出的电流：$I=\dfrac{E}{R}+\dfrac{E}{R_L}=5\text{A}+5\text{A}=10\text{A}$， 发出的功率：$P_L=-EI=-50\text{W}$

（2）等效前负载流过的电流：$I_{R_L}=\dfrac{U}{R_L}=5\text{A}$， 吸收的功率：$P_L=UI_{R_L}=25\text{W}$

（3）等效后电压源发出的电流：$I=\dfrac{E}{R_L}=5\text{A}$， 发出的功率：$P=-EI=-25\text{W}$

（4）等效后负载流过的电流：$I_{R_L}=\dfrac{E}{R_L}=5\text{A}$， 吸收的功率：$P_L=UI_{R_L}=25\text{W}$

3 对于图2.12（a）电路，求：（1）电阻R上的电流I_{R} 、电压U_R；（2）电流源I_s两端的电压U_s。

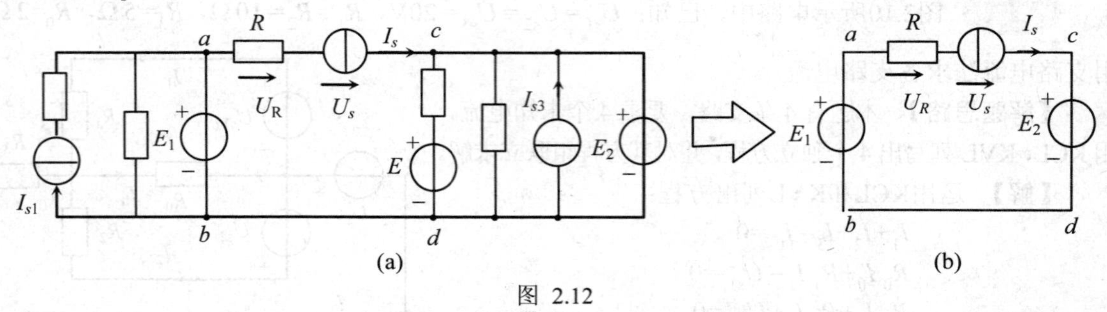

图 2.12

【解题思路】 该题看上去复杂，做起来简单。只要按规律“与理想电压源并联的任何元件

甚至网络，在对外等效时都可以去掉（去掉元件的地方开路）。”处理就可以将图2.12（a）等效成图2.12（b）所示电路。本题无数据，推出表达式即可。

【解】（1）$I_R=I_s$，　$U_R=I_SR$

（2）用等效变换化简电路，a，b端用E_1等效，c，d端用E_2等效，可以得到图2.12（b）电路。

$$U_s=E_1-E_2-U_R$$

4 用电源等效变换的方法求图2.13（a）电路中的电流I。

【解题思路】 该题要求用电源等效变换来求解。在电路中选择一个地方一步步进行电源等效变换，如图2.13（b）、（c）、（d）。

注意：（1）电压源与电压源串联才能合并，电流源与电流源并联才能合并；

（2）要求解的电流 I支路不能变换掉。

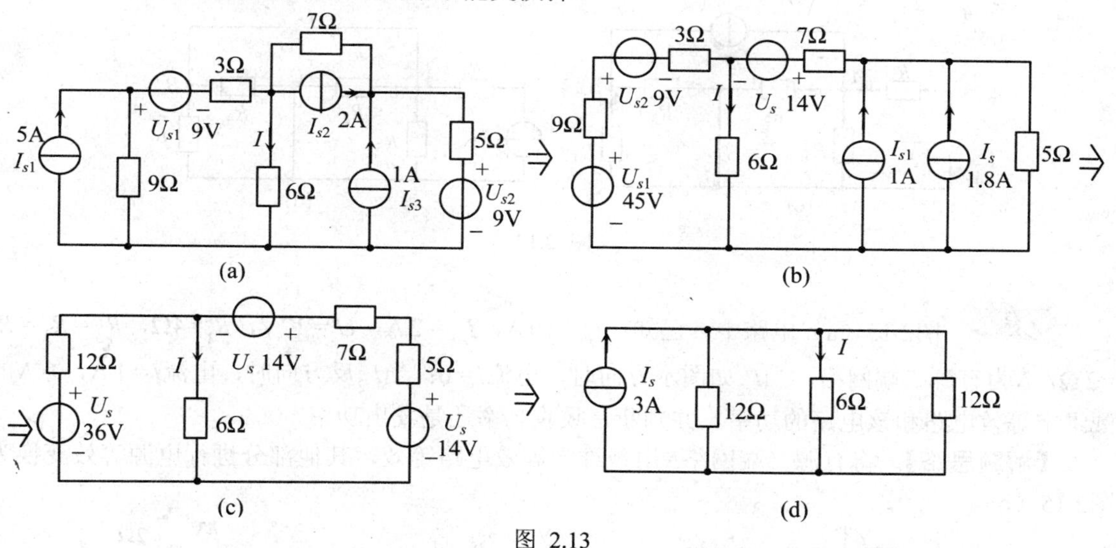

图 2.13

【解】 由等效图2.13（b）、（c）、（d）得：

$$I=1.5\text{ A}$$

5 在图2.14（a）电路中，已知：$I_{s1}=3\text{ A}$，$I_{s2}=6\text{ A}$，$R_1=R_3=R_5=2\Omega$，$R_2=R_4=4\,\Omega$。用叠加原理求：(1)当U_s=15V时，电压U_{AB}是多少？(2)当$U_s=-15$V时，电压U_{AB}又是多少？

【解题思路】 本电路中有三个电源，将它们分别作用后的响应求代数和即可。叠加时注意方向。

【解】 U_s单独作用时，如图 2.14（b）所示，得：

$$U'_{\rm AB}=\frac{R_3}{R_3+R_4}U_{\rm S}-\frac{R_2}{R_2+R_5}U_{\rm S}$$

$$U_s=15\text{ V 时：}U'_{\rm AB}=-5\text{ V}，U_s=-15\text{ V时：}U'_{\rm AB}=5\text{ V}$$

I_{s1} 单独作用时，如图 2.14（d）所示，得：

$$U''_{AB}=[(R_2//R_5)+(R_3//R_4)]\times I_{s1}=8\text{ V}$$

I_{s2}单独作用时，如图2.14（c）所示，得：

$$U'''_{AB}=[(R_2//R_5)+(R_3//R_4)]\times I_{s2}=16\text{ V}$$

$$U_{AB}=U'_{AB}+U''_{AB}+U'''_{AB}$$

$U_S=15$ V 时：$U_{AB}=19$ V，　$U_s=-15$ V时：$U_{AB}=29$ V

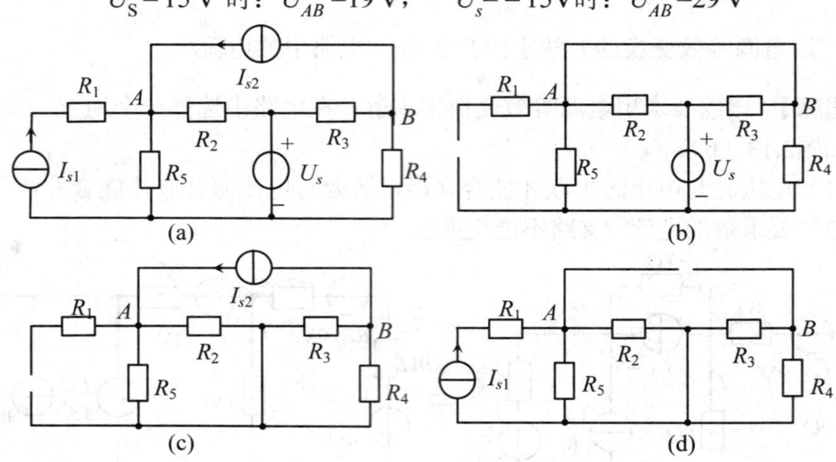

图 2.14

6 图2.15（a）电路中，已知：$I_{s1}=10$ A，$I_{s2}=2$ A，$U_s=12$V，$R_1=4\Omega$，$R_2=R_3=R_4=2\,\Omega$。N为有源二端网络，当I_{s2}如图示方向时，电流$I=0$；当I_{s2}反方向时，电流$I=1$ A，求N的戴维宁等效电路和该电路的功率，并判断是吸收功率还是发出功率？

【解题思路】 将有源二端网络N用戴维宁等效电路等效，其他部分进行电源等效变换为图2.15（b）。

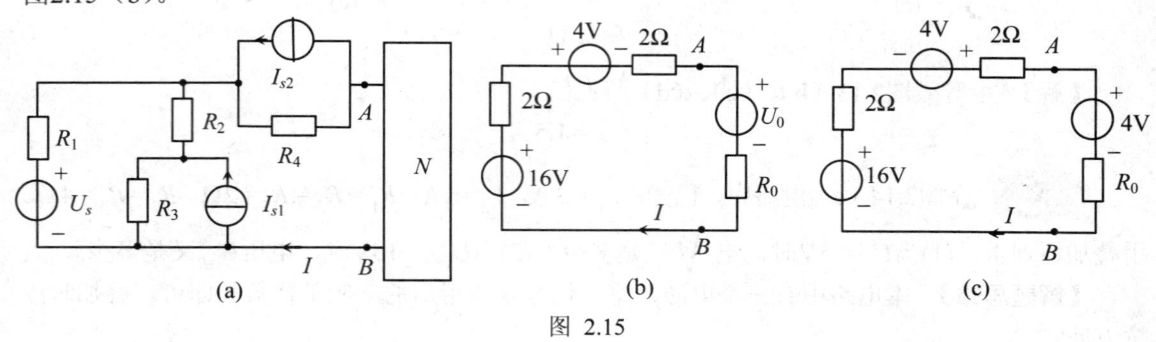

图 2.15

【解】 根据 $I=0$，则 $U_0=16-4=12$ V。当 I_{s2} 反向时，如图 2.15（c），有：

$$I=\frac{4+16-12}{2+2+R_0}=1\,(\text{A})$$

得 $R_0=4\,\Omega$，即 $U_0=12$ V，$R_0=4\,\Omega$，所以：

$$P_{AB}=P_{U0}+P_{R0}=IU_0+I^2R_0=1\times12+1^2\times4=16\text{ (W)}$$

是吸收功率。

7 图2 .16（a）电路中，二极管D的伏安特性曲线如图2.16（b），已知$U_s = 1.2$ V，$R = 0.8$ kΩ。当$\Delta U_s = -0.01$ V时，求：电路对ΔU_s的响应ΔI以及电流 I 。

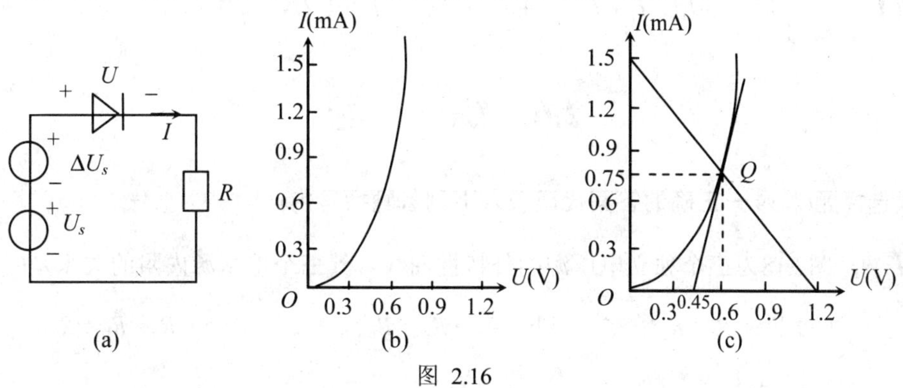

图 2.16

【解题思路】令$\Delta U_s = 0$，线性部分的伏安关系为 $U = U_S - IR = 1.2 - 0.8 - 10^3 I$，由此方程得图 2.16（c）直线。该直线与 D 的伏安特性曲线的交点是 Q 点。

【解】 由 Q 得：　　$I_Q = 0.75$ mA，$U_Q = 0.6$ V

Q点的动态电阻：　　$r = \dfrac{0.6 - 0.45}{0.75 \times 10^{-3} - 0} = 200\ (\Omega)$

$$\Delta I = \frac{\Delta U}{r} = \frac{-0.01}{0.2 \times 10^3} = -0.05 \times 10^{-3}\ (\text{A})$$

$$I = I_Q + \Delta I = 0.75 - 0.05 = 0.7\ (\text{mA})$$

8 在图2.17（a）电路中，已知：$R_1 = R_4 = 2\Omega$，$R_2 = 12\Omega$，$R_3 = 4\Omega$，用电源等效变换的方法求电流 I_1。

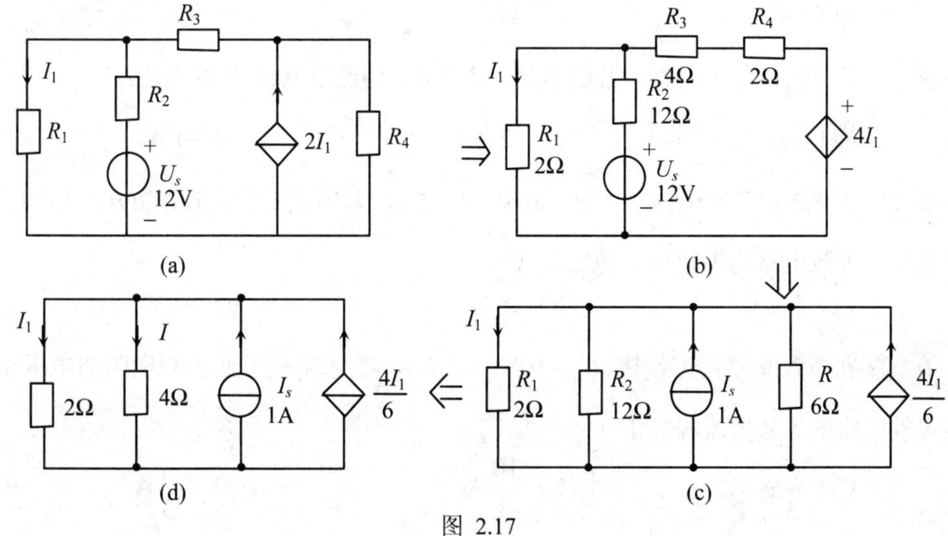

图 2.17

【解题思路】 将受控电流源变换成受控电压源，如图 2.17（b）所示；将 R_3，R_4 串联后再把受控电压源变换成受控电流源，并将电压源变换成电流源，如图 2.17（c）；图 2.17（d）将电阻并联是为了计算方便。注意：进行等效变换时，所求电流 I_1 支路不能被变换掉。

【解】 $I=\frac{2}{4}I_1=0.5I_1$，$I_1+I=I_s+\frac{4}{6}I_1$，得：$I_1=1.2\text{A}$

2.6 练　　习

单项选择题(将唯一正确的答案代码填入下列各题括号内)

1 图2.18为三个独立电压源的外特性曲线，其三个电压源内阻的关系是(　　)。

（a）$Ra< R_b< R_c$　　（b）$R_a > R_b > R_c$　　（c）$R_a =R_b =R_c$

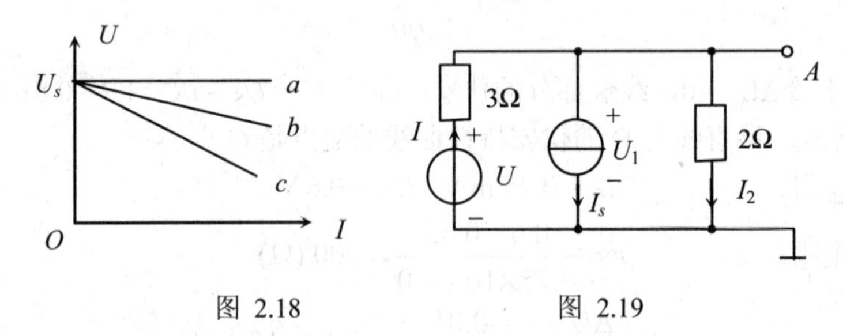

图 2.18　　图 2.19

2 在图2.19所示电路中，若U_S=10V，I_s=5A，问电流源的端电压U_1是（　　）。

（a）22 V　　（b）−10 V　　（c）−2 V

3 在图2.19所示电路中，若U_S=10V，I_s=5A，问流过电压源的电流I是（　　）。

（a）−4 A　　（b）2 A　　（c）4 A

4 在图2.19所示电路，若U_s=10V，I_s=5A，问流过2Ω电阻的电流I_2是（　　）。

（a）1 A　　（b） 2 A　　（c）−1 A

5 在图2.19所示电路中，U_s= 10V，I_s= 5A，若用戴维宁定理求2Ω电阻的电压和电流，问戴维宁等效电路的等效电压源等于（　　　）。

（a）5 V　　（b）−5 V　　（c）−2 V

6 在图2.19所示电路中，U_S= 10V，I_s= 5A，若用诺顿定理求2Ω电阻的电压和电流，问诺顿等效电路的等效电流源等于（　　）。

（a）$\frac{5}{3}$A　　（b）$\frac{10}{3}$A　　（c）$-\frac{5}{3}$A

7 电路中只有一个恒压源并联一个恒流源时，当恒压源电动势的方向和恒流源电流的方向一致时，（ ）发出功率。

（a）恒流源　　（b）恒压源　　（c）恒压源和恒流源

8 在计算线性电阻电路的电压和电流时，可以用叠加原理。在计算线性电阻电路的功率时，（ ）用叠加原理。

（a）可以　　（b）不可以　　（c）有条件地

9 在计算非线性电阻电路的电压和电流时，（ ）用叠加原理。

（a）可以　　（b）不可以　　（c）有条件地

10 用戴维宁定理等效有源二端网络是指（ ）。

（a）对外等效　　（b）对内等效　　（c）既对外又对内等效

11 能用戴维宁定理等效的有源二端网络，（ ）用诺顿定理等效。

（a）就能　　（b）不能　　（c）不一定能

12 理想电流源两端的电压在（ ）时为零。

（a）开路　　（b）短路　　（c）带载

13 （ ）不能进行电源等效变换。

（a）电压源　　（b）恒压源　　（c）电流源

14 能用欧姆定律来分析的电阻，称为（ ）。

（a）线性电阻　　（b）非线性电阻　　（c）线性电阻和非线性电阻

15 用静态电阻和动态电阻来表示其特征的是（ ）。

（a）线性电阻　　（b）非线性电阻　　（c）线性电阻和非线性电阻

16 某有源二端网络有5条支路，其中含有一个已知的恒流源，需求（ ）个未知的支路电流。

（a）4　　（b）5　　（c）6

17 用叠加原理分析电路，当某一电源单独作用时，其它电源处理的方法是：（ ）短路，（ ）开路。

（a）实际电压源　　（b）理想电压源　　（c）实际电流源　　（d）理想电流源

18 求含有受控电流源网络的内阻时，则该受控电流源（　　）处理。

（a）开路　　（b）短路　　（c）不能随便开路或短路

附：2.6 练习参考答案

单项选择题参考答案

1.（a） 2.（c） 3.（c） 4.（c） 5.（b） 6.（c） 7.（a） 8.（b） 9.（c） 10.（a）
11.（c）12.（b）13.（b）14.（a）15.（b）16.（a）17.（b）（d）18.（c）

第 3 章　电路的暂态分析

3.1 目　　标

- 了解电路产生暂态的原因，理解储能元件电容和电感的定义。
- 理解换路定则的含义，学会应用它来确定电路暂态的初始值。
- 理解储能元件能量转换的过程及规律。
- 掌握一阶电路的暂态分析方法——三要素法。
- 了解 RC 电路和 RL 电路的应用。

3.2 内　　容

3.2.1 知识结构框图

电路的暂态分析框图如图 3.1 所示。

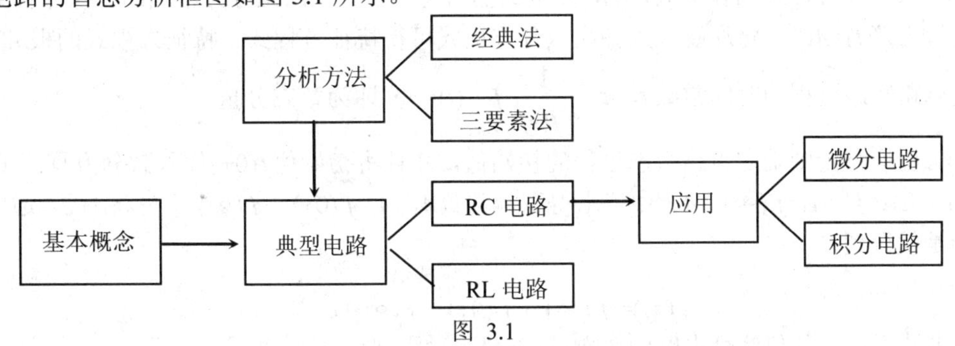

图 3.1

3.2.2 基本知识点

1. 换路

电路开关的接通或断开，电路参数、结构和输入信号的突然改变，称为换路。

2. 暂态过程

从一个稳定状态过渡到另一个稳定状态的中间过程称为暂态过程，又称过渡过程。

3. 过渡过程产生的原因

（1）内因：储能元件的能量发生变化需要一个过程，换言之电路中的电场能和磁场能不能发生跃变。

（2）外因：换路。换路是产生过渡过程的外部条件。

4．研究电路暂态过程的实际意义

（1）利用暂态过程可以产生特定波形的电信号。例如，锯齿波，三角波，尖脉冲波等，应用于电子线路。

（2）防止电路产生过电压或过电流损坏用电设备。例如，暂态过程在电感线圈中会产生过电压，使开关产生电弧或击穿线圈绝缘层；暂态过程在电容电路中会产生过电流使电流表超量程而损坏等。

5. 换路定则

描述了电路换路的瞬间，因为能量不能跃变致使电感电流i_L和电容电压u_c不能跃变即：

$$i_L(0+)=i_L(0-),\qquad u_c(0+)=u_c(0-)$$

6. 一阶电路的暂态分析

只含有一个或可等效为一个储能元件的线性电路称为一阶电路。分析暂态过程的数学方法有多种，本课程只介绍用经典法或三要素法对一阶电路进行暂态分析。

7. 经典法

经典法是用电路定律列写暂态电路方程，并通过求解微分方程来寻找暂态过程规律的一种常规方法。用经典法分析暂态电路的步骤如下：

（1）用基尔霍夫定律列写电路换路后的微分方程式。

（2）求微分方程式的特解$f'(t)$，$f'(t)=f(\infty)$，即电路的稳态分量。用换路后已达到稳态的电路求出其电压、电流，便为稳态分量。

（3）求微分方程式的补函数$f''(t)$，即电路的暂态分量。写出微分方程式的齐次方程式，再令其通解为$f''(t)=Ae^{pt}$，将通解代入齐次微分方程式可得特征方程式。特征方程式的根p的负倒数，是电路暂态过程的时间常数τ，$\tau=\dfrac{-1}{p}$。$f\quad(t)=Ae^{pt}$即为暂态分量。

（4）用换路定则确定电路暂态过程的初始值，并且将初始值$f(0+)$代入微分方程式的通解$f(t)=f'\ (t)+f''\ (t)=f(\infty)+Ae^{pt}$中，求得积分常数$A$，$A=f(0+)-f(\infty)$。再将$A$代入通解$f(t)$中，于是就得到

$$f(t)=f(\infty)+[f(0+)-f(\infty)]\,e^{-\frac{t}{\tau}}$$

经典法适用于任何线性电路的暂态过程分析。

8. 三要素法

三要素法是在总结了上述结果后得到的一种简便的解题方法。它的简便之处在于只要求出稳态值$f(\infty)$，初始值$f(0+)$和时间常数τ，则$f(t)$便被唯一确定。但这种方法只适用于含有一种储能元件的一阶电路在阶跃(或直流)信号激励下的过程分析。

9. 一阶RC电路的暂态过程

一阶RC电路的暂态过程有三种情况。

（1）RC电路的零输入响应：即电容的放电过程。在此放电过程中，电容的电压u_c和电流i_c的变化规律是：

$$u_c = U_0 \mathrm{e}^{-\frac{t}{\tau}}, \qquad i_c = -\frac{U_0}{R}\mathrm{e}^{-\frac{t}{\tau}}$$

其中，$\tau=RC$，$U_0=u_c(0+)=u_c(0-)$，R 为换路后从电容两端（不包含电容）得到的无源二端网络的等值电阻。

（2）RC电路的零状态响应：即电容在无初始储能状态下的充电过程。在此充电过程中，电容的电压uc和电流ic的变化规律是：

$$u_c = U\left(1-\mathrm{e}^{-\frac{t}{\tau}}\right), \qquad i_c = \frac{U}{R}\mathrm{e}^{-\frac{t}{\tau}}$$

其中，$\tau=RC$，U为换路后从电容两端（不包含电容）所得有源二端网络的等值电压源电压，R为该等值电压源的内阻(用戴维宁定理求出)。

（3）RC电路的全响应： 电容在具有初始储能状态下的充电或有电源激励状态下的放电。此时电容的电压u_c的变化规律是：

$$u_c = U+(U_0-U)\mathrm{e}^{-\frac{t}{\tau}} \qquad \text{（稳态分量与暂态分量之和）}$$

或

$$u_c = U_0\mathrm{e}^{-\frac{t}{\tau}}+U\left(1-\mathrm{e}^{-\frac{t}{\tau}}\right) \qquad \text{（零输入响应与零状态响应之和）}$$

其中，$\tau=RC$，$U=u_c(\infty)$，$U_0=u_c(0+)$， R为换路从电容两端（不包含电容）得到的有源二端网络的等值电压源内阻。

在分析过程中只需将三要素代入一般解的表达式：$f(t)=f(\infty)+[f(0+)\tilde{}f(\infty)]\mathrm{e}^{-\frac{t}{\tau}}$中就可以得到以上的求解公式。图3.2总结了上述三种情况。

	零输入响应	零状态响应	全响应
典型电路	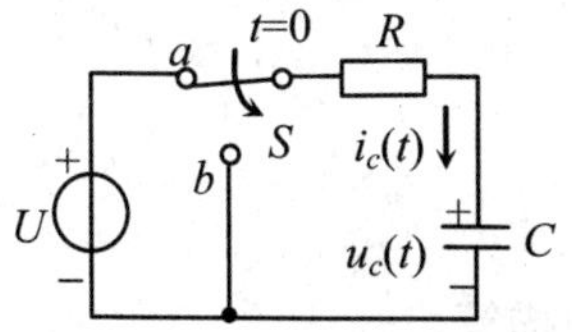 $t=0$, R, a, b, S, U, $i_c(t)$, $u_c(t)$, C	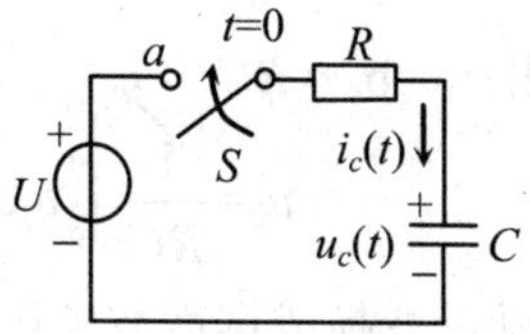 $t=0$, R, a, S, U, $i_c(t)$, $u_c(t)$, C	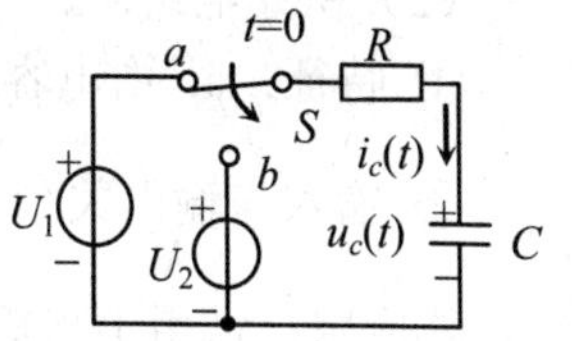 $t=0$, R, a, b, S, U_1, U_2, $i_c(t)$, $u_c(t)$, C
响应	$u_c(t)=U\mathrm{e}^{-\frac{t}{\tau}}$ $i_c(t)=-\frac{U}{R}\mathrm{e}^{-\frac{t}{\tau}}=-I\mathrm{e}^{-\frac{t}{\tau}}$	$u_c(t)=U(1-\mathrm{e}^{-\frac{t}{\tau}})$ $i_c(t)=\frac{U}{R}e^{-\frac{t}{\tau}}=I\mathrm{e}^{-\frac{t}{\tau}}$	$u_c(t)=U_2+(U_1-U_2)\mathrm{e}^{-\frac{t}{\tau}}$ $i_c(t)=\frac{U_2-U_1}{R}\mathrm{e}^{-\frac{t}{\tau}}$,(设$U_2>U_1$)
时间常数	$\tau=RC$		

图 3.2　RC电路的暂态过程

10. 一阶 RL 电路的暂态过程

（1）RL电路的零输入响应：即在直流电路中，电路脱离电源，RL电路被短路时，磁场能量的释放过程。在此过程中，电感的电流i_L和电压u_L的变化规律是：

$$i_L = I_0\,e^{-\frac{t}{\tau}}, \qquad u_L = -R\,I_0\,e^{-\frac{t}{\tau}}$$

其中，$I_0 = i_L(0+) = i_L(0_-)$，$\tau = \dfrac{L}{R}$，R为释放电路总电阻，即电路换路后从电感两端（不包含电感）得到的二端网络等值内阻。

（2）RL电路零状态响应：即电感线圈接入直流电路的过程。在此过程中，电感的电流i_L和电压u_L的变化规律是：

$$i_L = \frac{U}{R}\left(1 - e^{-\frac{t}{\tau}}\right), \qquad u_L = U\,e^{-\frac{t}{\tau}}$$

其中，U为电路换路后从电感两端（不包含电感）得到的有源二端网络的等值电压源电压；R为该二端网络等值内阻；$\tau = \dfrac{L}{R}$。

（3）RL电路的全响应： $i_L = \dfrac{U}{R} + \left(I_0 - \dfrac{U}{R}\,e^{-\frac{t}{\tau}}\right)$ （稳态分量与暂态分量之和）

或 $i_L = I_0\,e^{-\frac{t}{\tau}} + \dfrac{U}{R}\left(1 - e^{-\frac{t}{\tau}}\right)$ （零输入响应与零状态响应之和）

11. 一阶 RC 暂态电路的应用

（1）微分电路：

①特征：a. 由电阻输出； b. $\tau = RC << t_p$.

②输入与输出关系式： $u_0 = RC\dfrac{\mathrm{d}u_i}{\mathrm{d}t}$.

③应用：常用于将矩形脉冲变换成尖脉冲作触发信号。

（2）积分电路：

① 特征：a. 由电容输出； b. $\tau = RC >> t_p$

② 输入与输出关系式： $u_0 = \dfrac{1}{RC}\int_0^t u_i\,\mathrm{d}t$

③应用：常用于将矩形脉冲变换成锯齿波电压用于扫描等。

3.3 要　　点

主要内容：

- 换路定则——确定暂态电路初始值的定律
- 三要素法——分析一阶暂态电路的简便方法
- 全响应的两种表示形式

一、换路定则

换路定则是确定暂态电路初始值的定律。

1．换路定则

该定则指含有储能元件（电感 L、电容 C）的电路，从一种稳定状态转换为另一种稳定状态(即换路)时，电感元件中的电流 i_L 和电容元件端电压 u_c 不能跃变。设 $t=0$ 为换路瞬间，$t=0-$ 为换路前终了时间，$t=0+$ 为换路后的初始时间，那么换路定则可表示为：

$$i_L(0+)=i_L(0-)\text{和}u_c(0+)=u_c(0-)$$

2．应用换路定则的注意事项

应用换路定则时，要注意以下几点：

（1）0+和0-在数值上都等于0，但0+是指t从正值趋近于0，0-是指t从负值趋近于0。

（2）电路在换路瞬间，除了电感电流i_L和电容电压u_c不能跃变外，其他电压和电流，如电感上的电压、电容中的电流、电阻中的电流和电压均可发生跃变。

（3）换路定则只适用于换路瞬间。

3．换路定则的作用

确定暂态电路中不能发生跃变的电容电压和电感电流的初始值。

二、三要素法——分析一阶暂态电路的简便方法

用三要素法求解暂态电路的步骤及方法：

1．求稳态值$f(\infty)$

用换路后已处于稳态的电路求解，即求换路后电路的直流稳态值。将电感短路处理，电容开路处理后，再求出各支路电流和各元件端电压，即为它们的稳态值$f(\infty)$。

2．求初始值$f(0+)$

电路中$t=0$时的电压和电流值称为初始值。求初始值的步骤是：

（1）求出换路前电路中电容两端电压$u_c(0-)$和电感电流$i_L(0-)$。

①换路前电路处于稳态，用求直流稳态值的方法，求出电感中的电流$i_L(0-)$或电容两端电压$u_c(0-)$。

②换路前电路处于前一个暂态过程中，则可将换路时间t_0代入前一过程的$i_L(t)$或$u_c(t)$中，得到$i_L(t_{0-})$或$u_c(t_{0-})$。

（2）用换路定则求电路中电感电流i_L和电容电压u_c的初始值；

对①有：　　$i_L(0+)=i_L(0-)$，　$u_c(0+)=u_c(0-)$

对②有：　　$i_L(t_0+)=i_L(t_0-)$，$u_c(t_0+)=u_c(t_0-)$

（3）用换路后的电路求电路中其他电流、电压的初始值。

其方法：在换路后的电路中，将$i_L(0+)$当作理想电流源代替电感元件，将$u_c(0+)$当作理想电压源代替电容元件，以获得直流纯电阻电路后，再求出各支路电流和各元件端电压，即为它们的初始值。

在以上求解过程中，可画出$t=0-$（换路前）和$t=0+$时（换路后）的等效电路来帮助确定初始值。在画电路$t=0-$和$t=0+$的等效电路时应注意：

（1）换路前，若储能元件没有储能，在$t=0-$（换路前）和$t=0+$时（换路后）的等效电路中，因电容电压为零，可将电容元件短路处理；因电感电流为零，可将电感元件开路处理.这

里对电容、电感的等效与它们在直流稳态中的等效恰恰相反。

（2）换路前，若储能元件已经储能，并且电路处于稳态，则在$t=0-$时（换路前）的等效电路中，电容元件可开路处理，其开路电压为$u_c(0-)$；电感元件可短路处理，其短路电流为$i_L(0-)$。在$t=0+$时（换路后）的等效电路中，电容元件用一电压为$u_c(0+)$的理想电压源替代；电感元件用一电流为$i_L(0+)$的理想电流源替代。若电路处于前一个暂态过程中，等效电路也这样画，只不过用$i_L(t_0+)$代替$i_L(0+)$、用$i_L(t_0-)$代替$i_L-(0-)$、用$u_c(t_0+)$代替$u_c(0+)$、用$u_c(t_0-)$代替$u_c(0-)$而已。

3．求时间常数τ

RC电路的时间常数$\tau=RC$，RL电路的时间常数$\tau=\dfrac{L}{R}$。其中，电阻R是换路后在储能元件两端（不包含储能元件）得到的无源二端网络的等值电阻。它的求解方法是：先将储能元件从电路中断开，对断开剩余的有源二端网络求其戴维宁等效电路中的等效电阻R；电容C或电感L可以是单个元件，也可以是等效电感或电容。若储能元件是多个电感或电容时，用串、并联的方法求出其等效电感或电容，即可代入上式。

注意：一阶暂态电路中只有一种性质的储能元件。

将以上三要素代入一般解的表达式：

$$f(t)=f(\infty)+[f(0+)-f(\infty)]\mathrm{e}^{-\frac{t}{\tau}}$$

即得到暂态过程中电压、电流随时间变化的规律。

对于不能跃变的电量，其各种响应也可以用三要素求解。

三、全响应的两种表示形式

（1）一阶暂态电路的全响应有两种表示形式。一种是用稳态分量与暂态分量来表示，另一种是用零输入响应与零状态响应来表示。如RC电路中电容电压的全响应：

$$u_c=u_c'+u_c''=U+(U_0-U)\mathrm{e}^{-\frac{t}{\tau}}\quad\text{(态分量与暂态分量之和)}$$

或

$$u_c=U_0\mathrm{e}^{-\frac{t}{\tau}}+U(1-\mathrm{e}^{-\frac{t}{\tau}})\quad\text{(零输入响应与零状态响应之和)}$$

上述两种表达式是完全相等的，它们仅仅为公式的变形。公式中电容电压的初始值$u_c(0+)=u_c(0-)=U_0$；稳态分量$u_c'=u_c(\infty)=U$；暂态分量$u_c''=(U_0-U)\mathrm{e}^{-\frac{t}{\tau}}$；零输入响应为$U_0\mathrm{e}^{-\frac{t}{\tau}}$；零状态响应为$U(1-\mathrm{e}^{-\frac{t}{\tau}})$。

（2）全响应的两种不同表达式都能包括不同响应，如：

当$U=0$时，代入上两式任一式均可得出$u_c=U_0\mathrm{e}^{-\frac{t}{\tau}}$——零输入响应；

当$U_0=0$时，代入上两式任一式均可得出$u_c=U(1-\mathrm{e}^{-\frac{t}{\tau}})$——零状态响应；

当$U\neq0$，$U_0\neq0$时，有$u_c=U+(U_0-U)\mathrm{e}^{-\frac{t}{\tau}}=U_0\mathrm{e}^{-\frac{t}{\tau}}+U(1-\mathrm{e}^{-\frac{t}{\tau}})$——全响应。

（3）全响应的两种不同表达式，从两个方面对其物理意义进行了解释。

1）全响应用稳态分量与暂态分量来表示，其物理意义是：

①稳态分量指电路处于直流稳态时，电源 U 作用的结果。此时电容相当于开路处理，u_{c} 等于电源 U。

②暂态分量指电路处于暂态过程中，u_c 由初始值随时间按指数规律变化。

全响应的稳态分量与暂态分量的叠加关系可以从图 3.3(a)中一目了然。图 3.3(a)表示非零状态下，电容电压 u_c 的充电过程。

2）全响应用零输入响应与零状态响应来表示，其物理意义是：

①零输入响应指没有电源激励，输入信号为零时，仅由储能元件的初始储能 U_0 引起的响应，其实质是储能元件放电的过程。该响应是初始储能 U_0 随时间按指数规律衰减。

②零状态响应指换路前初始储能为零，仅由外加激励 U 引起的响应，其实质是电源给储能元件充电的过程。该响应是电容电压 u_{c} 从零随时间按指数规律增加至外施激励 U。

③全响应是指电源和初始储能共同激励的结果，它是零输入响应和零状态响应的叠加。它随时间的变化规律将由初始值 U_0 和稳态值 U 比较决定。

（4）全响应有$U_0 < U$和$U_0 > U$两种情况，如图3.3所示。图3.3 (a) 表示$U_0 < U$的情况，图中的u_c等于稳态分量u_c'与暂态分量u_c''的叠加。图3.3 (b) 表示$U_0 > U$的情况，图中，u_c（实线）等于稳态分量u_c'（实线）与暂态分量u_c''（实线）的叠加；又u_c（实线）等于零输入响应$U_0 e^{-\frac{t}{\tau}}$（虚线）与零状态响应$U(1-e^{-\frac{t}{\tau}})$（虚线）的叠加。

（5）全响应表达式有两种不同形式，因而有图3.3 (b) 所示的两种对应波形。u_c曲线等于两实线相加而成，也可以等于两虚线相加而成。

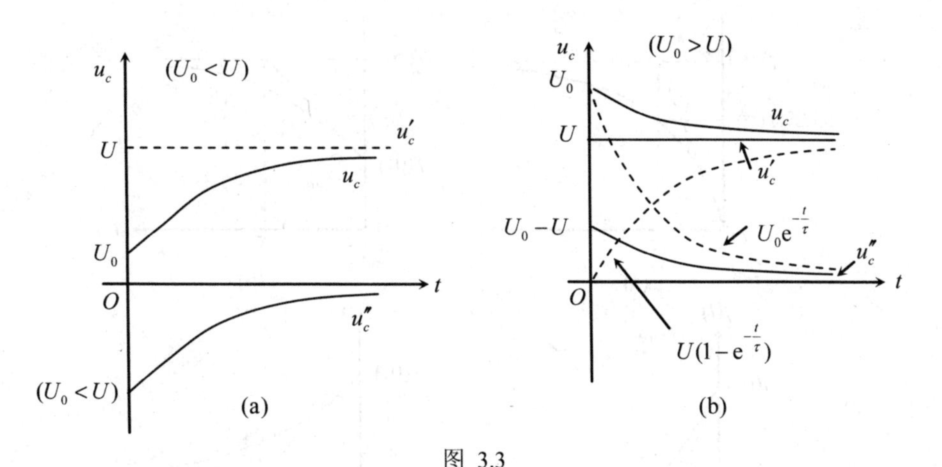

图 3.3

（6）RC电路、RL电路的全响应在形式上是完全相似的，比照上面给出的RC电路全响应特征。读者可自行分析RL电路的全响应特征。

3.4 应　　用

> 内容提示：
> - τ的物理意义和几何意义
> - 暂态过程曲线的画法
> - RL电路的应用及应用中的问题

一、时间常数 τ 的物理意义和几何意义

1．时间常数τ的物理意义

时间常数τ具有时间量纲，单位为秒(s)，毫秒(ms)，微秒(μs)，纳秒(ns)。τ的大小反映了电路中能量储存或释放的速度，τ愈大则暂态过程时间愈长。

RC电路的时间常数$\tau = RC$，R一定，C愈大储存电能愈多（$W_C=\dfrac{1}{2}Cu^2$），则暂态过程时间愈长；C一定，R愈大流过电容的电流愈小，则暂态过程时间愈长。

RL电路的时间常数$\tau=\dfrac{L}{R}$，用对偶定律分析。

电路结构一定，无论电路状态如何，τ都为一常数。

2. 时间常数τ的几何意义

在数学上时间常数τ 等于暂态过程曲线上任意一点的次切距长度。图 3.4 所示四种情况的时间常数τ是初始点的次切距长度。

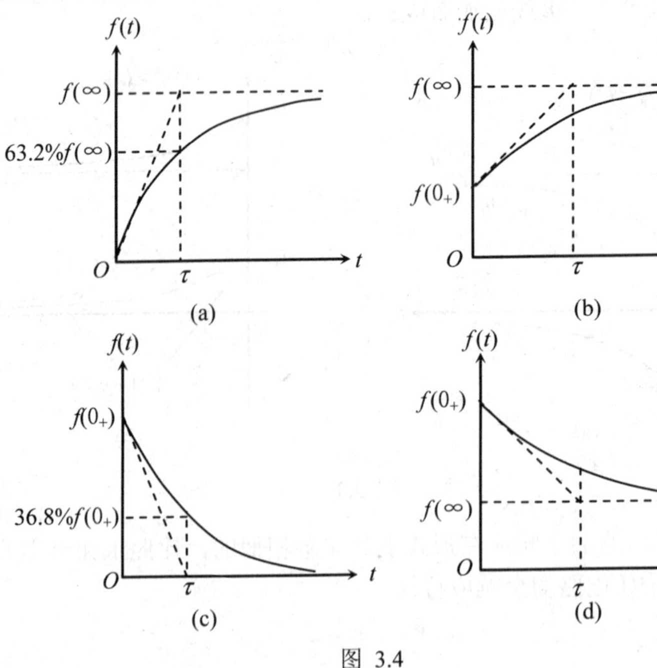

图 3.4

图 3.4 画出了暂态过程曲线的四种情况：图（a）为初始值 $f(0+)=0$；图（b）为初始值 $f(0+)\neq0$；图（c）为稳态值 $f(\infty)=0$；图（d）为稳态值 $f(\infty)\neq0$。

对于图3.4（a），其初始值 $f(0+)=0$，将 $t=\tau$ 代入 $f(t)=f(\infty)+[f(0+)-f(\infty)]\ \mathrm{e}^{-\frac{t}{\tau}}$ 式中，得到 $f(\tau)=f(\infty)$（1－36.8%）=63.2% $f(\infty)$。可见时间常数 τ 就是 $f(t)$ 增长到其稳态值的63.2%所需的时间。图3.4（a）可视为初始值等于零时，电容的充电过程。

对于图3.4（c），其稳态值 $f(\infty)=0$，将 $t=\tau$ 代入 $f(t)=f(\infty)+[f(0+)-f(\infty)]\ \mathrm{e}^{-\frac{t}{\tau}}$ 式中，得到 $f(\tau)=36.8\% f(0+)$。可见时间常数 τ 是暂态分量 $f(0+)\ \mathrm{e}^{-\frac{t}{\tau}}$ 衰减到其初始值 $f(0+)$ 的36.8%所需的时间。图3.4（c）可视为稳态值等于零时，电容的放电过程。

理论上暂态过程要持续到 $\tau=\infty$ 才结束，工程上认为当 $t=(3\sim5)\ \tau$ 时，电路已经稳定。实际上此时 $f(t)$ 达到 $f(\infty)$ 的 95%～99%，可以定义 $t_s=(3\sim5)\ \tau$ 为暂态过程持续时间。

二、暂态过程曲线的画法

画暂态过程曲线时，首先要确定初始值 $f(0+)$ 和稳态值 $f(\infty)$，再根据其随时间按指数变化的规律才能画出曲线，操作步骤如下：

（1）在纵坐标上找到初始值 $f(0+)$ 和稳态值 $f(\infty)$，并过 $f(\infty)$ 点画一水平虚线。

（2）作初始点 $f(0+)$ 的切线。切线与 $f(\infty)$ 水平线的交点对应横坐标上的 $t=\tau$。

（3）由横坐标上的 τ 对应到 $f(t)$ 曲线上，找到点 $[f(\tau),\ \tau]$。

（4）过 $[f(0+),\ 0]$ 和 $[f(\tau),\ \tau]$ 两点画一条指数曲线，该曲线终点接近 $f(\infty)$ 值水平虚线，即为所求暂态过程曲线。

三、RL电路的应用及应用中的问题

（1）在RL电路中正确使用电压表：测量线圈电压后，电压表应及时去掉，以免断电时线圈产生过电压损坏电压表。

（2）续流管的作用：通常在电感负载端接一个二极管（称续流管），使电感负载在断电后有一个电流通路，因此不会在电感负载端产生过电压烧坏开关。若使用电子开关，更需要续流管续流。

（3）RL电路在照明上的应用：利用断开交流电，在电感上产生高电压点亮日光灯。

RL电路的应用较多，电机的电路模型就是RL电路，还有其他应用在此不再赘述。

3.5　例　　题

1　如图3.5(a)所示电路，开关 S 在 $t=0$ 时闭合，开关 S 闭合前电路已处于稳态。试求开关 S 闭合后各元件电压、电流的初始值。

【解题思路】（1）作 $t=0\_$ 时等效电路。因换路前电路已处于稳态。在直流稳态电路中，C 相当于开路；L 相当于短路，故得图3.5(b)。用此图和换路定则求电容电压、电感电流初始值。

（2）作$t=0_+$时等效电路。$t=0_+$时，C可用一个理想电压源$u_c(0_+)$替代；L可用一理想电流源$i_L(0_+)$替代，可得图3.5(c)。用此图求电容电压、电感电流以外的其他初始值。

【解】 （1）根据$t=0_-$时等效电路图3.5(b)可得：

$$u_c(0_-)=\frac{R_1}{R+R_1}E=\frac{4\times10^3}{(4+6)\times10^3}\times20=8\,(\text{V})$$

$$i_L(0_-)=\frac{E}{R+R_1}=\frac{20}{(4+6)\times10^3}=2\,(\text{mA})$$

由换路定则可求得$t=0_+$时$u_c(0_+)$，$i_L(0_+)$分别为：

$$u_c(0_+)=u_c(0_-)=8\text{V} \qquad i_L(0_+)=i_L(0_-)=2\,\text{mA}$$

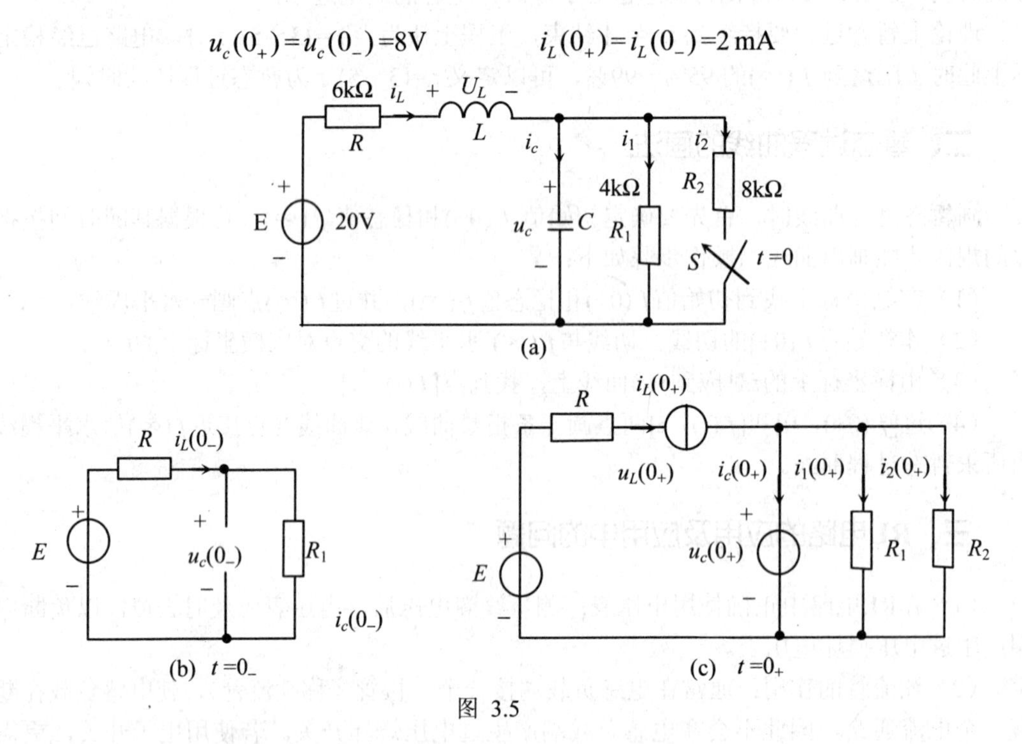

图 3.5

（2）根据$t=0_+$时等效电路图3.5（c）求得电路中的其他初始值：

$$i_1(0_+)=\frac{u_c(0_+)}{R_1}=\frac{8}{4\times10^3}=2\,(\text{mA}) \qquad i_2(0_+)=\frac{u_c(0_+)}{R_2}=\frac{8}{8\times10^3}=1\,(\text{mA})$$

$$i_c(0_+)=i_L(0_+)-[\,i_1(0_+)+i_2(0_+)\,]=2-3=-1\text{（mA）}$$

$$u_L(0_+)=E-u_c(0_+)-R\,i_L(0_+)=20-8-2\times10^{-3}\times6\times10^3=0\text{（V）}$$

由此可见，换路瞬间除u_c，i_L不能跃变外，其他电压和电流均可跃变，因此其他初始值的求解完全遵循基尔霍夫定律。

2 已知图3.6所示电路原已稳定，且U_S=20 V，$R_1=R_2$=4 Ω，C=10 μF，$L=0.5$ H。求开关S断开瞬间电容储能W_C和电感储能W_L。

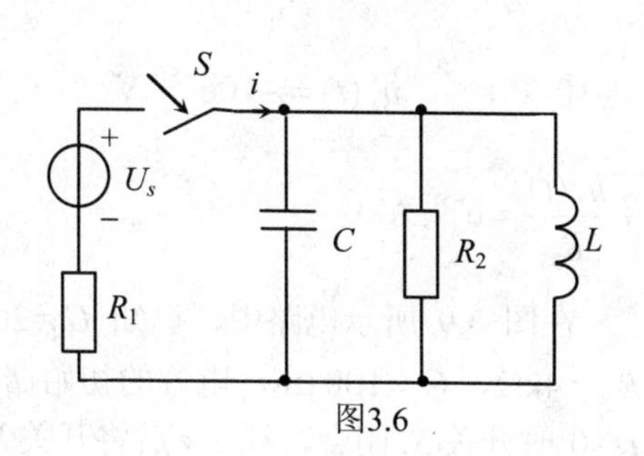

图3.6

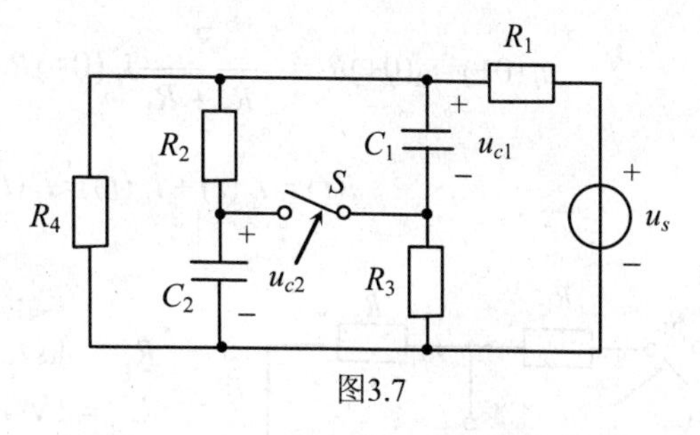

图3.7

【解题思路】 此题本意是熟悉能量公式。根据题意代入公式中的量是换路初始值。

【解】 $u_c(0_+) = u_c(0_-) = 0\,\text{V}$ $\qquad W_C = \dfrac{1}{2}Cu_c^2(0_+) = 0\,\text{J}$

$i_L(0_+) = i_L(0_-) = \dfrac{U_\text{S}}{R_1} = 5\,\text{A}$ $\qquad W_L = \dfrac{1}{2}Li_L^2(0_+) = 6.25\,\text{J}$

3 已知图3.7所示电路原已稳定，且R_1 =10 Ω，R_2= 8Ω，R_3 = 12Ω，R_4 =20Ω，U_S =60V。求：(1)开关S断开瞬间的$u_{c1}(0_+)$，$u_{c2}(0_+)$；(2)开关S断开电路稳定后的$u_{c1}(\infty)$，$u_{c2}(\infty)$。

【解题思路】 可以分别画出$t=0_-, t=\infty$的等效电路帮助求解。

【解】 （1）开关S断开前电路已稳定,电容可以作开路处理，有：

$$R_{234} = \frac{R_4(R_2+R_3)}{R_4+R_2+R_3} = 10\,\Omega, \qquad u_{R4}(0_-) = \frac{R_{234}}{R_{234}+R_1}Us = 30\,\text{V},$$

$$u_{c1}(0_+) = u_{c1}(0_-) = u_{R2}(0_-) = \frac{R_2}{R_2+R_3}u_{R4}(0_-) = 12\,\text{V},$$

$$u_{c2}(0_+) = u_{c2}(0_-) = u_{R3}(0_-) = \frac{R_3}{R_2+R_3}u_{R4}(0_-) = 18\,\text{V}$$

（2） $$u_{c1}(\infty) = \frac{R_4}{R_1+R_4}U_\text{S} = 40\,\text{V}, \quad u_{C2}(\infty) = u_{c1}(\infty) = 40\,\text{V}$$

4 已知图3.8所示电路原已稳定，$U_\text{S}=30\,\text{V}$，$R_1=5\,\Omega$，$R_2=R_3=10\,\Omega$，$L=1\,\text{H}$，$t=0$ 时将开关S闭合。求开关S闭合后的电流$i(t)$。

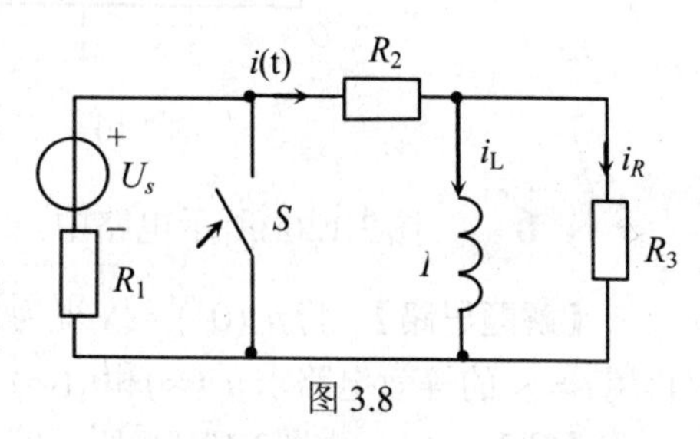

图 3.8

【解题思路】 本题是电感对R_2，R_3两条支路释放能量的分析。用三要素求$i_L(t)$，再用电路定律求$i(t)$，注意电流的方向。

【解】 $$i_L(0_+) = i_L(0_-) = \frac{U_\text{S}}{R_1+R_2} = 2\,\text{A}, \qquad \tau = \frac{L}{\dfrac{R_2R_3}{R_2+R_3}} = 0.2\,\text{s}$$

$$i_L(t) = i_L(0_+)\text{e}^{-\frac{t}{\tau}} = 2\text{e}^{-5t}\,\text{A}, \qquad u_L(t) = L\frac{\text{d}i_L}{\text{d}t} = -10\text{e}^{-5t}\,\text{V}$$

或 $u_L(0+)=i_R(0+)R_3=-\dfrac{R_2}{R_2+R_3}i_L(0+)R_3=-10\ \text{V}$， $u_L(t)=-10\text{e}^{-5t}\ \text{V}$

$$i(t)=i_L(t)+i_R(t)=i_L(t)+\frac{u_L(t)}{R_3}=\text{e}^{-5t}\ \text{A}$$

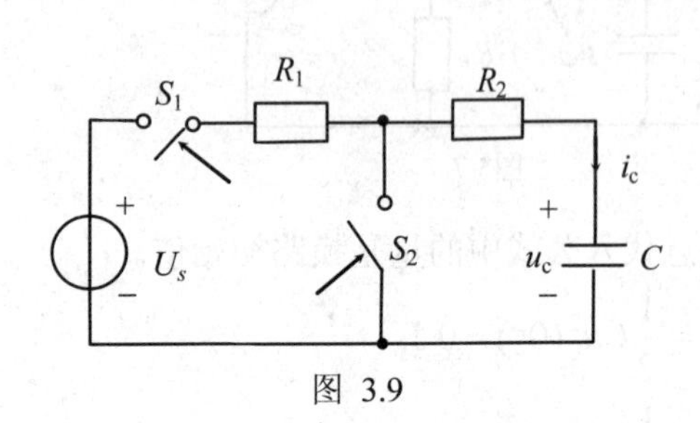

图 3.9

5 在图 3.9 所示电路中，已知 U_S=20V，$R_1=6\text{k}\Omega$，$R_2=4\text{k}\Omega$，$C=100\ \mu\text{F}$，电容的初始储能为 $U_o=1\text{V}$，$t=0$ 时开关 S_1 闭合，经 2 s 后将开关 S_2 闭合。求电容电压 $u_c(t)$，并画出其波形图。

【解题思路】 这是一个先充电，后放电的电路。用三要素分别求 $u_c(t)$ 在两个时间段的变化规律。注意每个时间段的初值不同，时间常数也不一样。

【解】 t=0时，s_1 闭合 $u_c(0_+)=u_c(0_-)=U_o=1\text{V}$

$$u_c(\infty)=U_S=20\ \text{V}，\quad \tau_1=(R_1+R_2)C=1\ \text{s}$$

$$u_c(t)=u_c(\infty)+\left[u_c(0_+)-u_c(\infty)\right]\text{e}^{-\frac{t}{\tau_1}}=20-19\text{e}^{-t}\ (\text{V})$$

t=2s 后，s_2 闭合 $u_c(2_+)=u_c(2_-)=17.43\ \text{V}$

$$u_c(\infty)=0 \qquad \tau_2=R_2C=0.4\ \text{s}$$

$$u_c(t)=u_c(\infty)+\left[u_c(2_+)-u_c(\infty)\right]\text{e}^{-\frac{t-2}{\tau_2}}=17.43\text{e}^{-2.5(t-2)}\ (\text{V})$$

据此作出波形图，示于图3.10。

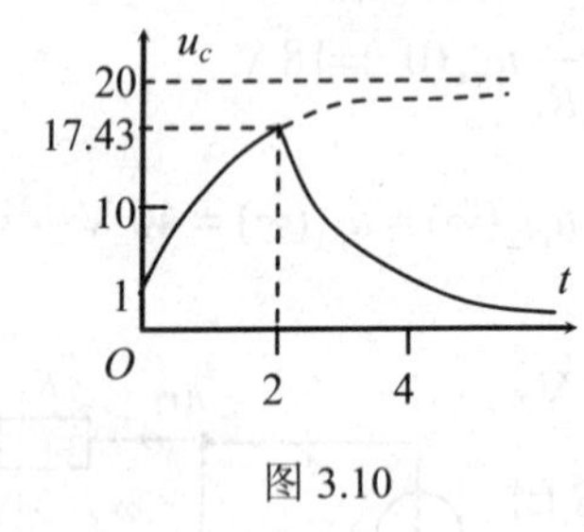

图 3.10

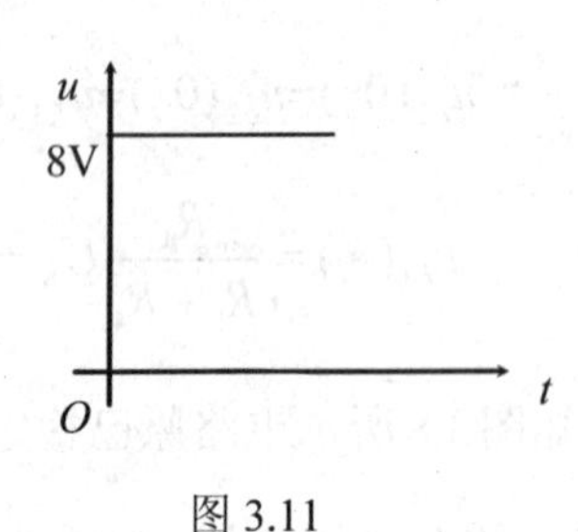

图 3.11

6 图 3.12(a)所示电路中，u 为图 3.11 所示阶跃电压，若 $u_c(0_-)$ =2V。求 $u_c(t)$ 和 $i_3(t)$。

【解题思路】 将 $u_c(0_-)$ =2V视为理想电压源，作出 $t=0_+$ 时的等效电路，计算出 $i_3(0_+)$；再用 $t=\infty$ 的等效电路求 $u_c(\infty)$和$i_3(\infty)$，将其代入三要素公式即可。

【解】 （1）由图3.12(b) 所示 $t=0_+$ 的等效电路确定初始值：用叠加原理求解。

u单独作用： $u_3(0_+)'=\dfrac{R_{23}}{R_1+R_{23}}u=2\text{V}$

其中 $R_{23}=\dfrac{R_2R_3}{R_2+R_3}=\dfrac{4}{3}\text{k}\Omega$

$u_c(0_+)$ 单独作用：　　$u_3(0_+)'' = \dfrac{R_{13}}{R_2+R_{13}} u_c(0_+) = 1\text{V}$

其中　　$R_{13} = \dfrac{R_1 R_3}{R_1+R_3} = 2\text{k}\Omega$

u与$u_c(0_+)$共同作用：　　$u_3(0_+) = u_3(0_+)' + u_3(0_+)'' = 3\text{V}$

$$i_3(0_+) = \frac{u_3(0_+)}{R_3} = \frac{3}{4} = 0.75\,(\text{mA}),\quad u_c(0_+) = u_c(0_-) = 2\text{V}$$

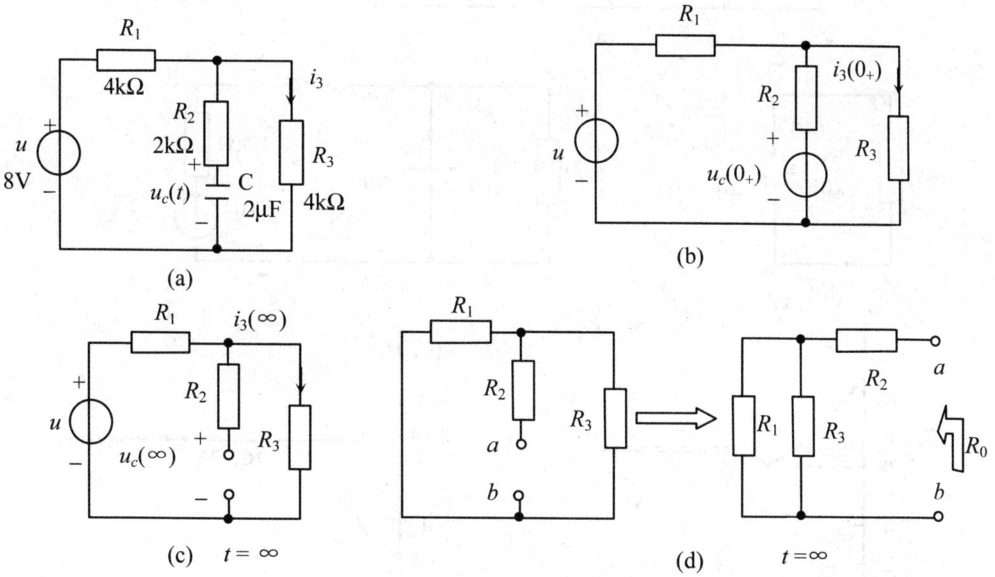

(a)　(b)

(c)　$t=\infty$　　(d)　$t=\infty$

图 3.12

（2）用图6.12(c)所示$t=\infty$的等效电路确定稳态值，图中电容元件相当于开路。

$$i_3(\infty) = \frac{u}{R_1+R_3} = \frac{8}{4+4} = 1\,(\text{mA})$$

$$u_c(\infty) = R_3 i_3(\infty) = 4\times 1 = 4\,(\text{V})$$

（3）确定时间常数，用戴维宁定理确定等效电阻的方法。即从储能元件两端［图6.12(c)所示a，b处］看进去的等效电阻R_0称为戴维宁等效电阻。

$$R_0 = R_2 + R_1 /\!/ R_3 = 2 + \frac{4\times 4}{4+4} = 4\,(\text{k}\Omega) \qquad \tau = R_0 C = 4\times 10^3 \times 2\times 10^{-6} = 8\times 10^{-3}\,(\text{s})$$

$$i_3(t) = i_3(\infty) + [i_3(0_+) - i_3(\infty)]e^{-\frac{t}{\tau}} = 1 + [0.75-1]\,e^{-\frac{t}{8\times 10^{-3}}} = 1 - 0.25\,e^{-\frac{t}{8\times 10^{-3}}}\,(\text{mA})$$

$$u_c(t) = u_c(\infty) + [u_c(0_+) - u_c(\infty)]e^{-\frac{t}{\tau}} = 4 + [2-4]e^{-\frac{t}{8\times 10^{-3}}} = 4 - 2e^{-\frac{t}{8\times 10^{-3}}}\,(\text{V})$$

7　图3.13(a)电路中有两个开关，开关S_1在$t=0$时打开，开关S_2在$t=12\text{ms}$时闭合。电路在第一次换路前已达稳态。求电容电压$u_c(t)$和电容电流$i_c(t)$，绘出其变化曲线。

【解题思路】　题中两个开关S_1，S_2动作时间不同，先确定开关S_1在打开前的电容电压

$u_c(0_-)$，再求出$0\leqslant t<12\text{ms}$时的$u_c(t)$和$i_c(t)$。然后又确定开关S_2在闭合前一瞬间的$u_c(12_-)$和$i_c(12_-)$，再求出$t>12\text{ms}$时的$u_c(t)$和$i_c(t)$。$u_c(t)$和$i_c(t)$的曲线都具有两个时间段。

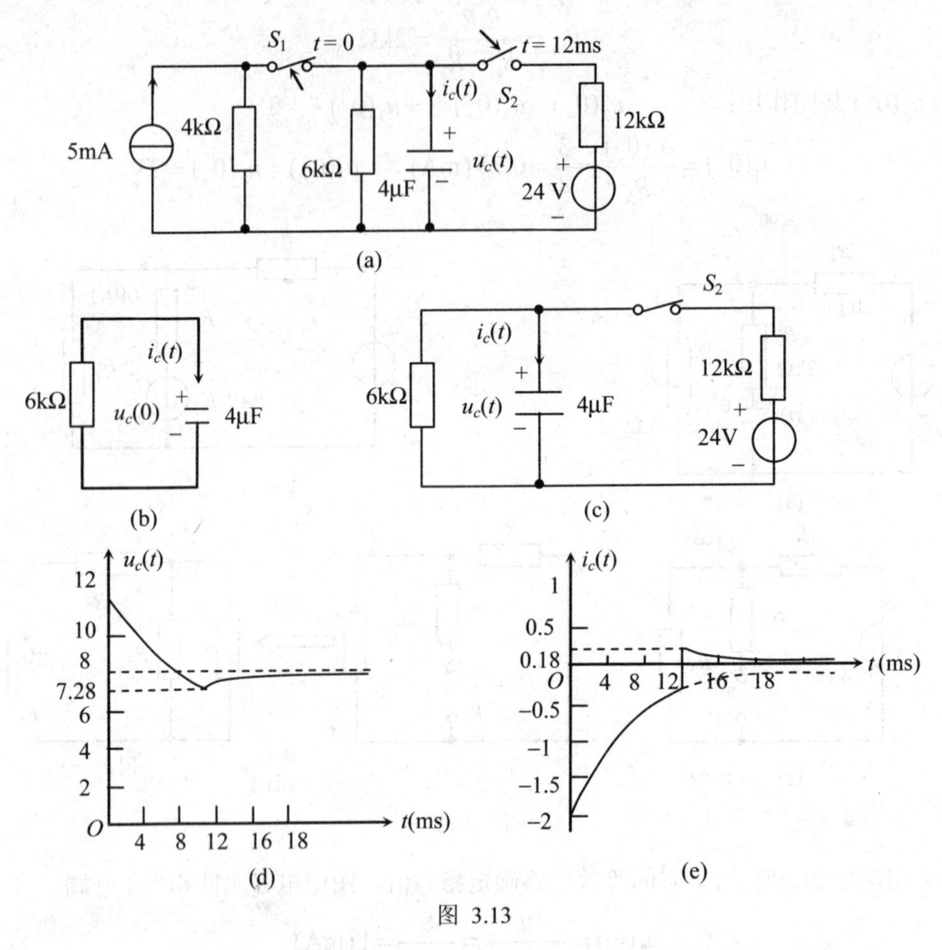

图 3.13

【解】（1）因电路在第一次换路前已稳态，所以电路中C相当于开路，有：$i_c(0_-)=0$

$$u_c(0_-)=5\times10^{-3}\times\frac{4\times10^3\times6\times10^3}{4\times10^3+6\times10^3}=12\,(\text{V})$$

（2）$0\leqslant t<12\text{ms}$时，S_1打开，S_2还未闭合，电路可用图6.13(b)所示的RC串联电路来等效，由换路定则得：

$$u_c(0_+)=u_c(0_-)=12\,(\text{V})\qquad\qquad \tau_1=RC=6\times10^3\times4\times10^{-6}=24\,(\text{ms})$$

电容电压的零输入响应为：

$$u_c(t)=12\text{e}^{-\frac{t}{24}}\,(\text{V})\,,\qquad\qquad i_c(t)=C\frac{\text{d}u_c(t)}{\text{d}t}=-2\text{e}^{-\frac{t}{24}}\,(\text{mA})$$

（3）$t\geqslant12\text{ms}$时，S_2闭合，S_1打开，图3.13(c)所示等效电路，用三要素求其全响应。$t=12\text{ms}$换路瞬间，C的电压不能突变，有

$$u_c(12_+)=12\text{e}^{-0.5}=7.28\text{V}$$

$$\tau_2 = \frac{(6\times12)\times10^3}{(6+12)\times10^3}\times4\times10^{-6} = 16\,(\text{ms}) \qquad u_c(\infty) = 24\times\frac{6}{6+12} = 8\,(\text{V})$$

电路的全响应为：$u_c(t) = 8 + (7.28-8)\text{e}^{-\frac{t-12}{16}} = 8 - 0.72\text{e}^{-\frac{t-12}{16}}\,(\text{V})$

$$i_c(t) = C\frac{\text{d}u_c(t)}{\text{d}t} = 4\frac{\text{d}}{\text{d}t}(8-0.72\text{e}^{-\frac{t-12}{16}}) = 0.18\ \text{e}^{-\frac{t-12}{16}}\,(\text{mA})$$

电容的电压和电流在 $-\infty < t < \infty$ 时分别为：

$$u_c(t) = \begin{cases} 12, & t<0 \\ 12\text{e}^{-\frac{t}{24}}, & 0\leqslant t<12\text{ms} \\ 8-0.72\text{e}^{-\frac{t-12}{16}}, & t\geqslant 12\text{ms} \end{cases};\quad i_c(t) = \begin{cases} 0, & t<0 \\ -2\text{e}^{-\frac{t}{24}}, & 0\leqslant t<12\text{ms} \\ 0.18\text{e}^{-\frac{t-12}{16}}, & t\geqslant 12\text{ms} \end{cases}$$

其变化曲线如图 3.13(d)和(e)所示。

8　图 3.14 (a) 电路中 *KM* 为继电器的常闭触头（相当于原状态是合闭的开关），*L*，*R* 分别为继电器线圈的等效电阻和电感，当线圈中电流达到 200mA 时，*KM* 打开；当电流下降到 160mA 时，*KM* 又闭合；周而复始动作。设电源电压 U=20V，R=20Ω，L=200mH，R'=300Ω。

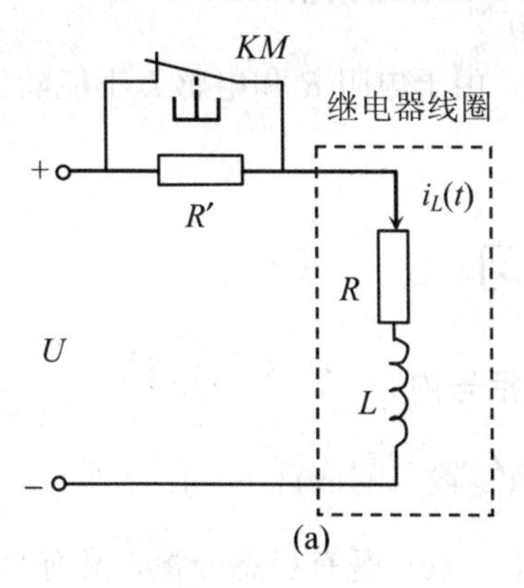

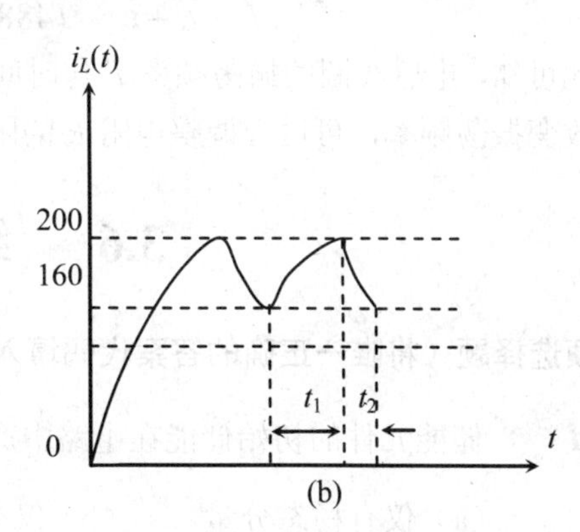

图 3.14

求：（1）触点 *KM* 打开和闭合各需多长时间；（2）触点 *KM* 每秒钟打开或闭合的次数（即振荡频率）。

【解题思路】 因电流 $i_L(t)$ 是周期性上升和下降的，用三要素法分别求解电流 $i_L(t)$ 上升和下降时各自的表达式，再求触点*KM*打开、闭合的时间。$i_L(t)$ 由160 mA上升到200 mA所需时间为闭合时间 t_1，$i_L(t)$ 由200 mA下降到160 mA的时间为断开时间 t_2。继电器线圈电流 $i_L(t)$ 的变化规律如图3.14（b）所示。

【解】（1）计算时间 t_1 和 t_2：初始值分电流上升初始值 $i_{L1}(0_+)$ 和下降初始值 $i_{L2}(0_+)$，有：

$$i_{L1}(0_+) = i_{L1}(0_-) = 160\,(\text{mA}), \qquad i_{L2}(0_+) = i_{L2}(0_-) = 200\,(\text{mA})$$

稳态值为 $i_{L1}(\infty)$ 和 $i_{L2}(\infty)$，有：

$$i_{L1}(\infty)=\frac{U}{R}=\frac{20}{20}=1\,(\text{A})=1000\,\text{mA}$$

$$i_{L2}(\infty)=\frac{U}{R'+R}=\frac{20}{20+300}=0.0625\,(\text{A})=62.5\,\text{mA}$$

时间常数为τ_1和τ_2，有：

$$\tau_1=\frac{L}{R}=\frac{200\times10^{-3}}{20}=10^{-2}\,(\text{s})\qquad \tau_2=\frac{L}{R+R'}=\frac{200\times10^{-3}}{20+300}=0.625\times10^{-3}\,(\text{s})$$

如果以KM闭合瞬间为计时起点，电流$i_L(t)$上升表达式为：

$$i_{L1}(t)=1000+[160-1000]\text{e}^{-\frac{t}{\tau_1}}=1000-840\text{e}^{-\frac{t}{10^{-2}}}\,\text{mA}$$

如果在$t=t_1$时，$i_{L1}(t)=200\text{mA}$，有

$$i_{L1}(t)=1000-840\text{e}^{-100t_1}=200\text{mA}$$

因此$t_1=488\,\mu\text{s}$同理可求出：

$$i_{L2}(t)=62.5+137.5\text{e}^{-1.6\times10^3 t_2}=160\text{mA},\quad t_2=215\,\mu\text{s}$$

（2）振荡频率为：

$$f=\frac{1}{T}=\frac{1}{t_1+t_2}=\frac{1}{(488+215)\times10^{-6}}=1.42\,\text{kHz}$$

由此可知，电感线圈的振荡频率f与时间常数有关。由于电阻R和电感L不能随意改变，因此要改变振荡频率，可适当调整电阻R的阻值。

3.6　练　　习

单项选择题（将唯一正确的答案代码填入下列各题括号内）

1 储能元件的初始储能在电路中产生的响应(零输入响应) (　　)。

（a）仅有稳态分量　　（b）仅有暂态分量　（c）既有稳态分量，又有暂态分量

2 电路的暂态过程大致经过（　　）的时间就可以认为达到了稳定状态。

（a）τ　　　　（b）$(3\sim5)\tau$　　　　（c）10τ

3 电路发生换路后存在一段暂态过程，是因为电路中只含有（　　）元件。

（a）储能元件　　（b）耗能元件　　（c）储能元件和耗能元件

4 换路定则是指从0_-到0_+时（　　）。

（a）电容电压不能突变　（b）电容电流不能突变　（c）电感电流不能突变
（d）电感电压不能突变　（e）储能元件的储能不能突变

5 在图3.15电路中，当开关S在$t=0$时由“2”拨向“1”，此时电路时间常数τ为（　　）。

（a）R_1C　（b）$(R_1+R_2)C$　（c）$(R_1//R_2)C$　（d）$(R_1+R_3)C$

6 在图3.15电路中，计算电路时间常数τ时，电流源作（　）处理。

（a）开路　（b）短路　（c）既不开路也不短路

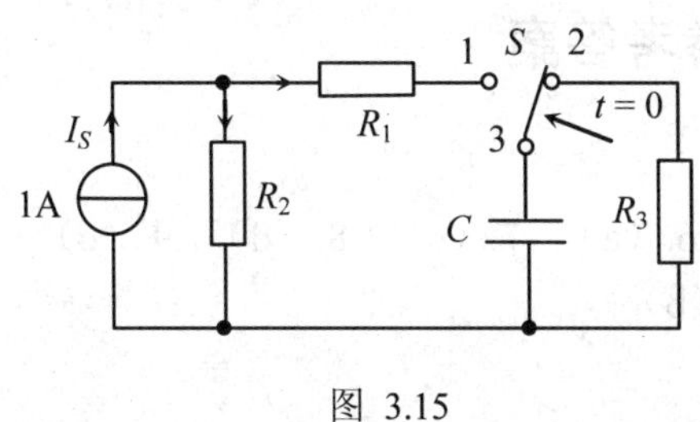

图 3.15

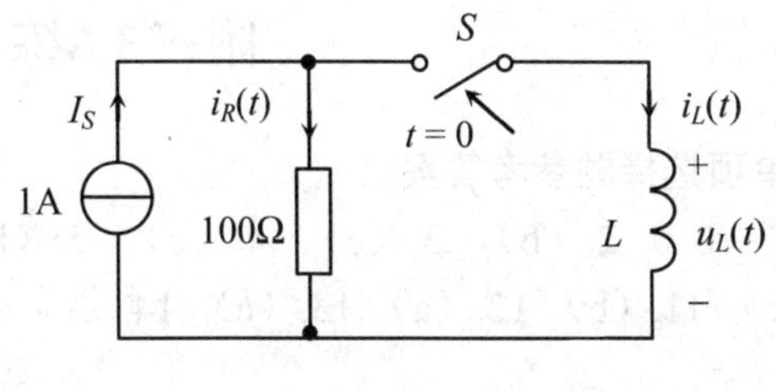

图 3.16

7 在图3.16电路中$i_L(0_-)=0$，$t=0$时刻开关S闭合，问S闭合瞬间$u_L(0_+)$的值为（　）。

（a）0V　（b）∞ V　（c）100V　（d）200V

8 图3.16电路，在S闭合瞬间，不发生跃变的量有（　）。

（a）i_L　（b）i_R　（c）u_L　（d）i_L和i_R

9 某RC电路的全响应为$u_c(t)=6-3e^{-25t}$V，则该电路的暂态分量为（　）。

（a）$6-3e^{-25t}$V　（b）6V　（c）$-3e^{-25t}$V

10 某RC电路的全响应为$u_c(t)=6-3e^{-25t}$V，则该电路的零输入响应为（　）。

（a）$6-3e^{-25t}$V　（b）$6(1-e^{-25t})$V　（c）$3e^{-25t}$V

11 某RC电路的全响应为$u_c(t)=6-3e^{-25t}$V，则该电路的零状态响应为（　）。

（a）$6-3e^{-25t}$V　（b）$6(1-e^{-25t})$V　（c）$3e^{-25t}$V

12 RC微分电路具备的条件之一是时间常数（　）（t_p为输入矩形脉冲电压的宽度）。

（a）$\tau \ll t_p$　（b）$\tau < t_p$　（c）$\tau \gg t_p$

13 RC积分电路具备的条件之一是时间常数（　）(t_p的含义同上题)。

（a）$\tau \ll t_p$　（b）$\tau < t_p$　（c）$\tau \gg t_p$

14 在RL电路的暂态过程中电感电流按（　）规律变化。

（a）瞬变　（b）线性　（c）指数

15 RL电路在没有外部激励时，由电感线圈内部储能的作用而产生的响应称为（　　）。

（a）零状态响应　　（b）零输入响应　　（c）全响应

附：3.6练习参考答案

单项选择题参考答案

1.（b ）2.（b） 3.（c） 4.（e） 5.（b） 6.（a） 7.（c） 8.（d） 9.（c） 10.（c） 11.（b） 12.（a） 13.（c） 14.（c） 15.（b）

第 4 章　正弦交流电路

4.1 学　　习

☞ 理解正弦交流电的基本概念，即三要素、相位、相位差及有效值。

☞ 熟悉正弦量的各种表示方法和互相之间的关系，掌握相量表示法。

☞ 理解交流电路中的电压、电流、功率及能量转换的关系；学会用相量表示法分析和计算简单的正弦交流电路。

☞ 理解和掌握有功功率、功率因数的概念和计算；了解瞬时功率、无功功率和视在功率的概念；了解提高功率因数的意义和方法。

☞ 了解交流电路的频率特性；了解串联、并联谐振产生的条件及特征。

4.2 内　　容

4.2.1 知识结构框图

正弦交流电路基本内容及其连接如图4.1所示。

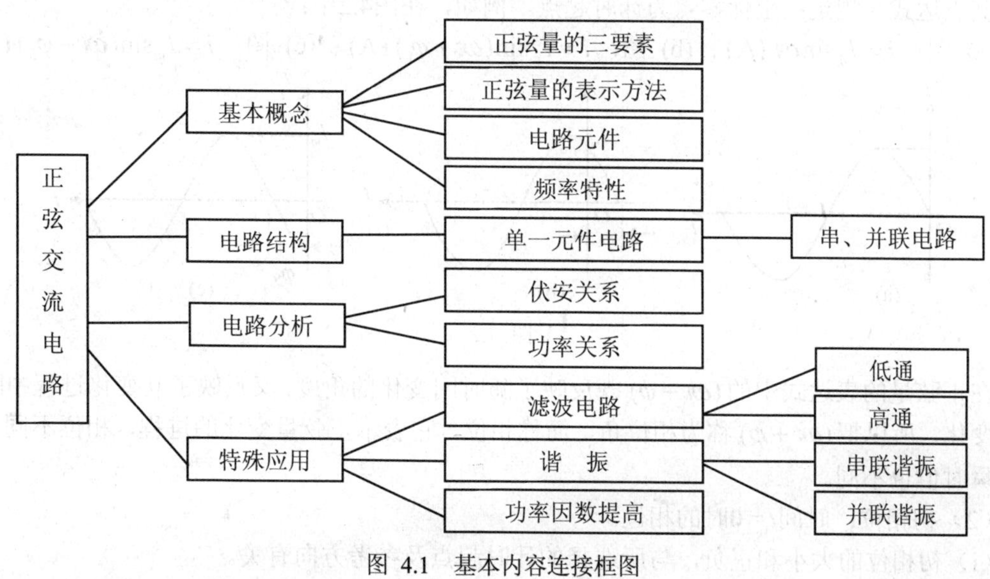

图 4.1　基本内容连接框图

4.2.2 基本知识点

一、正弦量的基本概念

1．正弦量的三要素

正弦量的三要素为：频率、幅值、初相位。

2．正弦量的周期（*T*）和频率（*f*）

$$T=\frac{1}{f}, \quad \omega=2\pi f$$

3．正弦量的瞬时值、最大值和有效值

（1）瞬时值：体现了某一时刻正弦量的大小，它是时间的函数。用小写字母表示，如：u，e，i。

（2）最大值（或称幅值）：表明了正弦量在变化过程中出现的最大幅值。用带有下标m的大写字母表示，如：U_m，E_m，I_m。

（3）有效值（又称方均根值）：有效值是从电流做功的角度来定义的。用大写字母表示，如：U，E，I。因此，任何周期性的变化量X的有效值为：

$$X=\sqrt{\frac{1}{T}\int_0^T x^2\mathrm{d}t}$$

对一正弦交流电而言，最大值和有效值之间的关系：

$$\text{有效值}=\frac{\text{最大值}}{\sqrt{2}}$$

4．正弦量的相位、初相位、相位差

（1）相位：正弦量是一个随时间变化的量，因此，必须要有计时起点（$t=0$），然后才能写出其表达式。规定：坐标零点为计时起点。例如，在图4.2中：

(a) 图：$i=I_m\sin\omega t\,(\mathrm{A})$；(b) 图：$i=I_m\sin(\omega t+\varphi_1)\,(\mathrm{A})$；(c) 图：$i=I_m\sin(\omega t-\varphi_2)\,(\mathrm{A})$。

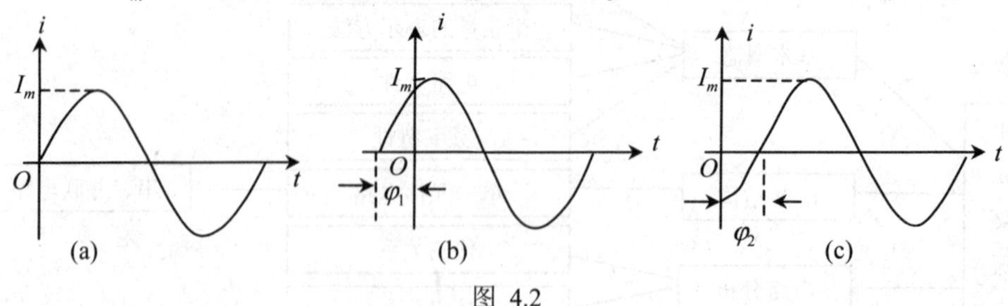

图 4.2

在正弦量的表达式中的$(\omega t+\varphi)$既反映了随时间变化的角度，又反映了其变化过程中瞬时值的变化，所以把$(\omega t+\varphi)$称为相位角，简称相位。它表示正弦量变化的进程，相位不同，对应的瞬时值也不同。

（2）初相位：时间$t=0$时的相位。

（i）初相位的大小和正负，与所选择的计时起点及参考方向有关。

（ii）初相位决定了正弦量的初始值。

（3）相位差：指同一时刻，两个同频率的正弦量在相位上的差别。（以 ωt 为坐标轴、表示相位差角；以 t 为坐标轴，表示时间差。）若两个正弦量为：$u = U_m \sin(\omega t + \varphi_1)$ (V) 和 $i = I_m \sin(\omega t + \varphi_2)$ (A)，则它们之间的相位差：$\varphi = (\omega t + \varphi_1) - (\omega t + \varphi_2) = \varphi_1 - \varphi_2$

可见：相位差角的大小和 f、t 无关，它仅取决于两个同频率正弦量的初相位。在同频率的情况下，只要初相位一定，而相位差角也就定了，但初相位和计时起点有关。

5．超前和滞后的概念

从图4.3波形图中看出：电压比电流先到达最大值（或零值），称电压超前电流一个 φ_u 角，或者说电流滞后电压一个角度。

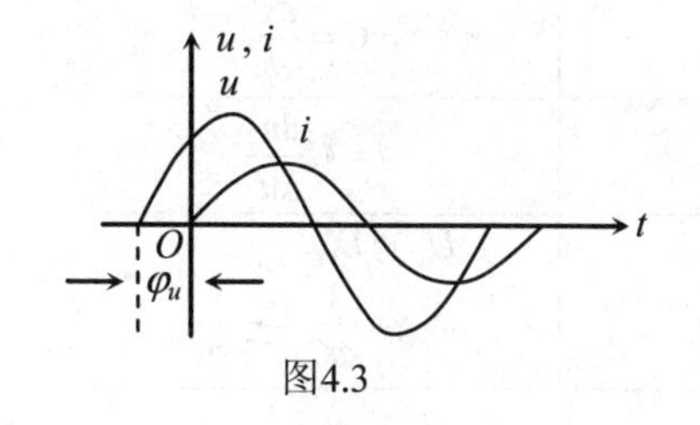

图4.3

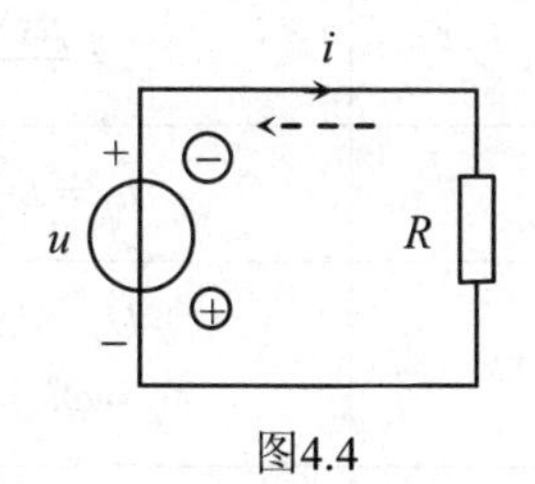

图4.4

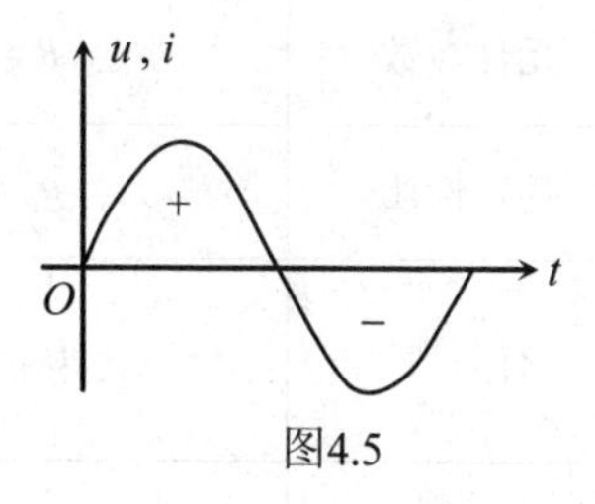

图4.5

二、正弦量的表示方法

1．参考方向

交流电在不断变化，为了讨论问题的方便，也引入了参考方向的概念。交流电是设其正半周的方向为参考方向。规定：当电压或电流的实际方向和参考方向一致时，对应的值为正。当电压或电流的实际方向和参考方向相反时，对应的值为负，如图 4.4 所示。

2．波形图

特点：直观、形象。它是正弦量的基本表示法。规定：当电压或电流的实际方向和参考方向一致时，波形为正，在横轴上方。当电压或电流的实际方向和参考方向相反时，波形为负，在横轴下方。如图 4.5 所示。

3．三角函数式（瞬时值表达式）

特点：准确、严格。它是正弦量的基本表示法。

4．相量表示法

特点：简单、方便。用复数式表示正弦量，对应的复数称相量。表示方法在大写字母上打“•”。如：$\dot{U}$，$\dot{E}$，$\dot{I}$。其实质是一种用复数来表示正弦量的方法（它包括相量式和相量图），所以它是分析交流电的有效工具。

三、单一元件的交流电路

理想无源元件（R，L，C）都满足两点：第一，具有单一参数；第二，元件参数恒定不变，不随电压、电流或频率而变，即为线性元件。单一参数 R，L，C 各元件在交流电路中的电压、电流之间的关系是分析、计算交流电路的重要基础，它们在交流电路中的表示方法、相互关系见表 4.1。在表 4.1 中，电压、电流关系是在关联参考方向下得到的。电阻、电感、电容只是表示了电路的一种特定能量转换现象，尽管 L，C 在某一段时间内可以释放出能量返回到电源，但是它们都不能独立地产生电能，因此都是属于无源元件。

表 4.1

	电阻电路	电感电路	电容电路
电路图	$+$ i u_R R $-$	$+$ i u_L L $-$	$+$ i u_c C $-$
元件参数	$R=\rho\frac{l}{s}$	$L=\frac{\mu s N^2}{l}$	$C=\frac{\varepsilon s}{d}$
基本性质	$u_R=iR$	$u_L=L\frac{\mathrm{d}i}{\mathrm{d}t}$	$i=C\frac{\mathrm{d}u_c}{\mathrm{d}t}$
有效值	$U_R=IR$	$U_L=IX_L$ $X_L=\omega L=2\pi fL$	$U_C=IX_C$ $X_C=\frac{1}{\omega C}=\frac{1}{2\pi fC}$
复数式	$\dot{U}_R=\dot{I}R$	$\dot{U}_L=\mathrm{j}\dot{I}X_L$	$\dot{U}_C=-\mathrm{j}\dot{I}X_C$
功率	$P_R=U_RI=I^2R$ $Q_R=0$	$P_L=0$ $Q_L=U_LI=I^2X_L$	$P_C=0$ $Q_C=-U_CI=-I^2X_C$
能量	$W_R=Pt$	$W_L=\frac{1}{2}Li^2$	$\mathrm{W_C}=\frac{1}{2}Cu_C{}^2$

四、RLC串联交流电路

表 4.2 说明了串联交流电路中电压、电流及功率的关系。

表 4.2

电路 / 关系		RL 串联电路	RC 串联电路	RLC 串联电路
阻抗		$Z=R+\mathrm{j}X_L$	$Z=R-\mathrm{j}X_C$	$Z=R+\mathrm{j}X_L-\mathrm{j}X_C$
电压电流的关系	相量式	$\dot{I}=\frac{\dot{U}}{R+\mathrm{j}X_L}$	$\dot{I}=\frac{\dot{U}}{R-\mathrm{j}X_C}$	$\dot{I}=\frac{\dot{U}}{R+\mathrm{j}X_L-\mathrm{j}X_C}$
	有效值	$I=\frac{U}{\sqrt{R^2+X_L^2}}$	$I=\frac{U}{\sqrt{R^2+(-X_C)^2}}$	$I=\frac{U}{\sqrt{R^2+(X_L-X_C)^2}}$
	相量图	$\dot{U}$ φ $\dot{I}$ $\varphi>0$	φ $\dot{I}$ $\varphi<0$ $\dot{U}$	$\varphi=\begin{cases}>0\\=0\\<0\end{cases}$ φ 的大小取决于电路中的参数
功率		$P=UI\cos\varphi(\mathrm{W})$ 或 $P=I^2R$	$Q=UI\sin\varphi(\mathrm{var})$ 或 $Q=Q_L+Q_C$ $=I^2(X_L-X_C)$	$S=UI(\mathrm{V\cdot A})$ 或 $S=\sqrt{P^2+Q^2}$

由表4.2可知：

（1）表中各电路的电压、电流的参考方向取关联一致。

（2）在交流电路中要建立相位的概念，可借助相量法求解。如RLC串联电路中，$\dot{U}=\dot{U}_R+\dot{U}_L+\dot{U}_C$，而不能用有效值相加，$U\neq U_R+U_L+U_C$。

（3）串联电路中，电压和电流的相位差角的大小取决于电路中的参数，并且说明了该电路的性质。如：$\varphi=\arctan\dfrac{X_L-X_C}{R}$。

当$X_L>X_C$时，$\varphi>0$，该电路为感性电路；当$X_L<X_C$时，$\varphi<0$，该电路为容性电路；当$X_L=X_C$时，$\varphi=0$，该电路为阻性电路。

（4）$Z=\dfrac{\dot{U}}{\dot{I}}=\sqrt{R^2+(X_L-X_C)^2}\angle\arctan\dfrac{X_L-X_C}{R}=|Z|\angle\varphi$　（Ω）

阻抗Z不是相量，书写时不能打“·”，其大小阻抗模$|Z|$说明电路中总电压和总电流有效值的比值关系；而辐角φ说明总电压和总电流之间的相位关系；阻抗模的大小取决于电路的参数，$|Z|$，R，（X_L-Xc）三者构成一阻抗三角形。

（5）交流电路中的有功功率实际上等于该电路中电阻上所消耗的功率，因为L、C是储能元件，不消耗功率。

电源必须提供有功功率（供R上消耗）和无功功率（供L、C进行能量互换），因此视在功率表明了电源能提供的最大输出功率。

五、阻抗的串、并联

在交流电路中，阻抗的串、并联及分流、分压公式，基本定律与直流电阻电路的公式相似，对应关系见表 4.3。

表 4.3

	直流电路	交流电路
欧姆定律	$U=IR$	$\dot{U}=\dot{I}Z$
KCL	$\Sigma I=0$	$\Sigma\dot{I}=0$
KVL	$\Sigma E=\Sigma(IR)$，$\Sigma U=0$	$\Sigma\dot{E}=\Sigma(\dot{I}Z);\Sigma\dot{U}=0$
两个负载串联	$R=R_1+R_2$	$Z=Z_1+Z_2$
两个负载并联	$R=\dfrac{R_1\cdot R_2}{R_1+R_2}$	$Z=\dfrac{Z_1Z_2}{Z_1+Z_2}$
两个元件串联分压关系	$U_1=\dfrac{R_1}{R_1+R_2}U$，$U_2=\dfrac{R_2}{R_1+R_2}U$	$\dot{U}_1=\dfrac{Z_1}{Z_1+Z_2}\dot{U}$，$\dot{U}_2=\dfrac{Z_2}{Z_1+Z_2}\dot{U}$
两个元件并联分流关系	$I_1=\dfrac{R_2}{R_1+R_2}I$，$I_2=\dfrac{R_1}{R_1+R_2}I$	$\dot{I}_1=\dfrac{Z_2}{Z_1+Z_2}\dot{I}$，$\dot{I}_2=\dfrac{Z_1}{Z_1+Z_2}\dot{I}$

由表 4.3 可知：直流电路是基础，在交流电路分析和计算时，只需把相应的电阻改成阻抗，而把电压、电流改成相量即可。

六、交流电路的频率特性

1．RC 串联电路的频率特性

它表征激励的频率发生变化时，容抗的大小也随之改变，从而使该电路中响应的大小 、相位都要发生变化的特征。利用 RC 电路可组成各种滤波电路，此时的输入、输出信号是频率的函数，属于频域分析。而输出电压和输入电压的比值称传递函数（转移函数）：

$$T(\mathrm{j}\omega)=\frac{U_2(\mathrm{j}\omega)}{U_1(\mathrm{j}\omega)}$$

2．谐振电路

谐振现象：当电路中感抗和容抗的作用互相抵消，对外部显示纯电阻时，电路的总电压、电流同相，称电路产生谐振。

（1）串联谐振（电压谐振）：

谐振频率：

$$f=f_0=\frac{1}{2\pi\sqrt{LC}}$$

产生谐振时$|Z|$最小；当U一定时，则I_0最大，且$U_L=U_C$互相补偿，分电压可能大于总电压。常应用在无线电工程中。

（2）并联谐振（电流谐振）：

谐振频率：
$$f=f_0\approx\frac{1}{2\pi\sqrt{LC}}$$

产生谐振时$|Z_0|$最大；当U一定时，则I_0最小；且$I_L\approx I_C$互相补偿，分电流可能大于总电流，常应用在无线电工程和工业电子技术中。

七、功率因数的提高

1．提高功率因数的经济意义

在相同的发电设备条件下，可以充分利用电源的容量，减少线路上的损耗，节约大量的电能，从而提高供电能力。

2．提高功率因数的措施

用无功功率补偿的方法。即在感性负载两端并联适当容量的电容。

3．并联电容容量的计算

$$C=\frac{P}{U^2\omega}(\tan\varphi-\tan\varphi')$$

式中，各字母含义参考教材。

并联电容后提高功率因数是指提高了电源对整个电路供电时的功率因数，而对感性负载

本身而言，并联电容后并不影响其工作状态，故各项工作指标都不变。

并联电容后，线路电流减小，有功功率不变，无功功率减小，功率因数提高。

4.3 要 点

> **主要内容：**
> - 正弦交流电路的分析方法——相量表示法
> - 正弦交流电路中的三个三角形
> - P、Q、S及其联系

一、正弦交流电路的分析方法——相量表示法

1．相量表示法的意义

相量表示法是一种简单、方便的分析方法。在一个正弦交流电路中，当所有的正弦量都是同频率时，只需知道正弦量的大小和初相位。复数式恰好体现了大小和初相位，因此可用复数来表示正弦量，称为相量的解析法；用（静止）矢量表示正弦量称为相量图。相量的解析法把三角函数运算转化成复数运算，相量图则是把三角函数运算转化为几何作图的运算，使分析过程变得简单、方便。

2．交流电路中的符号

表4.4列出了正弦交流电量的不同表示方法。

表 4.4

	瞬时值	幅值	有效值	幅值相量	有效值相量
电压	u	U_m	U	$\dot{U}_m$	$\dot{U}$
电流	i	I_m	I	$\dot{I}_m$	$\dot{I}$

3．复数形式的互相转换

复数共有四种表示形式，（代数式、直角坐标式、指数式、极坐标式）在使用中有如下规律：

（1）复数的加减：用代数式较方便。即实部和实部加减，虚部和虚部加减。

（2）复数的乘除：用极坐标式或指数式较方便。即复数的模相乘或相除，辐角相加或相减。

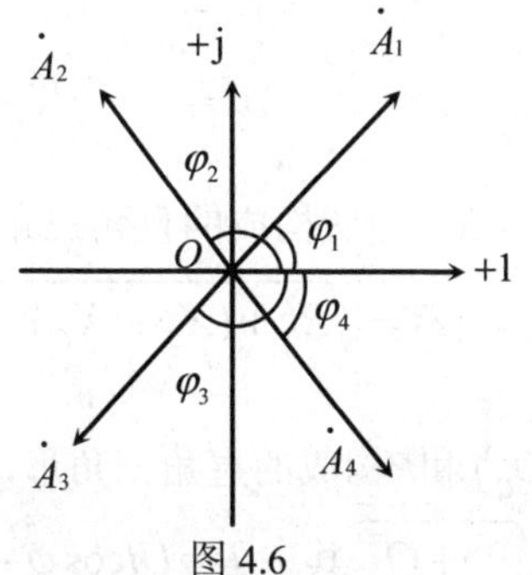

图4.6

在复数的四种形式之间可以互相转换，但是在转换过程中，必须要注意辐角的大小，它不仅和实部、虚部的值有关，而且还和象限有关（见图4.6）。

例：$\dot{A}_1 = 3 + \mathrm{j}4 = 5\angle 53.1^\circ$

$\dot{A}_2 = -3 + \mathrm{j}4 = 5\angle 180^\circ - \varphi_1 = 5\angle 126.9^\circ$

$\dot{A}_3 = -3 - \mathrm{j}4 = 5\angle -180^\circ + \varphi_1 = 5\angle -126.9^\circ$

$\dot{A}_4 = 3 - \mathrm{j}4 = 5\angle -53.1^\circ$

4．相量表示法的几点说明

（1）只有正弦量才能用相量表示，如：$i \to (\dot{I}_m, \dot{I})$，但两者并不相等，即 $i \neq \dot{I}_m$，$i \neq \dot{I}$。

（2）只有同频率的正弦交流电，才能画在同一相量图上，进行相量分析运算。

（3）在同一正弦交流电路中，正弦激励和响应均为同频率的正弦量，为了简化分析，取ωt=0时进行计算，但最后转化为三角函数式时，要写出ωt。

5．交流电路的分析与计算

直流电路中涉及的一些约束关系及分析方法同样适用于交流电路，只是对应的电压、电流用相量表示。其分析过程如下：已知正弦量→转换成对应的相量→复数运算→转换成相应的三角函数式。

二、交流电路中的三个三角形

1．电压三角形

R，L，C串联交流电路如图4.7，设$X_L > X_C$，且以电流为参考相量，定性画出相量图，如图4.8(a)所示。可见，$\dot{U}$、$(\dot{U}_L+\dot{U}_C)$和$\dot{U}_R$构成一直角三角形，称电压三角形，它说明了电路中各电压之间的大小、相位关系。由于电感电压和电容电压在相位上差180°，所以它们的相量和就是代数和。

三个电压有效值之间的关系:$U = \sqrt{{U_R}^2 + (U_L - U_C)^2} = I\sqrt{R^2 + (X_L - X_C)^2} = I|Z|$

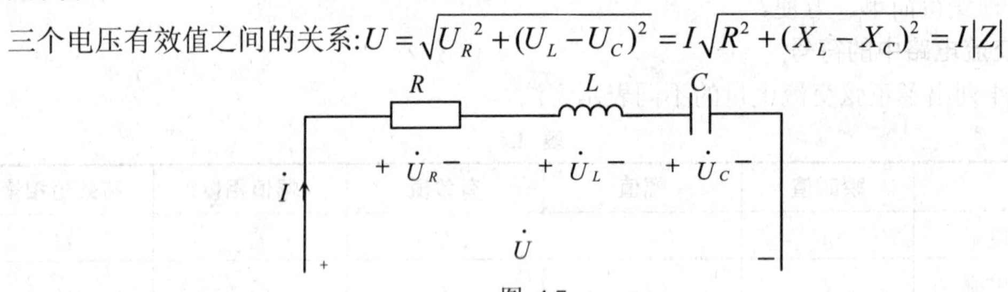

图 4.7

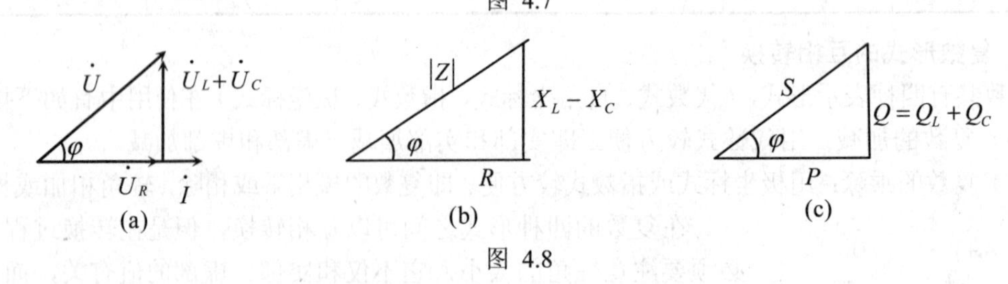

图 4.8

2．阻抗三角形

将电压三角形的三条边同时除以电流有效值I，这时$|Z|$、$(X_L - X_C)$和R构成的直角三角形，称阻抗三角形，如图4.8(b)。它说明了电路中各参数之间的关系。$|Z| = \sqrt{R^2 + (X_L - X_C)^2}$

3．功率三角形

将电压三角形的三条边同时乘以电流有效值I，这时S，$(Q_L + Q_C)$和P构成的直角三角形，称功率三角形，如图4.8(c)。它说明了电路中功率之间的关系。$S = \sqrt{P^2 + Q^2}$ 其中:$P = UI\cos\varphi$；

$Q = UI\sin\varphi$ 。

说明：（1）在同一R，L，C串联交流电路中，这三个三角形是相似的。$\varphi = \arccos\frac{P}{S} = \arccos\frac{R}{|Z|}$ 。φ 角的大小取决于电路中的参数。因为前面已设电路中的$X_L > X_C$ ，所以$\varphi > 0$，说明电压超前电流一个角度，$0 < \varphi < 90^\circ$，该电路属于感性电路。

（2）三个三角形中，只有电压可用相量表示，作图时加上箭头。而阻抗只是一个复数计算量，功率不是正弦量，因此，它们都不能用相量表示，画图时也不加箭头。

上面三个三角形直观、形象地表示了R，X_L，X_C ，$|Z|$，U，I，φ 以及P，Q，S诸量之间的相互关系，所以掌握它们对分析一般的交流电路会有很大的帮助。

三、*P*，*Q*，*S*及其联系

从功率三角形中得到：

$$P = S\cdot\cos\varphi \qquad Q = S\cdot\sin\varphi \qquad S = \sqrt{P^2 + Q^2}$$

当电源设备在额定电压、额定电流下工作，实际输出的功率与负载的功率因数的大小有关，功率因数越高、有功功率越大、无功功率越小。若功率因数等于1时，有功功率和额定容量相等，电感元件的无功功率和电容元件的无功功率互相补偿。此时电源容量得到充分利用。

这三个功率表达式也是计算正弦交流电路中有功功率、无功功率和视在功率的一般公式。

有功功率是不可逆变的，它是电源给耗能元件所提供的功率，把电能转换为非电能，如热能，光能等。而无功功率是可逆变的，它是电源给储能元件所提供的功率，可以在电源和储能元件之间互相转换。

注意：无功功率不能误解为无用功，它是客观存在的。

4.4　应　　用

主要内容：
- 阻抗的并联
- 相量图在解题中的应用
- 几种无源滤波电路
- 简析谐振利弊

一、阻抗的并联

已知两个阻抗并联时，其等效阻抗为：

$$Z = \frac{Z_1\cdot Z_2}{Z_1 + Z_2}$$

如果有多个阻抗并联时，则其等效阻抗为：

$$Z=\frac{1}{\sum_{k=1}^{n}\frac{1}{Z_k}}$$

当并联支路较多时，以上求解很不方便，此时可用导纳 Y 来进行计算。导纳是阻抗的倒数，单位为西门子(S)。

$$Y=\frac{1}{Z},\qquad 如:\frac{1}{Z}=\frac{1}{Z_1}+\frac{1}{Z_2}\qquad 则:\quad Y=Y_1+Y_2$$

若某条支路中只含有电阻元件时：　$Y_R=\frac{1}{R}=G$　（G称电导）

若某条支路中只含有电感元件时：

$$Y_L=\frac{1}{\mathrm{j}\omega L}=-\mathrm{j}\frac{1}{\omega L}=-\mathrm{j}B_L\quad(B_L称感纳)$$

若某条支路中只含有电容元件时：

$$Y_C=\frac{1}{\frac{1}{\mathrm{j}\omega C}}=\mathrm{j}\omega C=\mathrm{j}B_C\quad(B_C称容纳)$$

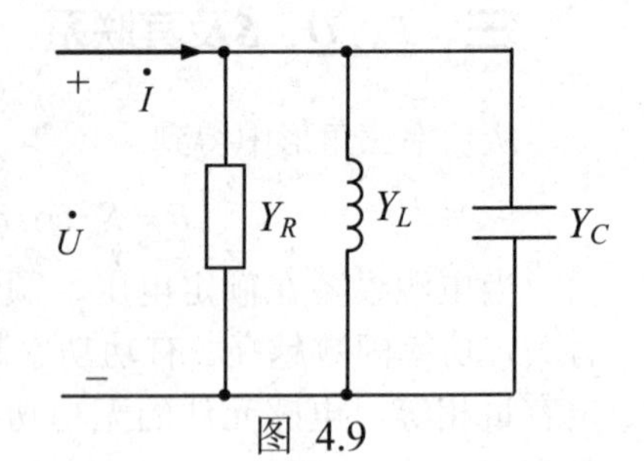

图 4.9

【例】 如图4.9所示电路，已知$\dot{U}$，Y_R，Y_L，Y_C, 求$\dot{I}$。

【解】 等效导纳 $Y=Y_R+Y_L+Y_C=G-\mathrm{j}B_L+\mathrm{j}B_C=G-\mathrm{j}(B_L-B_C)$ (S)

则
$$\dot{I}=\dot{U}\cdot Y$$

或
$$\dot{I}=Y_R\cdot\dot{U}+Y_L\cdot\dot{U}+Y_C\cdot\dot{U}$$

在导纳的表达式中，如果 $B_L-B_C>0$，则$\varphi<0$，说明电流滞后电压，为感性电路。

如果 $B_L-B_C<0$，则$\varphi>0$，说明电压滞后电流，为容性电路。

如果 $B_L-B_C=0$，则$\varphi=0$，说明电压与电流同相，为阻性电路。

二、相量图在解题中的应用

在交流电路中，若只给出某些物理量的大小，则可借助相量图来帮助求解。在解题时，必须设某一物理量为参考相量，然后根据单一参数所约束的电压、电流之间的相量关系,如电阻电压和电流同相、电感电压超前电流 90°和电容电压滞后电流 90°的关系，画出相应的相量图，利用作图来帮助分析、计算。

注意：（1）在串联电路中，由于流过的是同一电流，可设电流为参考相量，令其初相位为零。

（2）在并联电路中，由于端电压相同，可设电压为参考相量，令其初相位为零。

（3）如题意中已给出正弦量的表达式或有效值（幅值）相量，此时不可再另设参考相量，必须根据题意的已知条件来画出相量图，然后进行求解（见本章4.5节例题8）。

相量图表示了电压、电流的相位约束关系，利用相量图求解和已知计算结果画相量图不同。这里把相量图作为一工具来解决问题，由于没有具体数据，只能定性画出再定量分析。

三、几种滤波电路的简介

在正弦交流电路中，当激励的频率变化时，电路中的感抗、容抗值也要发生变化，则响应的大小、相位都要随之发生变化。因此，利用L，C元件的频率特性可以组成各种滤波电路。

1．低通滤波电路

允许低频信号较易通过，使之传输到输出端，而对较高频率信号进行抑制。图 4.10（a）和图 4.10（b）都是典型的低通滤波电路。

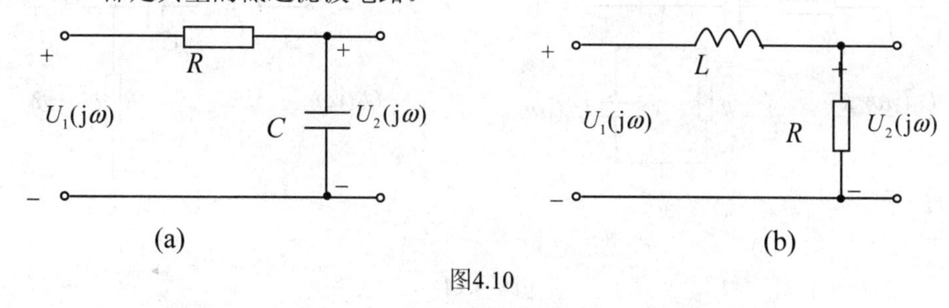

图4.10

以图 4.10（a）为例，分析得到传递函数为：

$$T(j\omega)=\frac{U_2(j\omega)}{U_1(j\omega)}=\frac{1}{\sqrt{1+(\omega RC)^2}}\angle -\arctan(\omega RC)=|T(j\omega)|\angle \varphi(\omega)$$

幅频特性如图 4.11 所示。ω_0 称截止角频率；$0<\omega\leqslant\omega_0$ 称通频带。

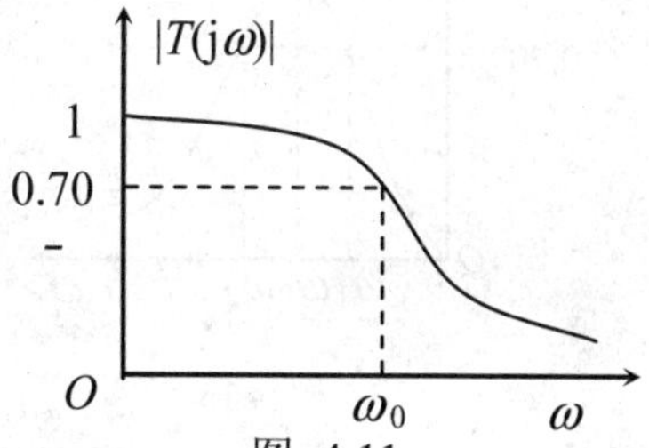

图 4.11

2．高通滤波电路

允许高频信号较易通过，抑制较低频率信号。它与低通滤波电路互为对偶电路。电路如图 4.12 所示。

以图4.12（a）为例，分析得到传递函数为：

$$T(j\omega)=\frac{U_2(j\omega)}{U_1(j\omega)}=\frac{1}{\sqrt{1+(\frac{1}{\omega RC})^2}}\angle +\arctan(\frac{1}{\omega RC})=|T(j\omega)|\angle \varphi(\omega)$$

幅频特性如图 4.13 所示。

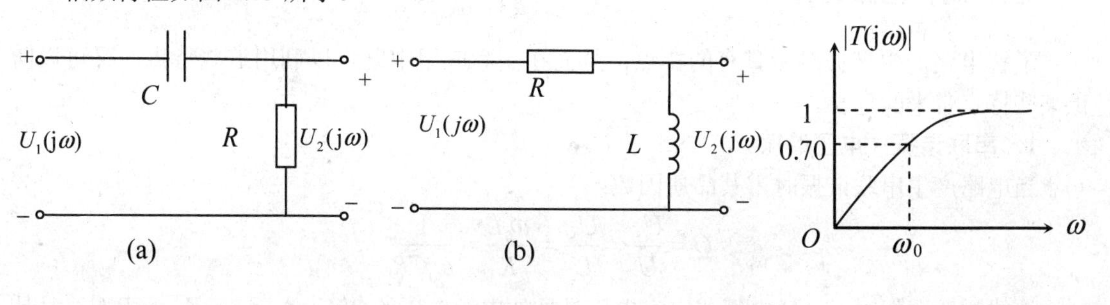

图 4.12

图 4.13

3．带通滤波电路

允许某一频率范围内的信号较易通过，而抑制其余频率的信号。电路如图4.14所示。以图4.14（a）为例，分析得到传递函数：

$$T(\mathrm{j}\omega)=\frac{U_2(\mathrm{j}\omega)}{U_1(\mathrm{j}\omega)}=\frac{1}{\sqrt{3^2+(\omega RC-\dfrac{1}{\omega RC})^2}}\angle -\arctan\frac{\omega RC-\dfrac{1}{\omega RC}}{3}$$

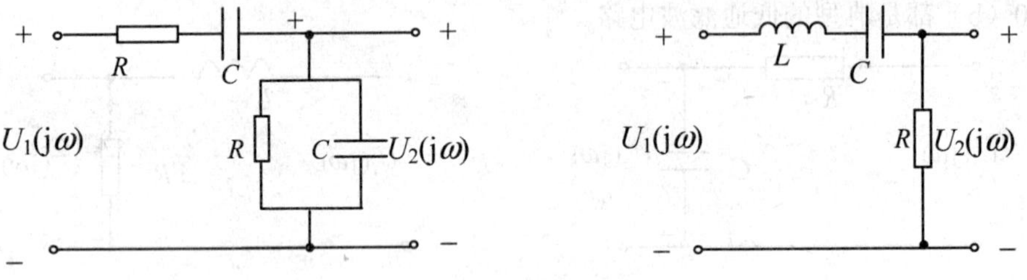

(a)　　(b)

图 4.14

幅频特性如图4.15所示。$\Delta\omega=\omega_2-\omega_1$称通频带。

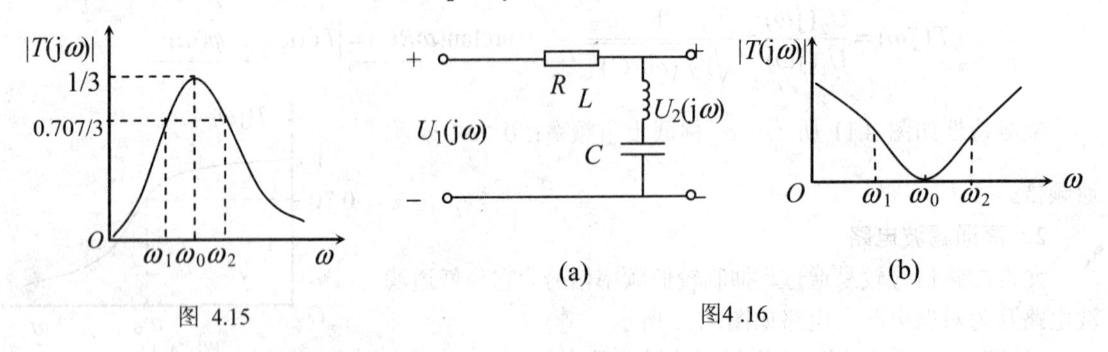

图 4.15　　图4.16

4．带阻滤波电路

抑制某一频率范围内的信号，使其余频率的信号较容易通过。电路及幅频特性如图 4.16所示。

四、简析谐振利弊

了解电路产生谐振时所具有的特点，从而在实际应用中既可以利用这些特点，又可以防止某些特点带来的危害。

1．串联谐振（电压谐振）

当电路产生串联谐振时，其品质因数：

$$Q=\frac{U_L}{U}=\frac{U_C}{U}=\frac{\omega_0 L}{R}=\frac{1}{\omega_0 CR}$$

该式说明谐振时，电感电压或电容电压是外加电源电压的Q倍，当$X_L=X_C\gg R$时，品质

因数很高，$U_L = U_C$ 远远大于电源电压。

在电信工程中，由于接收的信号非常微弱，可以利用串联谐振的这一特点来获得某频率的较高电压，从而达到选频目的。例如，收音机通过调谐电路（天线输入回路），可以从多个不同频段的电台信号中选择出所需收听的电台广播，而抑制其他非谐振的信号。

在电力工程中，由于本身的电网电压较高。这时，如果产生串联谐振，则在某些元件上引起过电压现象，将导致电感线圈和电容器的绝缘被击穿而损坏设备。因此，在电力工程中，要避免产生串联谐振。

2．并联谐振（电流谐振）

当电路产生并联谐振时，其品质因数：

$$Q = \frac{I_L}{I_0} = \frac{I_C}{I_0} = \frac{\omega_0 L}{R} = \frac{1}{\omega_0 CR}$$

该式说明谐振时，电感电流或电容电流是总电流的 Q 倍，当品质因数很高时，I_L=I_C 远远大于总电流。因此并联谐振在电子技术和无线电工程中获得广泛应用。

例如，在电子线路中利用并联谐振时阻抗大的特点来阻止某频率的信号通过，从而消除该频率信号的干扰。又比如，超外差收音机的中频放大器，则是利用并联谐振来获得最高的谐振信号电压。

4.5　例　　题

1　有一正弦交流电流 $i = 10\sin(314t + 60^\circ)$ A，（1）求第一次出现最大值的时刻t；（2）求当t_1=0.01s和t_2=0.02s时的瞬时值。

【解题思路】 用相位角求解（1），将时间代入已知瞬时表达式求（2），注意要将弧度化角度。

【解】 （1）已知当$(\omega t + 60^\circ) = \frac{\pi}{2}$时，$i$ 第一次出现最大值，所以

$$t = \left(\frac{\pi}{2} - \frac{\pi}{3}\right) \cdot \frac{1}{\omega} = 1.67 \text{ (ms)}$$

（2）当t_1=0.01s时，$\omega t_1 = 3.14\text{rad}$ 将弧度化成角度：$3.14 \times \frac{180^\circ}{\pi} = 180^\circ$，此时对应的电流瞬时值为：

$$i_1 = 10\sin(180^\circ + 60^\circ) = -8.66 \text{ (A)}$$

当t_2=0.02s时，$\omega t_2 = 6.28\text{rad}$，将弧度化成角度：$6.28 \times \frac{180^\circ}{\pi} = 360^\circ$；此时对应的电流瞬时值为：

$$i_2 = 10\sin(360^\circ + 60^\circ) = 8.66 \text{(A)}$$

从计算结果可知，随着时间的不同，电流的大小和方向在不断变化。

2 已知一正弦电压的初相角$\varphi=30^\circ$，当t=0时，其瞬时值u=0.9V，试求该电压的最大值和有效值。

【解题思路】 根据题意可知，该正弦电压的瞬时值表达式为$u=U_m\sin(\omega t+30^\circ)$ V，由此式求解。

【解】 当t=0时，　　$u=U_m\sin30^\circ=0.9$ (V)

所以最大值：　　$U_m=\dfrac{0.9}{\sin30^\circ}=\dfrac{0.9}{0.5}=1.8$ (V)，　　有效值：$U=\dfrac{U_m}{\sqrt{2}}=1.273$ (V)

3 计算下列各正弦交流量的相位差：

（1）$u_1=4\sin(\omega t+30^\circ)$ V和$u_2=8\sin(3\omega t+60^\circ)$ V

（2）$i_1=6\sin(\omega t+30^\circ)$ A和$i_2=10\cos(\omega t+30^\circ)$ A

（3）$u_1=5\sin(628t-30^\circ)$ V和$u_2=-4\sin(628t+30^\circ)$ V

【解题思路】 讨论相位差必须是同频率、同函数、同符号，且要求$|\varphi|\le\pi$。

【解】 （1）由于两个正弦电压的角频率不同（u_1的角频率为ω，u_2的角频率为3ω)。所以两者不能比较相位差。

（2）两个电流表达式，一个为正弦函数，一个为余弦函数，在比较相位关系时，应首先使它们为同一函数，对本例来说，就是要把余弦函数改写成正弦函数。即

$$i_2=10\cos(\omega t+30^\circ)=10\sin(\omega t+30^\circ+90^\circ)\ \text{A}$$

所以

$$\varphi=\varphi_1-\varphi_2=30^\circ-120^\circ=-90^\circ$$

表示 i_1滞后i_2 90°，或者说i_2超前i_1 90°。

（3）从表达式中知道，它们的角频率相同，而且都是正弦函数，可以进行比较，但在比较前应先把u_2表达式中的负号移到相位角内。负号表示反相，二者相差为$\pm180^\circ$。若式中原初相位为正，就减去180°；若式中原初相位为负，应加上180°，这样可保证$|\varphi|\leqslant180^\circ$。即

$$u_2=-4\sin(628t+30^\circ)=4\sin(628t+30^\circ-180^\circ)=4\sin(628t-150^\circ)$$

所以　　$$\varphi=\varphi_1-\varphi_2=(-30^\circ)-(-150^\circ)=120^\circ$$

表示u_1超前u_2 120°，或者说u_2滞后u_1 120°。

4 已知一并联电路中的支路电流分别为：$i_1=3\sin(\omega t+30^\circ)$ A，$i_2=4\sin(\omega t-60^\circ)$ A，试求：总电流$i=i_1+i_2$。

【解题思路】 本题可用三角函数求解，可以用相量表示法求解，还可以用波形图或相量图求解。相量法可将各同频率的正弦量变换成对应的复数式，这样便把正弦交流电路中的三角函数的运算问题变成复数运算的问题来处理，从而使运算过程得到简化。因此相量法比较简单。

【解】 **解法1**：用三角函数式求解。

因为同频率的两个正弦量相加，得到的仍然是一个同频率的正弦量。所以：

$$i = i_1 + i_2 = 3\sin(\omega t + 30^\circ) + 4\sin(\omega t - 60^\circ) = I_m \sin(\omega t + \varphi) \text{ (A)}$$

其中，总电流的幅值为：

$$I_m = \sqrt{(I_{1m}\cos\varphi_1 + I_{2m}\cos\varphi_2)^2 + (I_{1m}\sin\varphi_1 + I_{2m}\sin\varphi_2)^2}$$
$$= \sqrt{(2.60+2)^2 + (1.5-3.46)^2} = 5 \text{ (A)}$$

总电流 i 的初相位为：

$$\varphi = \arctan\left(\frac{I_{1m}\sin\varphi_1 + I_{2m}\sin\varphi_2}{I_{1m}\cos\varphi_1 + I_{2m}\cos\varphi_2}\right) = \arctan\left(\frac{1.5-3.46}{2.60+2}\right) = -23.1^\circ$$

于是得到总电流的表达式：

$$i = 5\sin(\omega t - 23.1^\circ) \text{ (A)}$$

解法 2： 用相量表示法求解。

（1）先将两个正弦电流用相量表示，由于求和，所以用代数式比较方便。

$$i_1 = 3\sin(\omega t + 30^\circ) \to \dot{I}_{1m} = 3\angle 30^\circ = 2.60 + \text{j}1.5 \text{ (A)}$$
$$i_2 = 4\sin(\omega t - 60^\circ) \to \dot{I}_{2m} = 4\angle -60^\circ = 2 - \text{j}3.46 \text{ (A)}$$

（2）用复数进行计算：

$$\dot{I}_m = \dot{I}_{1m} + \dot{I}_{2m} = (2.60 + \text{j}1.5) + (2 - \text{j}3.46) = 4.6 - \text{j}1.96 = 5\angle -23.1^\circ \text{ (A)}$$

（3）最后转换成三角函数式：

$$\dot{I}_m = 5\angle -23.1^\circ \text{(A)} \longrightarrow i = 5\sin(\omega t - 23.1^\circ) \text{(A)}$$

相量求和也就是复数求和的运算，其解题步骤为：

$$\text{已知 } i_1, i_2 \xrightarrow{\text{相量表示}} \dot{I}_{1m},\ \dot{I}_{2m} \xrightarrow{\text{相量求和}} \dot{I}_{1m} + \dot{I}_{2m} = \dot{I}_m \xrightarrow{\omega\text{不变}} i$$

5 已知一负载为电阻元件，R=10Ω，把它分别接到电压都是 10V 的直流电源和 50Hz、5kHz 的交流电源上，求对应的电流分别是多少？如果把负载改为电感元件 L=10mH 和电容元件 C=10μF 时，求对应的电流。

【解题思路】 据题意，只要求出电流有效值就可以了。

【解】 （1）负载为电阻元件时：

接10V的直流电源　　$I_1 = \dfrac{U}{R} = \dfrac{10}{10} = 1$（A）

接50Hz，10V的交流电源　　$I_2 = \dfrac{U}{R} = 1$（A）

接5kHz，10V的交流电源　　$I_3 = \dfrac{U}{R} = 1$（A）

（2）负载为电感元件时：

接10V的直流电源　　$X_{L1} = \omega_1 L = 2\pi f_1 L = 0$　　$I_1 = \dfrac{U}{X_{L1}} = \infty$

接50Hz，10V的交流电源　$X_{L2}=\omega_2 L=2\pi f_2 L=3.14\,\Omega$，　$I_2=\dfrac{U}{X_{L2}}=3.18\text{ A}$

接5kHz，10V的交流电源　$X_{L3}=\omega_3 L=2\pi f_3 L=314\,\Omega$，　$I_3=\dfrac{U}{X_{L3}}=31.8\text{ mA}$

（3）负载为电容元件时：

接10V的直流电源　$X_{C1}=\dfrac{1}{\omega_1 C}=\dfrac{1}{2\pi f_1 C}=\infty$，　$I_1=\dfrac{U}{X_{C1}}=0$

接50Hz，10V的交流电源　$X_{C2}=\dfrac{1}{2\pi f_2 C}=318\,\Omega$，　$I_2=\dfrac{U}{X_{C2}}=31.4\text{ mA}$

接5kHz，10V的交流电源　$X_{C2}=\dfrac{1}{2\pi f_3 C}=3.18\,\Omega$，　$I_3=\dfrac{U}{X_{C3}}=3.14\text{ A}$

由上可知：

（1）大小之间的关系：对电阻元件、电感元件和电容元件而言，其电压有效值和电流有效值之间或最大值之间的关系仍然符合欧姆定律。

（2）各元件参数和频率之间的关系：

①电阻元件：电阻值和频率无关，只要外加电压值一定，其电流就是一个定值。

②电感元件：感抗 X_L 和频率成正比。直流电路中，因直流电源的频率为零，所以电感元件相当于短路。在交流电路中，当外压一定时，频率愈高、感抗愈大、阻力愈大、电流愈小。

③电容元件：容抗 X_C 和频率成反比，直流电路中，因直流电源的频率为零，所以电容元件相当于开路。在交流电路中，当外压一定时，频率愈高、容抗愈小、阻力愈小、电流愈大。

6 在图4.17所示电路中，除A_0和V_0外，其余电流表和电压表的读数均已标出（为正弦量的有效值），试求电流表A_0或电压表V_0的读数。

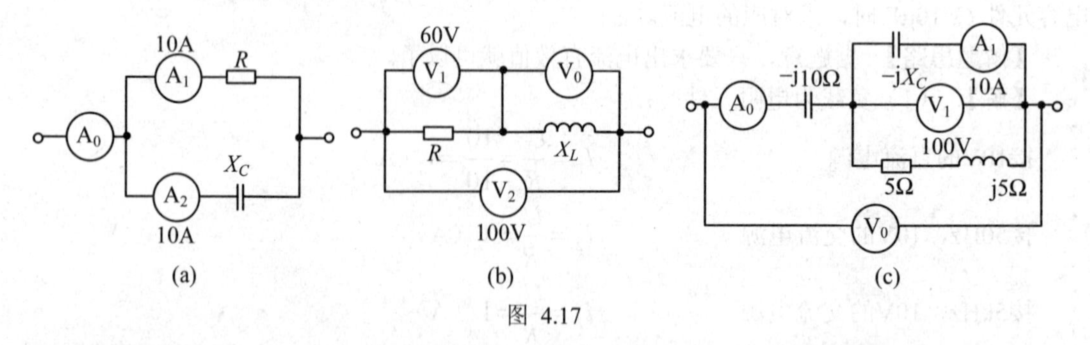

图 4.17

【解题思路】 电路图中给出的电压或电流值都是有效值，而不知其相位，因此可设一参考相量，即令其初相位为 0 便于分析。通常设各支路的共有正弦量的相量为参考相量，例如，串联电路设电流相量为参考相量，并联电路设电压相量为参考相量。电流表、电压表均显示有效值，求出其有效值即可。

【解】 在图 4.17(a)中，因是并联电路，设端电压为参考相量，设电流方向见图 4.18(a)所示。

设$\dot{U}=U\angle 0^\circ$V，则：

$$\dot{I}_1=10\angle 0^\circ \text{ A}$$

$$\dot{I}_2=10\angle 90^\circ \text{ A}$$

所以由相量图得到：

$$I_0=\sqrt{I_1^2+I_2^2}=14.14\text{ A}$$

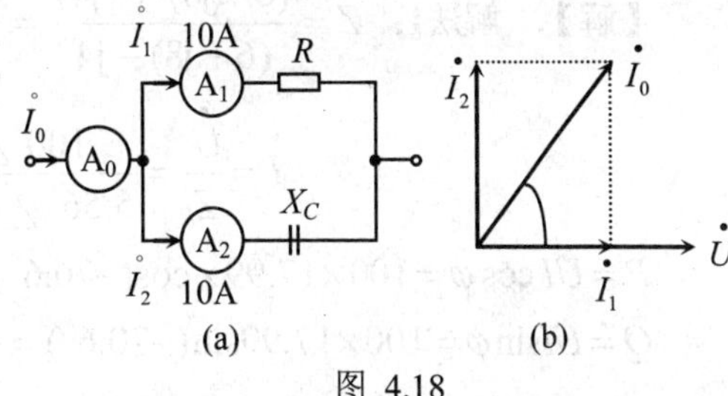

图 4.18

在图4.17 (b)中，因为是串联电路，设电流相量为参考相量，且电流方向如图4.19(a)所示。

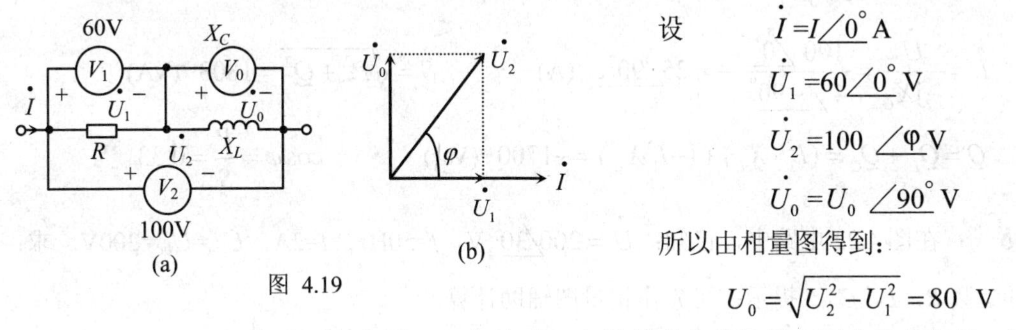

图 4.19

设
$$\dot{I}=I\angle 0^\circ \text{ A}$$
$$\dot{U}_1=60\angle 0^\circ \text{ V}$$
$$\dot{U}_2=100\angle \varphi \text{ V}$$
$$\dot{U}_0=U_0\angle 90^\circ \text{ V}$$

所以由相量图得到：

$$U_0=\sqrt{U_2^2-U_1^2}=80\text{ V}$$

在图 4.17（c）中，既有串联，又有并联，应设并联电路的端电压为参考相量，设电压、电流方向如图 4.20(a)所示。此时

$$\dot{U}_1=100\angle 0^\circ \text{ V}$$

$$\dot{I}_1=10\angle 90^\circ \text{ A}$$

$$Z_{RL}=5+\text{j}5=5\sqrt{2}\angle 45^\circ\ \Omega$$

$$\dot{I}_{RL}=\frac{\dot{U}_1}{Z_{RL}}=14.14\angle -45^\circ \text{ A}$$

所以由相量图得到：

$$I_0=\sqrt{I_{RL}{}^2-I_1^2}=10\text{ A}$$

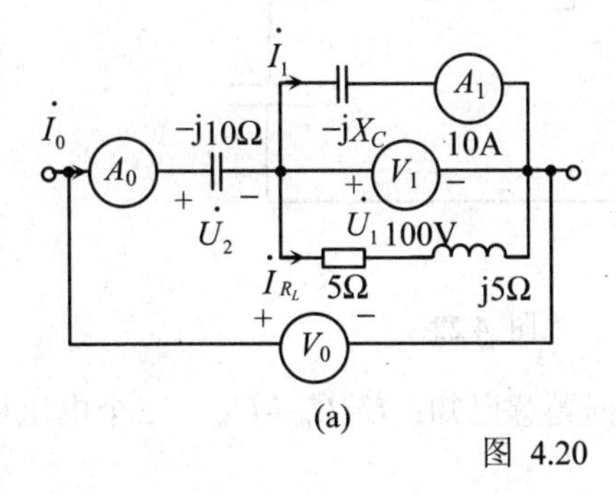

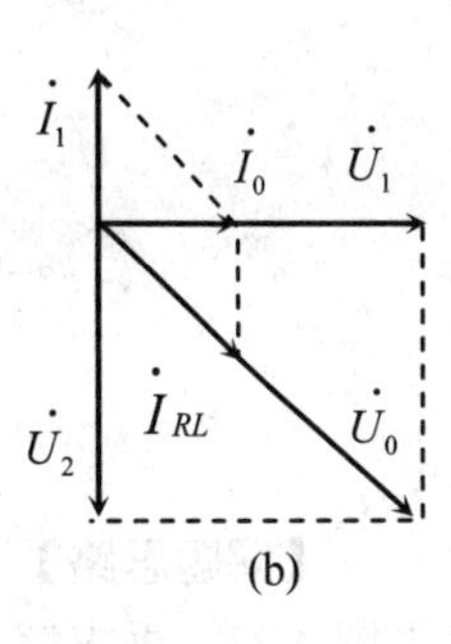

图 4.20

另设−j10Ω电容上的电压为$\dot{U}_2$，已知$\dot{U}_2$相角应落后$\dot{I}_0$相角90°，即

$$\dot{U}_2=\dot{I}_0(-\text{j}10)=100\angle -90^\circ \text{ V}$$

所以根据相量图得到：

$$U_0=\sqrt{U_1^2+U_2^2}=141\text{ V}$$

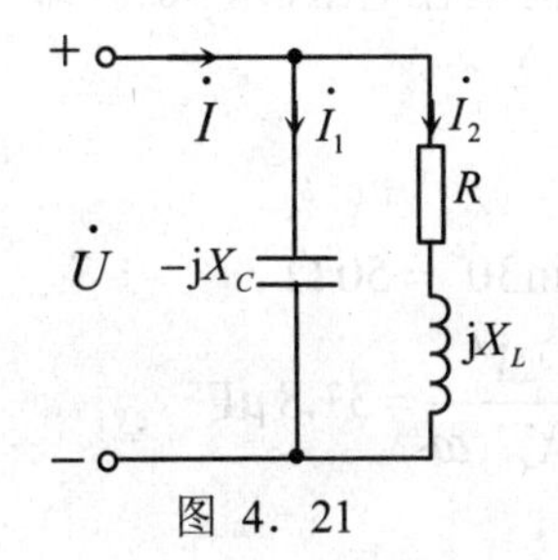

图 4．21

7 在图 4.21 电路中，已知 R=6Ω，X_L=8Ω，X_C=4Ω，$\dot{U}=100\angle 0^\circ$V。求：电路的有功功率，无功功率，视在功率和功率因数。

【解题思路】 题中只知电压，求功率还需知道电流及相位差角。

因此先求相位差角和电流，再求功率。

【解】 **解法1**：$Z=\dfrac{(6+\text{j}8)\cdot(-\text{j}4)}{(6+\text{j}8)-\text{j}4}=\dfrac{40\angle-36.9^\circ}{7.2\angle33.70^\circ}=5.56\angle-70.6^\circ\ (\Omega)$

$$\dot{I}=\frac{\dot{U}}{Z}=\frac{100\angle0^\circ}{5.56\angle-70.6^\circ}=17.99\angle70.6^\circ\ \text{(A)}$$

$P=UI\cos\varphi=100\times17.99\times\cos(-70.6^\circ)=598\ \text{(W)}$，　$\cos\varphi=\cos(-70.6^\circ)=0.33$

$Q=UI\sin\varphi=100\times17.99\sin(-70.6^\circ)=-1697\ \text{(Var)}$，　$S=UI=100\times17.99=1799\ \text{(VA)}$

解法2：$\dot{I}_2=\dfrac{\dot{U}}{R+\text{j}X_L}=\dfrac{100\angle0^\circ}{6+\text{j}8}=10\angle-53.1^\circ\ \text{(A)}$　　$P=I_2^2\cdot R=10^2\times6=600\ \text{(W)}$

$\dot{I}_1=\dfrac{\dot{U}}{-\text{j}X_C}=\dfrac{100\angle0^\circ}{4\angle-90^\circ}=25\angle90^\circ\ \text{(A)}$　　$S=\sqrt{P^2+Q^2}=1803\ \text{(VA)}$

$Q=Q_L+Q_C=(I_2^2\cdot X_L)+(-I_1^2X_C)=-1700\ \text{(Var)}$　　$\cos\varphi=\dfrac{P}{S}=0.33$

8 在图4.22电路中，已知：$\dot{U}=200\angle30^\circ$ V，f=50Hz，I=2A，$U_{ab}=U_{bc}$=200V。求：电路中的参数R，L，C。（提示：可先作相量图辅助计算）

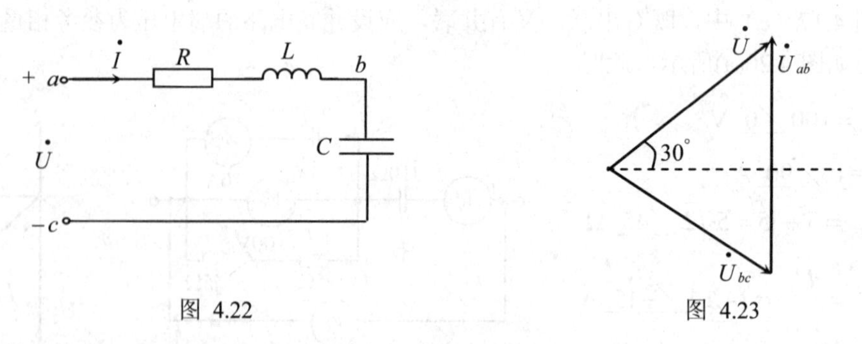

图 4.22　　　　图 4.23

【解题思路】 根据题意已知：$U=U_{ab}=U_{bc}$。三个电压构成一等边三角形，可画出相量图，见图4.23，再求解。

【解】 $\because\ \dot{U}=200\angle30^\circ$ V　　$\therefore\ \dot{U}_{bc}=200\angle-30^\circ$ V　　$\dot{U}_{ab}=200\angle90^\circ$ V

由于该电路为R，L，C串联电路，所以可以知道电路中电流$\dot{I}$超前电容电压$\dot{U}_{bc}$ 90°。即

$\dot{I}=2\angle60^\circ$ A　　$Z_{ab}=\dfrac{\dot{U}_{ab}}{\dot{I}}=\dfrac{200\angle90^\circ}{2\angle60^\circ}=100\angle30^\circ\ \Omega$

$\therefore$　　$R=|Z_{ab}|\cos30^\circ=86.6\ \Omega$　　$X_L=|Z_{ab}|\sin30^\circ=50\ \Omega$

$L=\dfrac{X_L}{\omega}=159\ \text{mH}$　　$X_C=\dfrac{U_{bc}}{I}=100\ \Omega$　　$C=\dfrac{1}{X_C\cdot\omega}=31.8\ \mu\text{F}$

即　　R=86.6Ω，L=159mH，C=31.8μF

9 电路如图 4.24 所示，已知：$u=30\sin 2t\,(\text{V})$，$i=5\sin 2t\,(\text{A})$，$R=3\,\Omega$，$L=2\,\text{H}$。求：（1）网络 A 内等效串联电路的元件参数值；（2）网络 A 内等效并联电路的元件参数值。

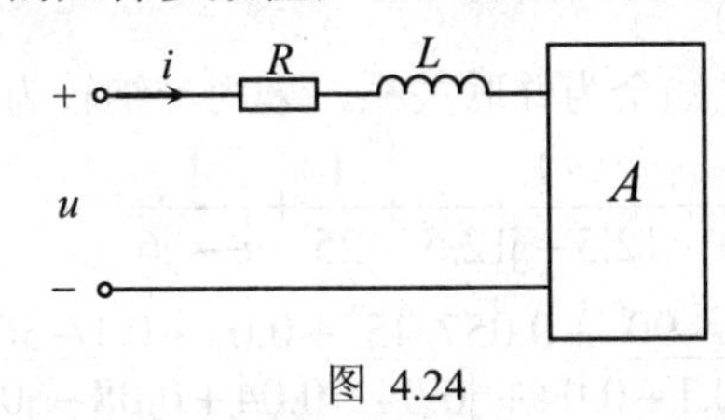

图 4.24

【解题思路】 根据已知的电压、电流表达式可以写出对应的复数式，然后求出阻抗。

【解】 $u=30\sin 2t\ \text{V}\rightarrow \dot{U}=\dfrac{30}{\sqrt{2}}\underline{/0^\circ}\ (\text{V})$，　$i=5\sin 2t\ \text{A}\rightarrow \dot{I}=\dfrac{5}{\sqrt{2}}\underline{/0^\circ}\ (\text{A})$

$$\therefore \qquad Z=\frac{\dot{U}}{\dot{I}}=6\underline{/0^\circ}\ (\Omega)$$

该式说明电路是阻性电路。

（1）网络A内为等效的串联电路，应由电阻和电容串联组成。即

$$Z=R+\text{j}X_L+(R'-\text{j}X'_C)=3+\text{j}\omega L+(R'-\text{j}X'_C)=(3+R')+\text{j}(4-X'_C)=6\underline{/0^\circ}\ (\Omega)$$

∴得到：　$R'=3\,\Omega,\quad X'_C=4\,\Omega,\quad C'=\dfrac{1}{\omega X'_C}=0.125\,\text{F}$

（2）网络A内为等效的并联电路,应由电阻和电容元件并联组成。即

$$Z=3+\text{j}4+\left[\frac{R''\cdot(-\text{j}X''_C)}{R''-\text{j}X''_C}\right]=6\underline{/0^\circ}\ \Omega \text{ 使 } \qquad \frac{R''(-\text{j}X''_C)}{R''-\text{j}X''_C}=3-\text{j}4$$

∴得到：$R''=8.33\,\Omega$，$X''_C=6.25\,\Omega$，$C''=0.08\,\text{F}$

10 试求图 4.25 所示电路中的等效阻抗 Z_{ab}。

【解题思路】 本题目的是熟悉阻抗串、并联，熟悉复数运算。

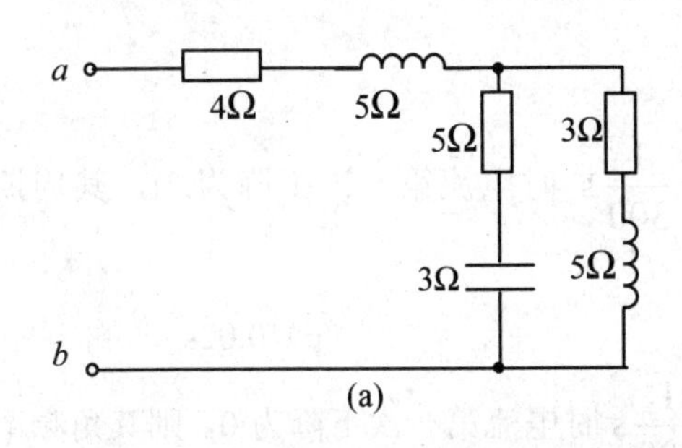

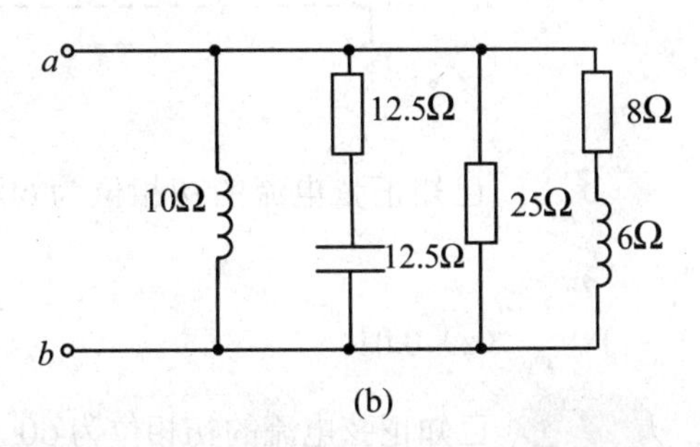

图 4.25

【解】 根据 4.25（a）图所示电路，得：

$$Z_{ab}=4+\mathrm{j}5+\frac{(5-\mathrm{j}3)(3+\mathrm{j}5)}{5-\mathrm{j}3+3+\mathrm{j}5}=4+\mathrm{j}5+\frac{30+\mathrm{j}16}{8+\mathrm{j}2}=4+\mathrm{j}5+4+\mathrm{j}1=8+\mathrm{j}6$$

$$=10\angle 36.9^{\circ}\ (\Omega)$$

根据图4.25(b)所示电路，已知全为并联关系，采用导纳较为方便。

$$Y_{ab}=\frac{1}{\mathrm{j}10}+\frac{1}{12.5-\mathrm{j}12.5}+\frac{1}{25}+\frac{1}{8+\mathrm{j}6}$$

$$=0.1\angle -90^{\circ}+0.057\angle 45^{\circ}+0.04+0.1\angle -36.9^{\circ}$$

$$=-\mathrm{j}0.1+0.04+\mathrm{j}0.04+0.04+0.08-\mathrm{j}0.06$$

$$=0.16-\mathrm{j}0.12=0.2\angle -36.9^{\circ}\ (\mathrm{S})$$

$$Z_{ab}=\frac{1}{Y_{ab}}=5\angle 36.9^{\circ}\,\Omega$$

4.6 能力训练

一、单项选择题(将唯一正确的答案代码填入下列各题括号内)

1 已知正弦交流电压$u=100\sin(2\pi t+60^{\circ})\,\mathrm{V}$，其频率为（ ）。

（a）50Hz （b）2πHz （c）1Hz

2 正弦电压波形如图 4.26 所示，其角频率ω为（ ）rad/s。

（a）200π （b）100π （c）0.02π

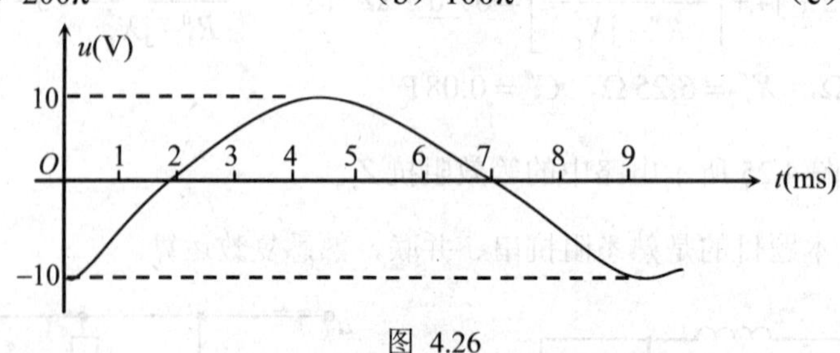

图 4.26

3 已知正弦电流的初相位为60°，$t=\dfrac{1}{300}$ s 时电流第一次下降为 0，其周期为（ ）。

（a）0.01s （b）50s （c）0.02s

4 已知正弦电流的初相位为60°，$t=\dfrac{1}{300}$ s 时电流第一次下降为 0，则其角频率为（ ）。

（a）100rad/s （b）628rad/s （c）0.01rad/s

5 将正弦电压$u = 10\sin(314t + 30^{\circ})$ (V)施加于电阻值为 5Ω的电阻元件上（见图4.27），则通过该元件的电流$i =$（　　）。

（a）$2\sin 314t$ (A)　　（b）$2\sin(314t + 30^{\circ})$ (A)　　（c）$2\sin(314t - 30^{\circ})$ (A)

6 在图 4.28 所示的正弦交流电路中，电感元件的伏安关系的相量形式是（　　）。

（a）$\dot{U} = \mathrm{j}\dot{I}X_L$　　（b）$\dot{U} = \dot{I}X_L$　　（c）$\dot{U} = -\mathrm{j}\dot{I}X_L$

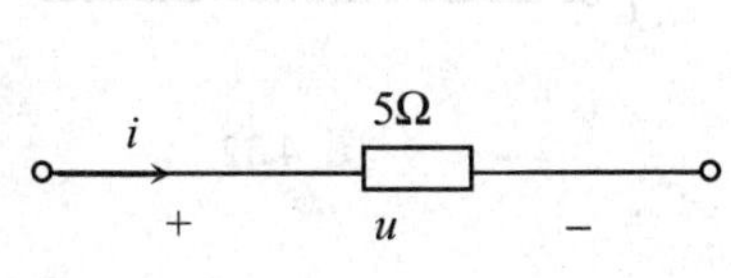

图4.27

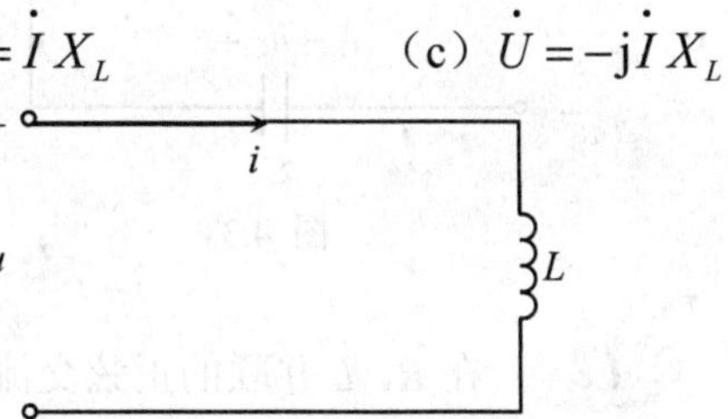

图4.28

7 在图 4.29 所示正弦交流电路中，$R = X_L = 10\,\Omega$，欲使电路的功率因数$\lambda = 1$，则X_c为（　　）。

（a）10Ω　　（b）7.07Ω　　（c）20Ω

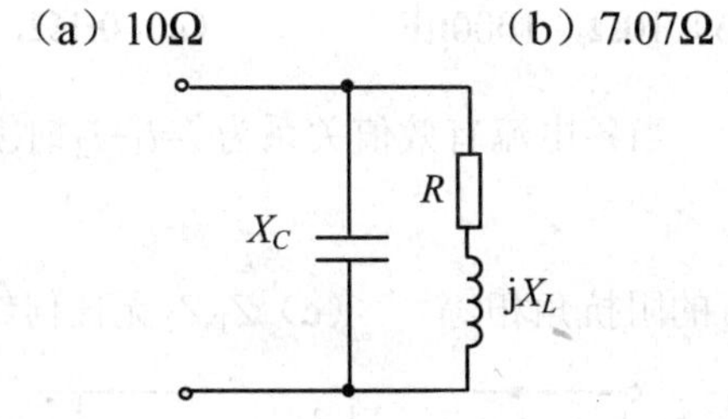

图4.29

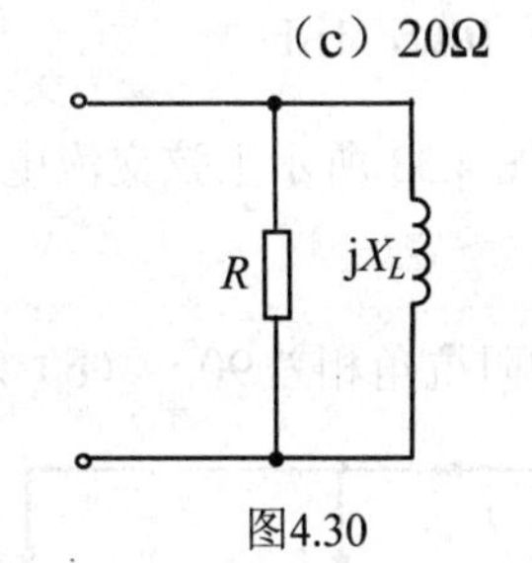

图4.30

8 在图 4.29 所示正弦交流电路中，$R = X_L = 10\,\Omega$,欲使电路的功率因数$\lambda = 0.707$，则X_c为（　　）。

（a）20Ω　　（b）10Ω　　（c）5Ω

9 在图4.30所示电路中，已知等效复阻抗Z=$2\sqrt{2}\angle 45^{\circ}\,\Omega$，则$R$，$X_L$分别为（　　）。

（a）4Ω，4Ω　　（b）$2\sqrt{2}\,\Omega$，$2\sqrt{2}\,\Omega$　　（c）$\frac{\sqrt{2}}{2}\Omega$，$\frac{\sqrt{2}}{2}\Omega$

10 在图4.31所示R，L，C串联的正弦交流电路中，若总电压u、电容电压u_c和RL两端电压u_{RL}的有效值均为100V，且R=10Ω，则电流有效值I为（　　）。

（a）10A　　（b）8.66A　　（c）5A

11 在图 4.32 所示电路中，电压有效值 U_{AB}=50V，U_{AC}=78V，则 X_L 为（　　）。

（a）28Ω　　（b）32Ω　　（c）60Ω

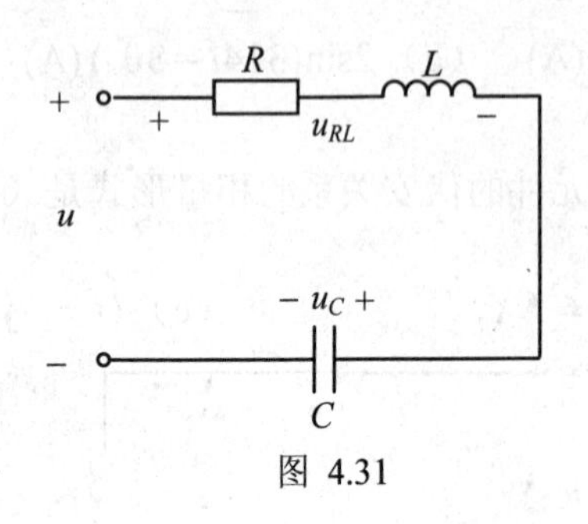

图 4.31

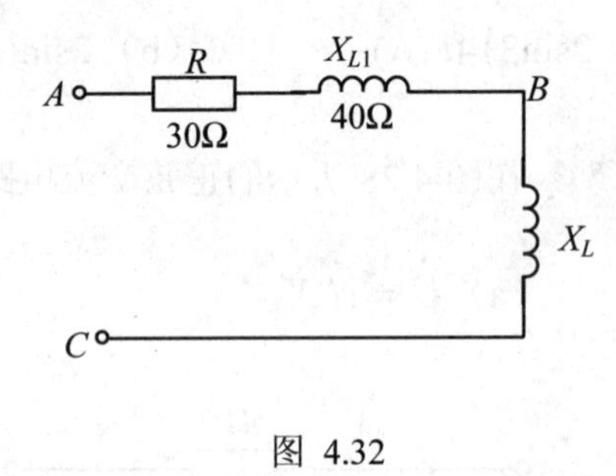

图 4.32

12 在 R，L 并联的正弦交流电路中，R=40Ω，X_L=30Ω，电路的无功功率 Q=480Var，则视在功率 S 为（　　）。

（a）866VA　　（b）800VA　　（c）600VA

13 在 R, L, C 串联电路中，总电压 $u=100\sqrt{2}\sin(\omega t+\dfrac{\pi}{6})$ V，电流 $i=10\sqrt{2}\sin(\omega t+\dfrac{\pi}{6})$ A，$\omega=1000$ rad/s，$L=1$ H，则 R，C 分别为（　　）。

（a）10Ω，1μF　　（b）10Ω，1000μF　　（c）0.1Ω，1000μF

14 在图 4.33 所示正弦交流电路中，当各电流有效值关系为 $I=I_1+I_2$ 时,则 Z_1 与 Z_2 的关系为(　　)。

（a）Z_1,Z_2 的阻抗角相差 90°　（b）Z_1,Z_2 的阻抗角相等　（c）Z_1,Z_2 无任何约束条件

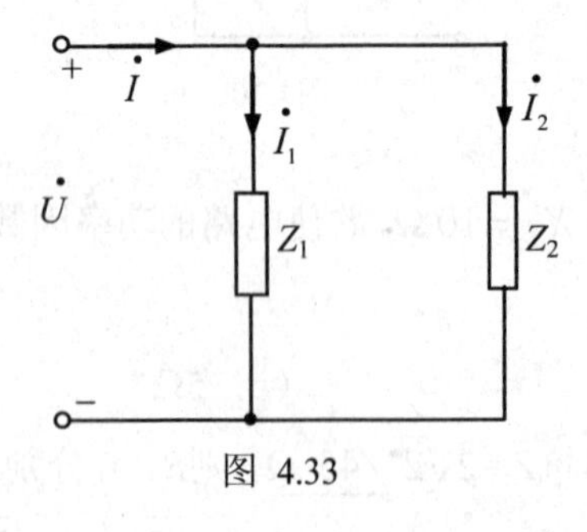

图 4.33

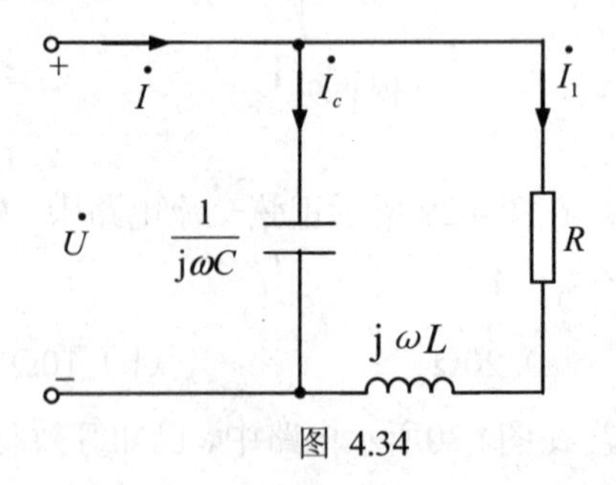

图 4.34

15 在图 4.34 所示电路中,电流有效值 I_1=10A, I_C=8A,总功率因数为 1,则 I 为(　　)。

（a）2A　　（b）6A　　（c）不能确定

16 若 100Ω的电阻与电感 L 串联后,接到 f=50Hz 的正弦电压 $\dot{U}$ 上,且 $\dot{U}_R$ 比 $\dot{U}$ 滞后 30°,则 L 为（　　）。

（a）275.8mH　　（b）183.8mH　　（c）551.6mH

17 在图 4.35 所示电路中,电流有效值 I_1=4A，I_2=4A,则 I 为（　　）。

（a）8A　　（b）0　　（c）$4\sqrt{2}$ A

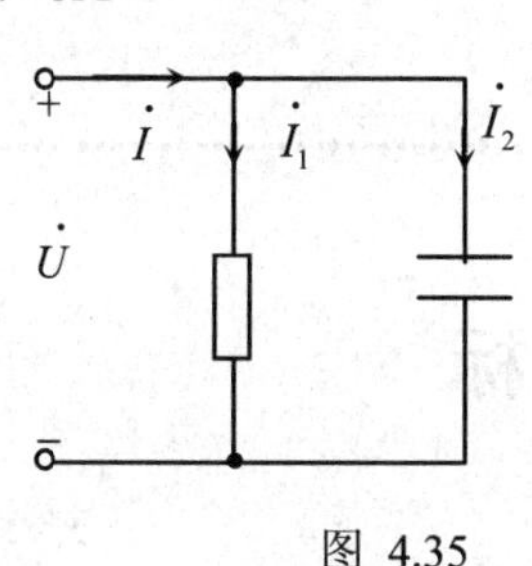

图 4.35

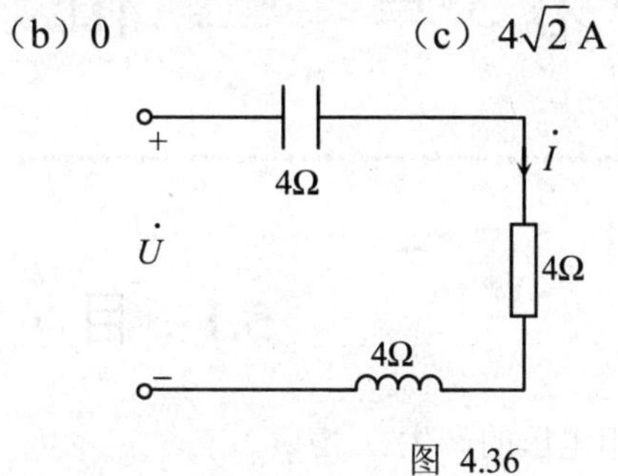

图 4.36

18 在图 4.36 所示电路中,电流有效值 $I=1$ A,则 U为（　　）。

（a）12V　　（b）4V　　（c）8V

19 R，L，C 串联电路原处于容性状态，今欲调节电源频率，使电路产生谐振，则应使频率值（　　）。

（a）增大　　（b）减小　　（c）须经试探方能确定增减

20 R, L, C串联电路原处于感性状态，今保持频率不变，欲调节可变电容，使电路产生谐振，则应使电容 C 值（　　）。

（a）增大　　（b）减小　　（c）须经试探方能确定增减

附：4.6练习答案

单项选择题答案

1.（c） 2.（a） 3.（a） 4.（b） 5.（b） 6.（a） 7.（c） 8.（b） 9.（a） 10.（b）
11.（b）12.（c）13.（a）14.（b）15.（b）16.（b）17.（c）18.（b）19.（a）20.（b）

第5章　三相交流电路

5.1　目　　标

- ☞ 了解三相电压的产生。
- ☞ 掌握三相电路的星形、三角形接法。
- ☞ 掌握三相电路术语及相互关系。
- ☞ 掌握负载对称三相电路计算。
- ☞ 了解三相不对称电路计算及判断。
- ☞ 掌握三相电路功率计算。

5.2　内　　容

5.2.1　知识结构框图

三相电路知识结构框图如图5.1所示。

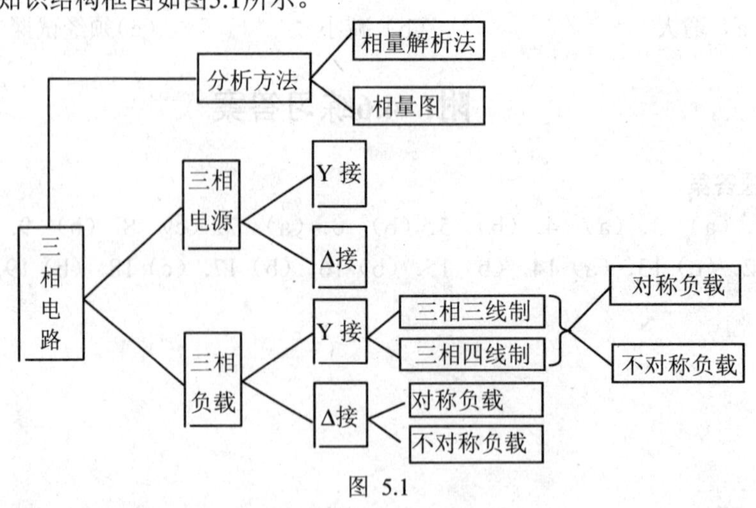

图 5.1

5.2.2　基本知识点

1．三相电压

发电机产生的三相电压为大小相等，相位相差120°。在相量图中它的方向对称，称之为

对称三相电压。三相电源在生产上广泛应用。

2. 负载星形联接与三角形联接

三相负载一端共联，另三端分别联接三相电源，为星形联接；共联端为中点；中点引出线为中线；有中线的供电方式称三相四线制。

三相负载串接成一闭合回路，三个接点分别接三相电源，为三角形联接。三角形联接的供电方式仅为三相三线制。

3. 线电压与线电流

线电压为电源两线间电压；线电流为负载与电源联接线上流过的电流。

4. 相电压与相电流

每相负载两端电压为相电压，每相负载流过的电流为相电流。

5. 对称负载

负载对称指每相负载相同，即复阻抗相等Z_A=Z_B=Z_C（大小、相位相同），其相电压、线电压，相电流、线电流皆对称。计算时确定一相，即可知其他两相。

6. 三相功率

三相负载总功率，分为有功功率，无功功率和视在功率。其计算可求各相之和。

（1）无论三相电路是否对称，有：

$$P=P_A+P_B+P_C,\qquad Q=Q_A+Q_B+Q_C,\qquad S=\sqrt{P^2+Q^2}$$

（2）三相负载对称，每相功率相同，可计为：

$$P=3U_PI_P\cos\varphi=\sqrt{3}U_lI_l\cos\varphi$$
$$Q=3U_PI_P\sin\varphi=\sqrt{3}U_lI_l\sin\varphi$$
$$S=3U_PI_P=\sqrt{3}U_lI_l$$

上式中，U_l,I_l 为线电压和线电流，每相负载的功率因数角相同。

5.3　要 点 提 示

主要内容：
• 三相电路的计算
• 相电压、线电压、相电流、线电流之间的关系

5.3.1　三相电路计算

一、负载星形联接计算

1. 负载对称

如图5.2所示，∵ $\dot{I}_0=0$，负载相电压等于电源相电压。

∴三相三线制与三相四线制计算相电压、相电流、线电压、线电流、三相功率皆相同。

即先计算一相（线）电压（电流），利用对称性得到其他相（线）电压（电流）。如图5.3所示，$\dot{U}_A$与$\dot{U}_{AB}$关系：

$$U_{AB}=\sqrt{3}U_A,\quad \varphi=30^\circ$$

$\dot{I}_A$与$\dot{U}_A$关系：
$$\dot{I}_A=\frac{\dot{U}_A}{Z}$$

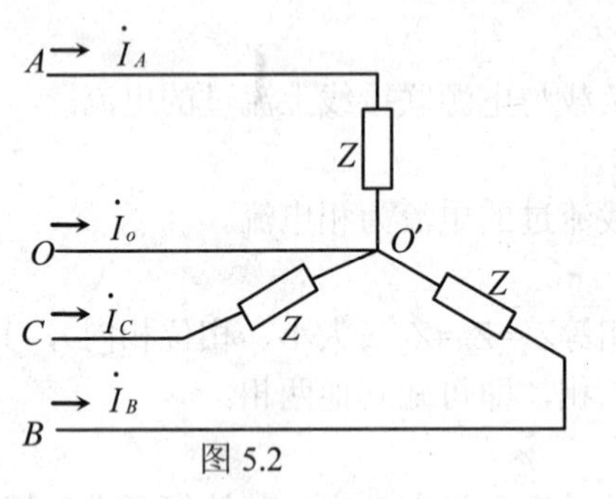

图 5.2

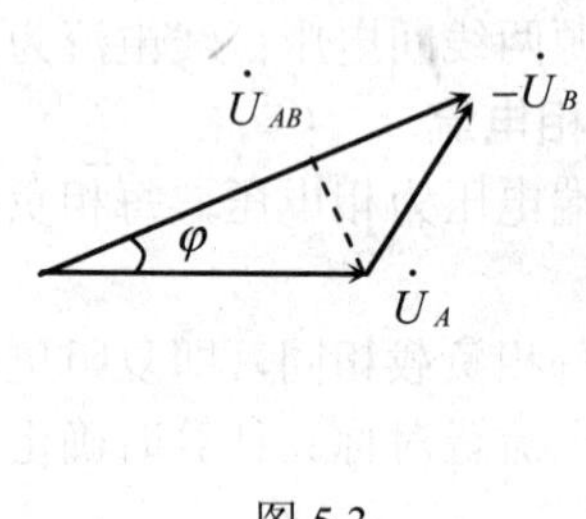

图 5.3

利用对称性：从$\dot{I}_A$可求$\dot{I}_B$和$\dot{I}_C$；从$\dot{U}_A$可求$\dot{U}_B$和$\dot{U}_C$；从$\dot{U}_{AB}$可求$\dot{U}_{BC}$和$\dot{U}_{CA}$。三者之间的关系分别是：大小相等，相位相差120°。

2．负载不对称

（1）三相四线制（如图5.4）：

∵有中线，负载相电压等于电源相电压。

∴求相电压的方法与负载对称时相同。

由$\dot{U}_A$与$\dot{U}_{AB}$关系可知：$U_{AB}=\sqrt{3}U_A$，$\varphi=30^\circ$

$\dot{I}_A$与$\dot{U}_A$关系：

$$\dot{I}_A=\dot{U}_A/Z_A \qquad \dot{I}_B=\dot{U}_B/Z_B$$

$$\dot{I}_C=\dot{U}_C/Z_C \qquad \dot{I}_o=-(\dot{I}_A+\dot{I}_B+\dot{I}_C)$$

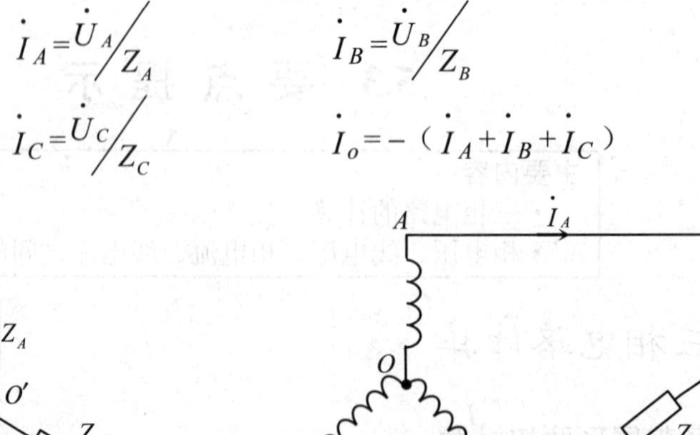

图 5.4　　图 5.5

（2）三相三线制（如图5.5）：

设O点为零点，利用KCL，得：　　$\dot{I}_A+\dot{I}_B+\dot{I}_C=0$

由$\dot{U}_{AO}=\dot{U}_A$，$\dot{U}_{O'O}=\dot{U}_{O'}$有：

$$\frac{\dot{U}_A-\dot{U}_{O'}}{Z_A}+\frac{\dot{U}_B-\dot{U}_{O'}}{Z_B}+\frac{\dot{U}_C-\dot{U}_{O'}}{Z_C}=0$$

通过该式可计算出$\dot{U}_{O'}$，负载相电压为：

$$\dot{U}_A-\dot{U}_{O'},\quad \dot{U}_B-\dot{U}_{O'},\quad \dot{U}_C-\dot{U}_{O'}$$

（线）相电流为：

$$\frac{\dot{U}_A-\dot{U}_{O'}}{Z_A},\ \frac{\dot{U}_B-\dot{U}_{O'}}{Z_B},\ \frac{\dot{U}_C-\dot{U}_{O'}}{Z_C}$$

（3）某相开路或短路：若A相开路：

$$\dot{I}_A=0,\qquad \dot{I}_B=-\dot{I}_C=\frac{\dot{U}_{BC}}{Z_B+Z_C}$$

若 A 相短路：

$$\dot{I}_B=\frac{\dot{U}_B-\dot{U}_A}{Z_B},\quad \dot{I}_C=\frac{\dot{U}_C-\dot{U}_A}{Z_C},\quad \dot{I}_A=-(\dot{I}_B+\dot{I}_C)$$

二、负载△联接计算

1．负载对称

如图5.6、图5.7所示，有：

$$\dot{I}_{AB}=\frac{\dot{U}_{AB}}{Z}$$

利用对称性求$\dot{I}_{BC}$，$\dot{I}_{CA}$ $I_A=\sqrt{3}I_{AB}$，$\varphi=30°$，利用对称性求$\dot{I}_B$，$\dot{I}_C$。

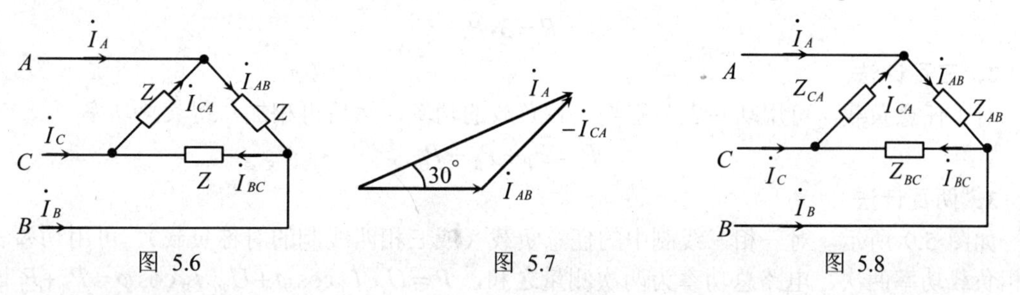

图 5.6　　图 5.7　　图 5.8

2．负载不对称

如图5.8所示，求得：

$$\dot{I}_{AB}=\frac{\dot{U}_{AB}}{Z_{AB}} \quad \dot{I}_{BC}=\frac{\dot{U}_{BC}}{Z_{BC}} \quad \dot{I}_{CA}=\frac{\dot{U}_{CA}}{Z_{CA}}$$

$$\dot{I}_A=\dot{I}_{AB}-\dot{I}_{CA}, \quad \dot{I}_B=\dot{I}_{BC}-\dot{I}_{AB}, \quad \dot{I}_C=\dot{I}_{CA}-\dot{I}_{BC}$$

5.3.2 相电压、线电压、相电流、线电流之间关系

线电压、线电流、相电压、相电流之间关系列于表 5.1。

表 5.1 相、线电压、电流关系

内容 \ 接法		Y 形	△形
电压	有效值	$U_l=\sqrt{3}U_P$	$U_l=U_P$
	相位	线电压比相应的相电压超前 30°	线电压与相应的相电压同相
电流	有效值	$I_l=I_P$	$I_l=\sqrt{3}I_P$
	相位	线电流与相应的相电流同相	线电流比相应的相电流滞后 30°

5.4 应 用

内容提示：

- 三相功率测量
- 中线的作用

一、三相功率测量

1．一瓦计法

若负载对称。每相负载的有功功率相等，可用一块功率表测其中一相，然后乘 3，便得其总功率，即

$$P=3\cdot P_A$$

2．三瓦计法

对于任意负载，可用功率表分别测三相负载的功率，然后再相加，得其总功率

$$P=P_A+P_B+P_C$$

3．两瓦计法

如图 5.9 所示，对三相三线制中的任意负载（或三相四线制的对称负载），可用功率表测三相负载功率两次，电路总功率为两次测量之和，$P=U_{CA}I_A\cos\varphi+U_{BC}I_B\cos\varphi=P_1+P_2$ 该式是在 $\dot{I}_A+\dot{I}_B+\dot{I}_C=0$时推出。若 $\dot{I}_A+\dot{I}_B+\dot{I}_C\neq0$，即三相四线制即负载不对称时，不能使用两瓦计。

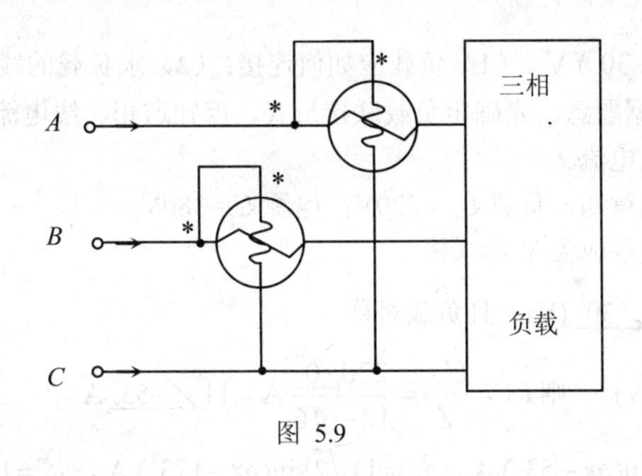

图 5.9

4. 选择测量方法

表 5.2 不同供电方式适用负载情况

测量方法 \ 每相负载 \ 供电方式	三相三线制	三相四线制
两瓦计法	任意负载	对称负载
三瓦计法	任意负载	任意负载
一瓦计法	对称负载	对称负载

注：负载的联接形式不限。

二、中线的作用

当无中线而负载不对称时，如图5.10所示电路，电源$U_l=380$ V。若电灯的等效电阻为10Ω，C相关灯。则A相、B相负载两端电压分别为：

$$U_A=\frac{10//10}{(10//10)+10}\times 380=\frac{5}{15}\times 380=126.7\ (\text{V})$$

$$U_B=\frac{10}{(10//10)+10}\times 380=\frac{10}{15}\times 380=253.3\ (\text{V})$$

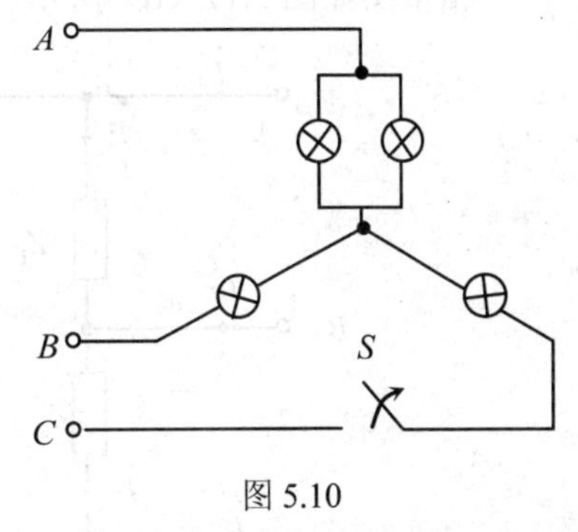

图 5.10

此时 A 相电灯暗，而 B 相电灯亮，其电灯承受的电压超过额定电压，时间一长会烧坏。若有中线，无论负载如何，都能保证负载的相电压对称。中线的作用在于能保持负载的中点与电源的中点一致。因此在三相四线制中线不允许断开，也不允许接熔断器或过流保护装置。

5.5 典 型 题 析

1 额定电压为 220V 的三个单相负载，$R=12\,\Omega$，$X_L=16\,\Omega$，已知三相电源线电压

$u_{AB}=380\sqrt{2}\sin(314t+30^{\circ})$ V。（1）负载应如何连接；（2）求负载的线电流i_A，i_B，i_C 。

【解题思路】 根据题意，先确定负载联接形式，就知道相、线电流的关系了，再依次求出相电压、相电流、线电流。

【解】 （1）由题意知，负载 U_N=220V；电源 U_l=380V

∴负载应为 Y 形联接

（2）由$\dot{U}_{AB}=380\angle 30^{\circ}$ (V)，且负载对称

$\therefore \dot{U}_A=220\angle 0^{\circ}$ (V)　　则$\dot{I}_A=\dfrac{\dot{U}_A}{Z}=\dfrac{220\angle 0^{\circ}}{12+j16}$ A $=11\angle -53^{\circ}$ A

$I_A=11$A, $i_A=11\sqrt{2}\sin(\omega t-53^{\circ})$ A，$i_B=11\sqrt{2}\sin(\omega t-173^{\circ})$ A，$i_C=11\sqrt{2}\sin(\omega t+67^{\circ})$ A

2 非对称三相负载$Z_1=5\angle 10^{\circ}\ \Omega$，$Z_2=9\angle 30^{\circ}\ \Omega$，$Z_3=10\angle 80^{\circ}\ \Omega$，连接成如图 5.11（a）所示的三角形，由线电压为380V的对称三相电源供电。求负载的线电流I_A，I_B，I_C，并画出$\dot{I}_A$，$\dot{I}_B$，$\dot{I}_C$的相量图。

【解题思路】本题是三角形联接的非对称三相负载，需要分别求解各相。

【解】 令$\dot{U}_{AB}=380\angle 0^{\circ}$ V，则$\dot{U}_{BC}=380\angle -120^{\circ}$ V，　$\dot{U}_{CA}=380\angle 120^{\circ}$ V

$\therefore \dot{I}_2=\dfrac{\dot{U}_{CA}}{Z_2}=\dfrac{380\angle 120^{\circ}}{9\angle 30^{\circ}}=42\angle 90^{\circ}$ (A)，$\dot{I}_1=\dfrac{\dot{U}_{AB}}{Z_1}=\dfrac{380\angle 0^{\circ}}{5\angle 10^{\circ}}$ A $=76\angle -10^{\circ}$ (A)

$\dot{I}_3=\dfrac{\dot{U}_{BC}}{Z_3}=\dfrac{380\angle -120^{\circ}}{10\angle 80^{\circ}}=38\angle -200^{\circ}$ (A)

由KCL得：$\dot{I}_A=\dot{I}_1-\dot{I}_2=76\angle -10^{\circ}-42\angle 90^{\circ}=93\angle -36.4^{\circ}$ (A)

$\dot{I}_B=\dot{I}_3-\dot{I}_1=113.6\angle 166.7^{\circ}$ (A)，　$\dot{I}_C=\dot{I}_2-\dot{I}_3=46\angle 39^{\circ}$ (A)

相量图如图 5.11（b）所示。

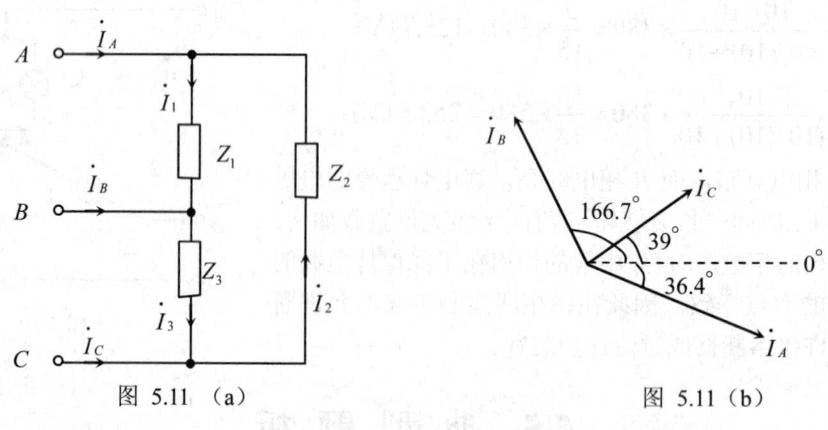

图 5.11（a）　　　　图 5.11（b）

3 用线电压为 380V 的三相四线制电源给照明电路供电。白炽灯的额定值为 220V，100W，现 A，B 相各接 5 盏灯、C 相接 10 盏灯。

（1）求各相的相电流和线电流、中性线电流。

（2）画出电压、电流相量图。

【解题思路】 根据题意，本题是阻性不对称负载的Y形联接，必须一相一相求解。先设参考相量$\dot{U}_A = 220\angle 0^\circ$ V。

【解】 （1）$I_A = I_B = 5\times\dfrac{P_N}{U_N} = 2.28\text{A}$，$I_C = 10\times\dfrac{P_N}{U_N} = 4.55\text{A}$

$\because I_l = I_P$，$I_A = I_B = 2.28\text{A}$，$I_C = 4.55\text{A}$

$\therefore \dot{I}_N = \dot{I}_A + \dot{I}_B + \dot{I}_C = 2.28\angle 0^\circ + 2.28\angle -120^\circ + 4.55\angle 120^\circ = 2.28\angle 120^\circ$（A）

即中性线电流为2.28A。

（2）电压、电流相量如图5.12所示。

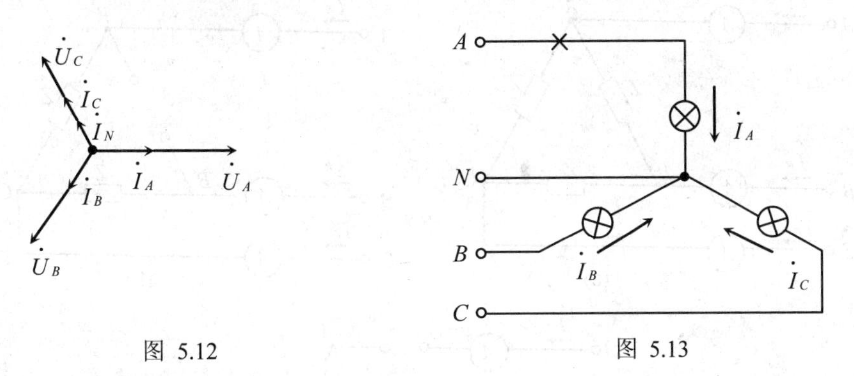

图 5.12　　　　　　　　　　图 5.13

4 用线电压为 380V 的三相四线制电源给照明电路供电，白炽灯的额定值为 220V，100W，若 A，B 相各接 5 盏灯、C 相接 10 盏灯。

（1）A相输电线断开（见图5.13），求各相负载的电压和电流；

（2）若A相输电线和中性线都断开，再求各相电压和电流，并分析各相负载的工作情况。

【解题思路】 该题是在上题的基础上，展开讨论的。（1）中有中线，B、C相电压不变。（2）中无中线，B，C相串接后接在线电压$\dot{U}_{BC}$上。

【解】 （1）A 相输电线断开，如图 5.13 所示，所以：

$$U_A = 0,\quad I_A = 0,\quad U_B = 220\text{V}$$

$$I_B = 2.28\text{A},\quad U_C = 220\text{V},\quad I_C = 4.55\text{A}$$

这时 A 相灯不亮，B 相、C 相灯仍正常工作。

（2）若A相输电线和中线都断开，则$U_A = 0$，$I_A = 0$，得：

$$I_B = I_C = \frac{U_{BC}}{R_C + R_B},\quad R_A = R_B = \frac{\frac{220^2}{100}}{5} = 96.8\ (\Omega),\quad R_C = \frac{1}{2}R_A = 48.4\Omega$$

故 $$I_B = I_C = 2.6\text{A},\quad U_B = I_B R_B = 251.7\text{V}\quad U_C = U_B - U_{BC} = 128.3\text{ V}$$

这时 A 相灯不亮；B 相灯的电压超过额定电压，很亮，降低了使用寿命，也有可能烧毁；

C 相灯较暗，其电压小于额定电压。

5 在图 5.14(a)所示电路中，已知电源线电压 $U_l = 220\text{V}$，电流表读数 $I_l = 17.3\text{A}$，三相功率 $P = 4.5\text{kW}$。试求：

（1）每相负载的电阻R和感抗X_L；

（2）当A，B相负载断开时，图中各电流表的读数和总功率P；

（3）当A线断开时，各电流表的读数和总功率P。

【解题思路】 利用有功功率求电阻；利用功率因数角 φ 求感抗，φ 不是线电压与相应线电流的相位差，而是相电压与相应相电流的相位差。

注意： 负载复阻抗 Z 中的有功功率应是复阻抗 Z 中电阻 R 所消耗的功率。

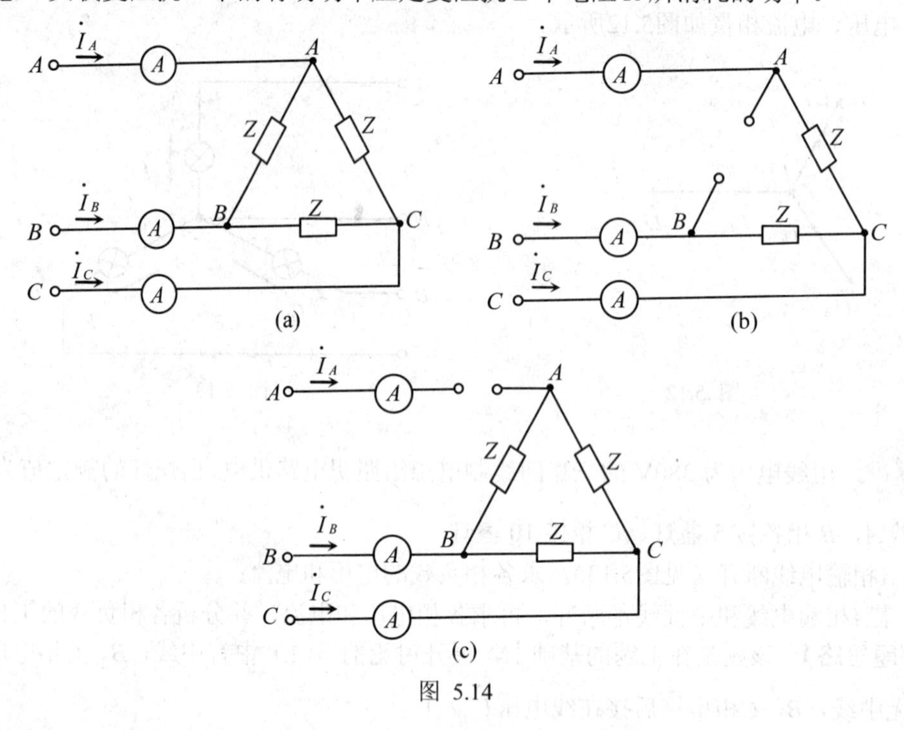

图 5.14

【解】（1）各相负载的相电流为： $I_P = \dfrac{I_l}{\sqrt{3}} = \dfrac{17.3}{\sqrt{3}} = 10\,(\text{A})$

根据负载中的总功率 $P = 3RI_P{}^2$ 知： $R = \dfrac{P_N}{3I_P^2} = \dfrac{4500}{3\times10^2} = 15\,(\Omega)$

$\because \quad P_N = \sqrt{3}U_l I_l \cos\varphi \qquad \cos\varphi = \dfrac{P_N}{\sqrt{3}U_l I_l} = \dfrac{4500}{\sqrt{3}\times220\times17.3} = 0.68 \qquad \varphi = 47^\circ$

$\therefore \quad X_L = R\tan\varphi = 15\times\tan 47^\circ = 16.1\,(\Omega)$

（2）当A，B相负载断开时，电路如图5.14（b）所示。

$I_A = I_B = I_P = 10\text{A}$， $I_C = I_l = 10\sqrt{3} = 17.3\,(\text{A})$， $P = \dfrac{2}{3}P_N = \dfrac{2}{3}\times4500 = 3000\,(\text{W})$

（3）$I_A=0,\qquad I_B=I_C=\frac{3}{2}I_P=15\,\text{A}$

$$P=P_{AB}+P_{BC}+P_{CA}=(\frac{2}{3}\times 15)^2\times 15+2\times\left(\frac{1}{3}\times 15\right)^2\times 15=1500+750=2250\text{W}$$

6 在图 5.15 所示电路中，已知线电压为 380V，Y 形负载的功率为 10kW，功率因素为 0.85（感性），△形负载的功率为 20kW，功率因素为 0.8（感性）。试求：

（1）电路中的线电流 $\dot{I}_{\text{A}}$；

（2）电源视在功率、有功功率和无功功率。

【解题思路】 图 5.15 所示电路共有两组负载，其中一组为 Y 形对称负载，一组为△形对称负载。故计算时可采用分组求解，可先将各组电路的电流或功率分别计算出来，然后再求供电线路的电流或电源供给所有负载的功率。

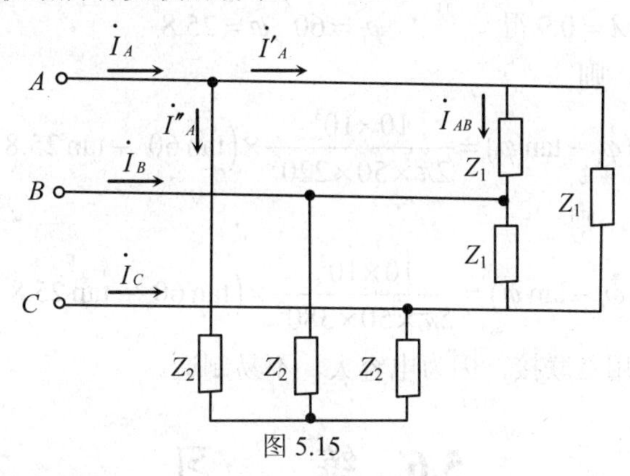

图 5.15

【解】 （1）设线电压 $\dot{U}_{AB}=380\angle 0^\circ$ V，则相电压为：

$$\dot{U}_A=\frac{1}{\sqrt{3}}\dot{U}_{AB}\angle{-30^\circ}=\frac{380}{\sqrt{3}}\angle{-30^\circ}=220\angle{-30^\circ}\,(\text{V})$$

Y形联接时的负载：$\because\quad P_1=3U_{\text{A}}I''_{\text{A}}\cos\varphi_1$

$$\therefore\quad I''_A=\frac{P_1}{3U_{\text{A}}\cos\varphi_1}=\frac{10\times 10^3}{3\times 220\times 0.85}=17.83\,(\text{A})$$

又$\because\quad \cos\varphi_1=0.85,\ \varphi_1=31.8^\circ$，$\therefore \dot{I}''_A=I''_A\angle{-30^\circ-31.8^\circ}=17.83\angle{-61.8^\circ}\,(\text{A})$

△形联接时的负载：$\because P_2=3U_{AB}I_{AB}\cos\varphi_2$

$$\therefore I_{AB}=\frac{P_2}{3U_{AB}\cos\varphi_2}=\frac{20\times 10^3}{3\times 380\times 0.8}=21.93\,(\text{A})$$

又因 $\cos\varphi_2=0.8,\varphi_2=36.9^\circ$，则 $\dot{I}_{\text{AB}}=I_{\text{AB}}\angle{-36.9^\circ}=21.93\angle{-36.9^\circ}$ (A)

$$\dot{I}'_{\text{A}}=\sqrt{3}\dot{I}_{\text{AB}}\angle{-30^\circ}=\sqrt{3}\times 21.93\angle{-66.9^\circ}=38\angle{-66.9^\circ}\,(\text{A})$$

$$\dot{I}_{\text{A}}=\dot{I}''_{\text{A}}+\dot{I}'_A=17.87\angle{-61.8^\circ}+38\angle{-66.9^\circ}=55.75\angle{-65.3^\circ}\,(\text{A})$$

（2）电源视在功率为：　$S=\sqrt{3}U_{AB}I_A=\sqrt{3}\times 380\times 55.75=36693\,(\text{V}\bullet\text{A})$

电源有功功率为： $P=P_1+P_2=10+20=30\,(\text{kW})$

电源无功功率为： $Q=\sqrt{S^2-P^2}=\sqrt{36693^2-\left(30\times10^3\right)^2}=21127.6\,(\text{Var})$

注意：（1）线电流： $\dot{I}_A=\dot{I}''_A+\dot{I}'_A\neq I''_A+I'_A$

（2）分组计算负载电流时，若为三相四线制供电系统，两种不同的联接（Y形和△形）的三相负载，均需考虑线电压与相电压的相位关系。

7 某三相感性负载的额定功率 P_N =10kW，功率因数 λ_N =0.5，为了将电路的功率因数提高到 λ=0.9，试问:补偿电容器应采用星形联接还是三角形联接？

【解题思路】 此题涉及公式 $C=\dfrac{P}{\omega U^2}\left(\tan\varphi_1-\tan\varphi\right)$ 具体应用。

【解】 由 $\lambda_1=0.5,\lambda=0.9$ 得 $\varphi_1=60^\circ,\varphi=25.8^\circ$

（1）假设Y形联接，则

$$C_{\text{Y}}=\frac{P}{\omega {U_P}^2}\left(\tan\varphi_1-\tan\varphi\right)=\frac{10\times10^3}{2\pi\times50\times220^2}\times\left(\tan60^\circ-\tan25.8^\circ\right)=821.6\ \ (\mu\text{F})$$

（2）假设△形联接，则

$$C_{\Delta}=\frac{P}{\omega {U_l}^2}\left(\tan\varphi_1-\tan\varphi\right)=\frac{10\times10^3}{2\pi\times50\times380^2}\times\left(\tan60^\circ-\tan25.8^\circ\right)=275.4\ \ (\mu\text{F})$$

$\therefore$ $C_\Delta<C_{\text{Y}}$，则选用△联接，因为电容大，不易制造。

5.6 练　　习

单项选择题(将唯一正确的答案代码填入下列各题括号内)

1 某三相交流发电机绕组接成星形时，线电压为6.3kV，若将它接成三角形，则线电压为（　　）。

（a）6.3 kV　　（b）10.9 kV　　（c）3.64 kV

2 某三相电路中 A，B，C 三相的有功功率分别为 P_A，P_B， P_C，则该三相电路总有功功率 P 为 （　　）。

（a）$P_A+P_B+P_C$　　（b）$\sqrt{P_A^2+P_B^2+P_C^2}$　　（c）$\sqrt{P_A+P_B+P_C}$

3 对称星形负载接于三相四线制电源上，如图5.16所示。若电源线电压为380V，当 D 点处断开时，U_1 为（　　）。

（a）220 V　　（b）380 V　　（c）190 V

4 对称星形负载接于三相四线制电源上，如图5.17所示。若A相电阻增加一倍，

其它两相电阻不变，M 点断开时，U_1 为（　　）。

（a）220 V　　（b）380 V　　（c）224.4 V

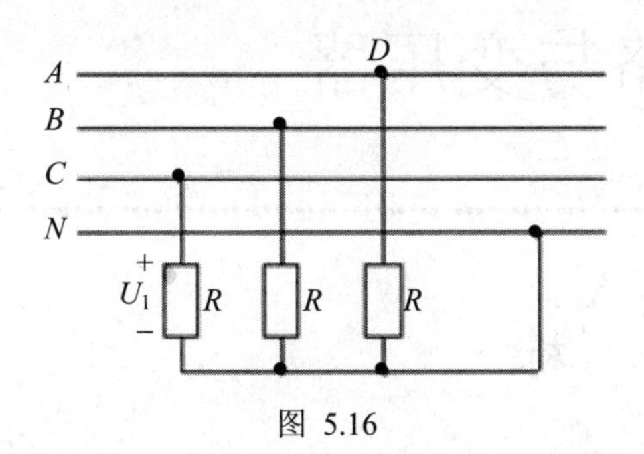

图 5.16

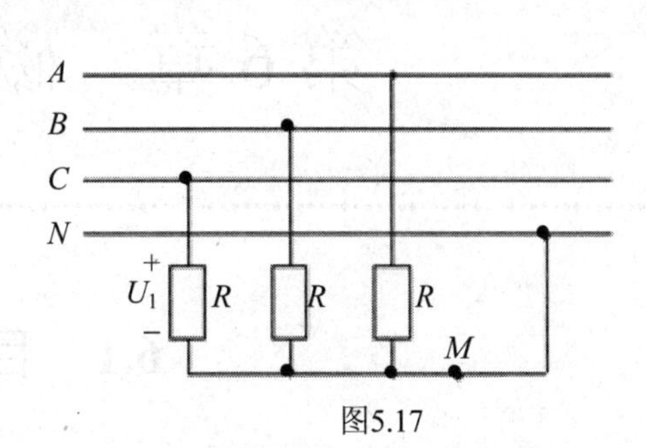

图5.17

5 复阻抗为Z的三相对称电路中，若保持电源电压不变，当负载接成星形时消耗的有功功率为P_Y，接成三角形时消耗的有功功率为P_Δ，则两种接法时有功功率的关系为（　　）。

（a）$P_\Delta = \sqrt{3}P_Y$　　（b）$P_\Delta = \dfrac{1}{3P_Y}$　　（c）$P_\Delta = P_Y$

6 用二瓦计法测量三相功率时，两个功率表的读数分别是 $P_1 = 20\text{W}, P_2 = -10\text{W}$，则三相总功率是（　　）。

（a）20+(+10)W　　（b）−10−20W　　（c）20+(−10)W

7 三相总功率的公式是 $P = \sqrt{3}U_l I_l \cos\varphi$（　　）。

（a）只适用于对称负载　　（b）只适用于不对称负载　　（c）适用于任何负载

8 在三相电路中,若要求负载相互不影响,则负载应接成（　　）。

（a）三角形　　（b）(无中线)星形　　（c）三角形或(有中线)星形

9 三相有功功率的公式 $P = \sqrt{3}U_l I_l \cos\varphi$，其中，$\varphi$ 角是（　　）。

（a）线电压与线电流之间相位差　　（b）相电压与相电流之间相位差
（c）线电压、相电流之间夹角相位差

10 三相对称负载是指（　　）。

（a）$|Z_1| = |Z_2| = |Z_3|$　　（b）$R = X_L = X_C$　　（c）$Z_1 = Z_2 = Z_3$

附：5.6 练习参考答案

单项选择题参考答案：

1.（c） 2.（a） 3.（a） 4.（c） 5.（a） 6.（c） 7.（a） 8.（c） 9.（b） 10.（c）

第 6 章　磁路与变压器

6.1　目　　标

☞ 了解磁性材料的磁性能以及磁路中几个基本物理量。

☞ 了解分析磁路的基本定律，能根据直流磁路与交流磁路的特点，正确应用磁路的基本定律对交、直流磁路进行定性分析。

☞ 理解铁心线圈电路中的电磁关系、伏安关系，以及功率、能量等问题，掌握重要公式 $U \approx E=4.44 f N\Phi_m$。

☞ 了解变压器的基本构造、工作原理、铭牌数据、外特性，掌握三大变换功能（电压、电流、阻抗）及绕组的同极性端。

☞ 了解交流电磁铁与直流电磁铁的异同。

6.2　内　　容

6.2.1　知识结构框图

磁路与变压器的知识结构框图如图 6.1 所示。

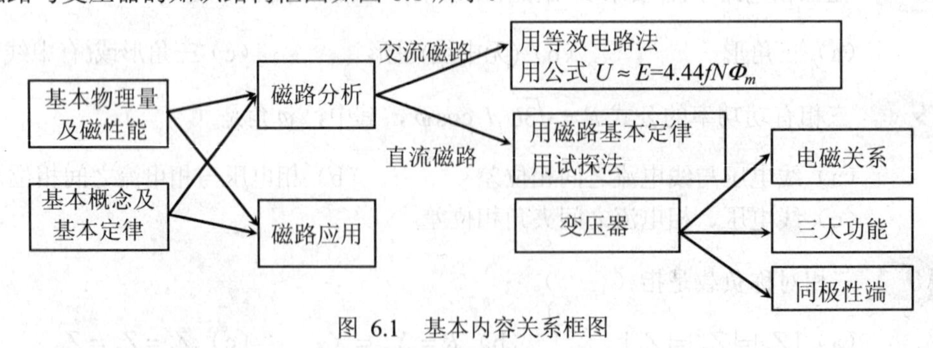

图 6.1　基本内容关系框图

6.2.2　基本知识点

一、磁路

使磁通集中通过的闭合路径称为磁路。磁路由磁性材料（或称磁性物质）构成。

二、磁路中的基本物理量

磁通$\boldsymbol{\Phi}$、磁感应强度$\boldsymbol{B}$、磁导率μ、磁场强度$\boldsymbol{H}$，这四个物理量之间的关系用公式：$\boldsymbol{B}=\dfrac{\boldsymbol{\Phi}}{S}$，$\boldsymbol{B}=\mu\boldsymbol{H}$ 联系。注意，磁路的单位比较复杂。

三、磁性材料的磁性能

磁性材料具有以下三种磁性能。

（1）高导磁性：具有被强烈磁化的特性。

（2）磁饱和性：磁场强度$\boldsymbol{H}$增加而磁感应强度$\boldsymbol{B}$基本不变的特性。

（3）磁滞性：磁感应强度$\boldsymbol{B}$滞后于磁场强度$\boldsymbol{H}$的特性。当$I=0$，$H=0$时，$B=B\mathrm{r}$。$B\mathrm{r}$称作剩磁。改变磁场强度$\boldsymbol{H}$的方向能消除剩磁，使$B=0$的$\boldsymbol{H}$值，称作矫顽磁力$H\mathrm{c}$。

四、磁路的基本定律

1．安培环路定律

$$\oint \boldsymbol{H}\cdot \mathrm{d}\boldsymbol{l}=\sum \mathrm{I}$$

2．磁路的欧姆定律

$$\boldsymbol{\Phi}=\frac{F}{R_m}$$

其中，磁动势$F=IN$，磁阻$R_m=\dfrac{l}{\mu s}$。

3．磁路的基尔霍夫第一定律

对磁路的结点而言，磁通之间满足$\sum\boldsymbol{\Phi}=0$ 的关系。

4．磁路的基尔霍夫第二定律

$F=U_m$，即　$IN=Hl$；　或　$\sum F=\sum Hl=\sum U_m$

磁路中的各物理量和定律分别与电路中的物理量和定律相对应，可用比较法来学习。

5．磁路的计算

磁路中的磁导率μ不是常数，因此磁路欧姆定律只能用于定性分析，不能用来计算。磁路的基尔霍夫定律可直接用于计算磁路。直流磁路的计算有下面两类:

（1）正面问题：知道磁通$\boldsymbol{\Phi}$求磁动势F。其计算步骤：知$\boldsymbol{\Phi}\xrightarrow{S}B\xrightarrow{B=f(H)}H\xrightarrow{l}Hl\rightarrow F$。

（2）反面问题：用试探法。设$\boldsymbol{\Phi}'$后，用正面计算步骤求出F'，看F'与已知F是否相同。若不同，再设$\boldsymbol{\Phi}''$，重按正面计算步骤求出F''再比较，直至相同为止。

在以上直流磁路计算中，除了应用磁路基本定律外，由B求H要查用磁化曲线图。

本课程不强调磁路计算(因磁路计算是很复杂的)，只要求了解磁路的分析，建立磁路的基本概念。

六、交流铁心线圈电路

交流铁心线圈电路中，主磁通产生感应电动势有效值 $E = 4.44fN\Phi_m$ 或 $E = 4.44fNB_mS$，忽略线圈内阻，有 $U \approx E = 4.44fNB_mS$，即交流磁路中的磁感应强度由线圈端电压有效值决定。

交流铁心线圈电路是用等效电路的方法来计算的，即把磁路问题等效为线性电路来分析计算。

交流铁心线圈电路这一内容很重要，它是学习交流电机、变压器及各种交流铁磁元件的基础。

七、变压器（单相变压器）

1. 变压器的三大作用

（1）变换电压：$\dfrac{U_1}{U_2} \approx \dfrac{N_1}{N_2} = K, K$ 是电压比，又是匝比。该式忽略了原绕组的电阻和漏磁感抗。愈接近于空载运行，计算愈精确。

（2）变换电流：$\dfrac{I_1}{I_2} \approx \dfrac{N_2}{N_1} = \dfrac{1}{K}, K$ 是电流比，也是匝比。该式忽略了励磁电流。愈接近于满载运行，计算愈精确。

（3）变换阻抗：$|Z'| \approx K^2 |Z|$。条件是忽略绕组的漏阻抗和励磁电流。

用阻抗变换可以实现阻抗匹配，即使负载阻抗模变换为所需要的数值。通过阻抗匹配，还可以使负载获得最大功率（见本章 6.5 节例题 2.）。

2．变压器的容量

变压器的容量是用额定视在功率表示的，它等于副绕组或原绕组额定电压与额定电流的乘积：$S_N = U_{2N}I_{2N} \approx U_{1N}I_{1N}$，其中，副绕组的额定电压 U_{2N} 是空载电压的额定值 U_{20}，即 $U_{2N} \approx U_{20}$。当变压器额定运行时，副绕组的电流为额定电流，而副绕组电压 $U_2 < U_{2N}$。因此，变压器额定运行时输出的视在功率略小于额定视在功率。

变压器的功率关系：输入功率 $P_1 = U_1I_1\cos\Phi_1$，输出功率 $P_2 = U_2I_2\cos\Phi_2$，效率 $\eta = \dfrac{P_2}{P_1}$。电力变压器的效率通常很高，可达95%以上。

变压器的损耗为 $P_1 - P_2 = P_{Cu} + P_{Fe}$，其中变压器的铁损 P_{Fe} 几乎不受负载影响，它等于空载损耗。变压器的铜损为 $P_{Cu} = I_1^2R_1 + I_2^2R_2$，其大小正比于电流的平方。

对变压器的外特性应有所了解，以便正确使用变压器。

3. 绕组的同极性端

绕组的同极性端指多个绕组交链在同一磁路时，若电流从各绕组同极性端流进（或流出），那么各绕组的磁动势产生的磁通方向是相同的。

绕组同极性端的判断是为了其正确联接。绕组串联使用时，应当异极性端相联；绕组并联使用时，应当同极性端相联。绕组同极性端的判断方法有直流法和交流法，（见本章6.5节例题3）。

6.3 要　　点

主要内容：
- 直流磁路与交流磁路的区别
- 交流铁心线圈电路与交流非铁心线圈电路的区别
- 直流电磁铁与交流电磁铁的区别
- 公式 $U \approx E = 4.44\, f\, N\Phi_m$ 的理解

一、直流磁路与交流磁路的区别

1．直流磁路的特点

直流磁路由直流电励磁。励磁线圈中的电流取决于励磁电压的高低和线圈电阻，即$I=\dfrac{U}{R}$。当外加电压U一定时，线圈中电流不变。磁路中的磁通是根据$\varPhi=\dfrac{IN}{R_m}$变化的，当磁路中气隙改变时，磁阻R_m改变，从而使磁通$\varPhi$改变。

直流磁路中的磁通是恒定磁通，故不会在铁心中产生铁损 P_{Fe}，因此直流磁路的主要损耗为线圈电阻损耗，即铜损 P_{Cu}。

2. 交流磁路的特点

交流磁路由交流电励磁，其磁通是交变的。交变磁通不仅在线圈中产生感应电动势阻碍电流变化，而且在铁心中产生涡流损耗 P_{e} 和磁滞损耗 P_h，二者合称为铁损 P_{Fe}。铁心损耗 P_{Fe} 是不变损耗，当外加电压和频率一定时，铁损 P_{Fe} 不随负载大小的变化而改变。但铁损 P_{Fe} 与铁心内磁感应强度的最大值 B_m 的平方近似成正比，因此 B_m 不宜选得过大，以防过多地损耗电源能量使铁心发热。交流磁路的损耗为铜损和铁损之和。铜损 P_{Cu} 是可变损耗，它随负载大小的变化而变化。

交流磁路的电磁关系为$U \approx 4.44\, f\, N\varPhi_m$。当交流励磁电压的大小和频率一定、线圈匝数$N$不变时，磁路中的磁通近似不变且为最大值。当磁路中气隙改变时，R_m变化，根据公式$\varPhi=\dfrac{IN}{R_m}$，将使电流改变，这一点与直流磁路不同。

二、交流铁心线圈电路与交流非铁心线圈电路的区别

1．电磁关系

在非铁心线圈电路中，电流与磁通之间成线性关系，线圈的电感L为常数。如电源的电压是正弦量，因为$u \approx -e = N\dfrac{\mathrm{d}\varPhi}{\mathrm{d}t}$，所以磁通$\varPhi$是正弦量，电流也是正弦量，两者大小成正比，且同相。

在铁心线圈电路中，磁感应强度B与磁场强度H不成正比，磁通Φ与B成正比（$B=\dfrac{\Phi}{S}$），励磁电流I与H成正比($IN=Hl$)，因此磁通Φ与I不成正比。由$\mu=\dfrac{B}{H}$，$L=\dfrac{N\Phi}{I}$可知，在存在磁性物质的情况下，磁导率μ和线圈的电感L不是常数，它们随线圈中的励磁电流而变，铁心线圈是一个非线性电感元件。

铁心线圈有两个磁通：主磁通Φ和漏磁通Φ_σ。漏磁通的部分不经过铁心，所以励磁电流I和漏磁通Φ_σ之间成线性关系，铁心线圈的漏磁电感L_σ为常数。但励磁电流I和主磁通Φ之间不存在线性关系，铁心线圈的主磁电感L不是一个常数。如磁通Φ是正弦量，电流I是非正弦量，两者波形不相似，也不同相。电流虽是非正弦量，计算时可用等效正弦电流代替。

2．伏安关系

（1）交流铁心线圈电路的伏安关系式： $\dot{U}=R\dot{I}+\mathrm{j}X_\sigma\dot{I}+(-\dot{E})$

（2）交流非铁心线圈电路的伏安关系式： $\dot{U}=R\dot{I}+\mathrm{j}X_L\dot{I}$

式中，$(-\dot{E})$与铁心中磁通Φ所产生的电动势$(\dot{E})$相平衡，X_σ与X_L相互对应。

三、直流电磁铁与交流电磁铁的区别

1. 构造

直流电磁铁的铁心是用整块软钢制成；交流电磁铁的铁心是由钢片叠成，且在磁极的部分端面上套有分磁环，使磁极各部分吸力不会同时降为零，以消除衔铁的颤动和噪声。

2. 吸力公式

（1）直流电磁铁： $F=\dfrac{10^7}{8\pi}B_0^{\ 2}S_0[N]$

（2）交流电磁铁： $F=\dfrac{10^7}{16\pi}B_m^{\ 2}S_0[N]$

（3）吸合过程及适用范围：直流电磁铁的励磁电流仅与线圈电阻有关，不因气隙的大小而变。在吸合过程中，随着气隙减小，磁阻减小，磁动势IN不变，Φ增大，电磁吸力F增大。直流电磁铁动作平稳，工作可靠，适用于动作频繁的机构。

交流电磁铁的励磁电流不仅与线圈电阻有关，还与线圈感抗有关。在吸合过程中随着气隙减小，磁阻减小，线圈的电感和感抗增大，因而线圈电流减小；反之线圈电流增大。若交流电磁铁通电后，由于某种原因吸合不上，线圈中会产生较大电流，可能烧毁线圈。交流电磁铁适用于动作时间短、行程大，动作不频繁的机构。

四、对公式$U\approx4.44fN\Phi_m$的理解

要从公式$U\approx4.44fN\Phi_m$中建立起当交流励磁电压的大小和频率一定、线圈匝数N不变时，磁路中的磁通Φ_m近于常数的概念。就是说，变压器铁心中主磁通的最大值在它空载或有负载时是差不多恒定的。这是一个重要概念,由此得出下面两点：

（1）可以写出 $N_1 i_1 + N_2 i_2 \approx N_1 i_0$，忽略此式的空载电流 i_0，得出原、副绕组的电流变换式

$$\frac{I_1}{I_2} = \frac{1}{K}$$

（2）可以理解为什么副绕组电流 i_2 增大时，原绕组电流 i_1 随着增大的道理。

6.4　应　　用

> **内容提示：**
> - 三相电压的变换
> - 常用的特殊变压器
> - 磁路的等效

一、三相电压的变换方法

三相电压的变换有两种方法：一种是采用三台单相变压器联结成三相变压器组或者称三相组式变压器；另一种方法是用三铁心柱式三相变压器。三铁心柱式三相变压器是整体结构，使用较多。它的原边和副边可接成星形或三角形，其变压比为原、副边线电压之比，故三相变压器的变压比不仅与两边绕组的匝数有关，还与变压器的联结方式有关。绕组的联结方式通常用分数来表示，分子表示高压绕组的联结方式，分母表示低压绕组的联结方式。其中，星形又分为三线制和四线制两种，前者用Y表示，后者用YN表示。三角形联结用D表示。我国的三相电力变压器有五种标准的联结方式：$\frac{\mathrm{Y}}{\mathrm{YN}}$，$\frac{\mathrm{Y}}{\mathrm{D}}$，$\frac{\mathrm{YN}}{\mathrm{D}}$，$\frac{\mathrm{Y}}{\mathrm{Y}}$，$\frac{\mathrm{YN}}{\mathrm{Y}}$，以前三种应用较多。

三相变压器铭牌上给出的额定电压和额定电流是高压侧和低压侧线电压和线电流的额定值，容量（额定功率）是三相视在功率的额定值，为：

$$S_N = \sqrt{3} U_{2N} I_{2N} \approx \sqrt{3} U_{1N} I_{1N}$$

二、常用的特殊变压器

1．自耦变压器

自耦变压器是一种单绕组变压器。它的低压绕组是高压绕组的一部分，因此两绕组既有磁的联系，又有电的联系。且高、低压绕组之间的电压变换和电流变换关系与单相双绕组变压器的电压、电流变换关系相同。它副边抽头为滑动式的，可以连续改变副边匝数 N_2 和副边电压，又称自耦调压器。它常用于实验中，用它时应了解其正确的使用方法。譬如，使用后必须转到零位，等。

2．互感器

互感器的主要功能是扩大仪表量程；测量大电流、高电压和大功率；以隔离高电压、大电流，保障人和设备的安全。

电流互感器是将大电流转换成小电流，使用它时应注意以下两点：

（1）副边不允许开路以避免出现铁心过热而烧毁。

（2）铁心和副边绕组同时接地以防绝缘破损出现高电压。

电压互感器是将高电压转换成低电压，使用它时应注意以下两点：

（1）副边不允许短路以防铜损过大、线圈过热。

（2）铁心和副边必须同时接地。

3．三绕组变压器

三绕组变压器也是一种常用的单相变压器，它又称为高、中、低压绕组的三个绕组。且绕组之间的电压变换关系仍等于匝数比。但三个绕组的容量不一定相同，一般以一次绕组的容量作为变压器的容量。正常工作时需保证三个绕组的视在功率均不超过各自的容量(额定视在功率)。

三绕组变压器的应用也很多，如：发电厂的厂用电、机床用控制变压器等。

三、磁路的等效

等效的概念很重要。在分析交流铁心线圈电路时，常常用等效电路法把磁路计算问题简化为电路计算问题。“等效”是一种分析方法。等效的条件是：在同样的电压作用下，其功率、电流及各量之间的相位关系保持不变。

几种电路的等效参数如表 6.1 所示。

表 6.1　几种电路的等效参数

电　路	电流 I	功率 P
直流空心线圈电路	$I=\frac{U}{R}$	$P=RI^2$
直流铁心线圈电路	$I=\frac{U}{R}$	$P=RI^2$
交流空心线圈电路	$I=\frac{U}{\sqrt{R^2+X_L^2}}$	$P=RI^2$
交流铁心线圈电路	$I=\frac{U}{\sqrt{(R+R_0)^2+(X_\sigma+X_0)^2}}$	$P=RI^2+\Delta P_{Fe}$

在表 6.1 中，R 为线圈电阻；X_L 为线圈感抗；R_0 为铁心中能量损耗的等效电阻；X_σ为漏磁感抗；　X_0 为铁心中能量储放的等效感抗；P_{Fe} 为铁心损耗。

6.5　例　　题

1　分析闭合铁心线圈在下列几种情况下，其铁心中的磁感应强度、线圈中的电流和铜损的变化情况。

（1）直流励磁：铁心截面积加倍，线圈中的电阻、匝数以及电源电压保持不变。

（2）交流励磁：铁心截面积加倍，线圈中的电阻、匝数以及电源电压保持不变。

（3）直流励磁：线圈匝数加倍，线圈的电阻及电源电压保持不变。

（4）交流励磁：线圈匝数加倍，线圈的电阻及电源电压保持不变。

（5）交流励磁：电流频率减半，电源电压保持不变。

（6）交流励磁：频率和电源电压均减半。

【解题思路】 用磁路基本原理来分析交流、直流两种不同性质励磁，在电路参数改变时的情况。注意两点：其一，交流励磁时紧紧抓住公式 $U\approx E=4.44fN\Phi_m=4.44fNB_mS$。其二，直流励磁与交流励磁不同之处。

【解】 （1）直流励磁电流由电源电压和线圈电阻决定，因电源电压和线圈电阻不变，所以其电流 I 不变，铜损 I^2R 不变又因为 $IN=Hl$ 与 S 无关，所以 H 不变，由 B–H 曲线可查磁感应强度 B 不变。

（2）在交流励磁情况下，$U\approx E=4.44fN\Phi m=4.44fNB_mS$。可见铁心截面积$S$加倍而其它条件不变，铁心中的磁感应强度$B_m$减半。由$B$–$H$曲线可知$H$也随之减小，因 $IN=Hl$，所以线圈电流I和铜损I^2R相应降低。

（3）在直流励磁情况下,线圈的电阻及电源电压保持不变，则线圈电流I和铜损I^2R不变。又由公式 $IN=Hl=\dfrac{B}{\mu}l$ 可知,线圈匝数N加倍，磁场强度H加倍，磁感应强度B按$B-H$曲线增加。

（4）在交流励磁情况下，由公式$U\approx E=4.44fN\Phi_m=4.44fNB_mS$可知，线圈匝数$N$加倍而其他条件不变，铁心中的磁感应强度$B$减半；由$B-H$曲线可知，$B$减小，$H$也减小，因 $IN=Hl$，所以线圈电流I和铜损I^2R按$B-H$曲线减小。

（5）由公式$U\approx E=4.44fN\Phi_m=4.44fNB_mS$可知，在电流频率$f$ 减半而其他条件不变的情况下，铁心中的磁感应强度B加倍（在铁心不饱和的前提下）；线圈电流I和铜损I^2R相应增加。

（6）由公式$U\approx E=4.44fN\Phi_m=4.44fNB_mS$可知，当电源电压的大小和频率减半而其他条件不变时，铁心中的磁感应强度B、线圈中的电流I和铜损I^2R均保持不变。

2 将交流电压 $U=8\text{V}$，内阻 $R_0=144\Omega$的信号源接到变压器原边，负载 $R_L=4\Omega$接到变压器副边。求：

（1）通过阻抗匹配，负载得到最大功率后的变压器匝比以及原、副边的电压和电流及负载得到的最大功率。

（2）若不用变压器进行阻抗匹配，负载直接接到信号源上，此时负载得到的功率。

【解题思路】 将负载电阻R_L折算到变压器的原边，折算后的等效负载电阻 $R_L'=K^2R_L$。选择匝比K使得 R_L' 等于信号源内阻R_0，即 $R_0=R_L'$，此时负载就得到最大功率。将最大功率与不进行阻抗匹配得到的功率进行比较，由此进一步认识阻抗匹配的意义。

【解】 （1）

$$K=\sqrt{\frac{R_0}{R_L}}=\sqrt{\frac{144}{4}}=6$$

$$I_1=\frac{U}{R_0+R_L'}=\frac{8}{144+144}\approx 28\ (\text{mA})$$

$$I_2=KI_1=6\times 28=168\ (\text{mA})$$

$$U_1 = R_L' I_1 = K^2 R_L I_1 = 6^2 \times 4 \times 28 \times 10^{-3} \approx 4\ (\text{V})$$

$$U_2 = \frac{U_1}{K} = \frac{4}{6} \approx 0.67\ (\text{V})$$

$$P_L = U_2 I_2 = 0.67 \times 168 \times 10^{-3} \approx 0.113\ (\text{W}) = 113\ \text{mW}$$

（2）
$$R_L' = R_\text{L}\left(\frac{U}{R_0 + R_L}\right)^2 = 4 \times \left(\frac{8}{144+4}\right)^2 \approx 11.7\ (\text{mW})$$

3 分析图6.2所示铁心线圈电路，回答下列问题：

（1） 图6.2（a）方框中，1、2端接一绕组，3、4端接另一绕组。当开关S闭合瞬间，毫安计的指针正向偏转（如图中所示毫安计极性），问：1端和哪一端是同极性端？反向偏转时（其实际极性与图中所示毫安计极性相反），1端又和哪一端是同极性端？

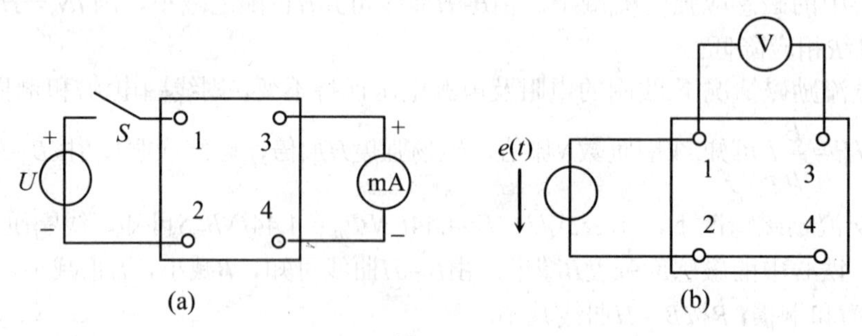

图 6.2

（2）图6.2（b）方框中，1、2端接一绕组，3、4端接另一绕组。若将2、4两端短接，用伏特计分别测1、3两端的电压U_{13}和两绕组的电压U_{12}、U_{34}。如果U_{13}的数值是两绕组的电压之差，问：1端和哪一端是同极性端？如果U_{13}的数值是两绕组的电压之和时，1端又和哪一端是同极性端？

【解】 （1）图 6.2（a）是测定绕组同极性端的直流法。当开关 S 闭合瞬间，若毫安计的指针正向偏转，说明电流都是从 1 端和 3 端流入，因而 1 端和 3 端是同极性端。若毫安计的指针反向偏转，说明电流是从 1 端和 4 端流入，因而 1 端和 4 端是同极性端。

（2）图6.2（b）是测定绕组同极性端的交流法。若测得U_{13}的数值是两绕组的电压之差，说明2、4两端是同极性端相联（即两绕组的电压U_{12}、U_{34}反向串联），这时1端和3端是同极性端。若测得U_{13}的数值是两绕组的电压之和，说明2、4两端是异极性端相联（即两绕组的电压U_{12}、U_{34}同向串联），这时1端和3端是异极性端。

4 电压为 2200 / 220 V 的单相变压器，副边接 R =16 Ω，X_L= 12 Ω的串联阻抗做负载。求：

（1）原、副边的电流及功率因数（变压器为理想变压器，忽略其电阻、漏抗及空载电流）。

（2）负载阻抗换算到原边后的电阻和感抗值。

【解题思路】　已知负载 $\longrightarrow$ 负载阻抗 $|Z_2|\xrightarrow{\text{副边电压}}$ 副边电流 $\xrightarrow{K}$ 原边电流 $\xrightarrow{|Z_2|}\cos\varphi$ $\longrightarrow R'_2$、X'_{L2}

【解】　(1)　　$|Z_2|=\sqrt{R^2+X_L^2}=20\Omega$　　副边电流：$I_2=\dfrac{U_2}{|Z_2|}=11\text{ A}$

原边电流：　　$I_1=\dfrac{I_2}{K}=\dfrac{11}{10}=1.1\text{ (A)}$　　$\cos\varphi=\dfrac{R}{|Z_2|}=0.8$

(2)　　$|Z'_2|=K^2|Z_2|=10^2\times20=2000\ (\Omega)$　　$R'_2=|Z'_2|\cos\varphi=2000\times0.8=1600\ (\Omega)$

$$X'_{\text{L}2}=\sqrt{|Z'_2|^2-R^2}=\sqrt{2000^2-1600^2}=1200\ (\Omega)$$

5　有一个额定容量为 200kVA 的三相变压器，原边额定线电压为 12 kV，副边额定线电压为 0.6 kV，Y/Y 接法，电源频率为 50 Hz，每匝线圈的感应电动势为 4.278 V，铁心截面积为 120cm^2。求：

（1）原、副边绕组的每相匝数及变比。

（2）原、副边绕组的每相相电流。

（3）铁心中的磁通密度。

【解题思路】　由电压 $\longrightarrow$ 变比 $\longrightarrow$ 匝数 $\longrightarrow$ 磁通
　　　　　　　　　　　　变比 $\longrightarrow$ 电流

【解】　(1)　　$K=\dfrac{N_1}{N_2}=\dfrac{U_1}{U_2}=20$　　$N_1=\dfrac{U_{1\text{p}}}{4.278}=\dfrac{U_{1l}}{\sqrt3\times4.278}=2000$ 匝

$$N_2=\frac{N_1}{K}=100\ \text{匝}$$

（2）原边绕组：$I_{1\text{p}}=I_{1l}=\dfrac{S}{\sqrt3U_{1l}}\approx9.63\text{ A}$

副边绕组：$I_{2\text{p}}=I_{2l}=K\,I_{1\text{p}}\approx192.6\text{ A}$

（3）$\varPhi_m=\dfrac{U_{1\text{p}}}{4.44fN_1}=0.0156\text{ Wb}$，$B_m=\dfrac{\varPhi_m}{S}=1.3\text{ T}$

6　一个铁心线圈接在电压 $U=110\text{V}$，频率 $f=50\text{Hz}$ 的正弦电源上，其电流 $I_1=4\text{A}$，$\cos\varphi_1=0.7$。若将线圈中铁心抽出后再接上述电源，此时线圈中电流 I_2=8A，功率因数 $\cos\varphi_2$=0.05，线圈的漏磁忽略不计。求：

（1）铁心线圈的功率损耗。

（2）铁心线圈的等效电路参数 R，R_0，X_0。

【解题思路】　交流铁心线圈除线圈电阻 R 上有功率损耗（即铜损 $\triangle P_{\text{Cu}}$）外，铁心中还有功率损耗（即铁损 $\triangle P_{\text{Fe}}$），交流铁心线圈电路的有功功率为 $P=UI\cos\varphi=RI^2+\triangle P_{\text{Fe}}$。

有铁心时，线圈所消耗的功率包括铜损和铁损；无铁心时，线圈所消耗的功率仅是电流

为 I_2 时的铜损。

【解】（1）有铁心时，线圈所消耗的功率：

$$P_1=UI_1\cos\varphi_1=110\times4\times0.7=308\ (\text{W})$$

又因为 $P_1=\triangle P_{Cu}+\triangle P_{Fe}$

所以，无铁心时，线圈所消耗的功率仅是电流为I_2时的铜损，即

$$P_2=UI_2\cos\varphi_2=110\times8\times0.05=44\ (\text{W})$$

又因为 $P_2=I_2^2R$

所以线圈的导线电阻： $R=\dfrac{P_2}{I_2^2}=\dfrac{44}{8^2}\approx0.689(\Omega)$

铁心线圈的铜损： $\triangle P_{Cu}=R\,I_1^2=0.689\times4^2=11\ (\text{W})$

铁心线圈的铁损： $\triangle P_{Fe}=P_1—\triangle P_{Cu}=308—11=297\ (\text{W})$

（2）铁心线圈的等效阻抗 $|Z'|=\dfrac{U}{I_1}=\dfrac{110}{4}=27.5\ (\Omega)$

铁心线圈的等效电阻 $R_0=\dfrac{\Delta P_{Fe}}{I_1^2}=\dfrac{297}{4^2}\approx18.6\ (\Omega)$

铁心线圈的等效感抗： $X_0=\sqrt{|Z'|^2-(R+R_0)^2}=\sqrt{27.5^2-(0.689+18.6)^2}\approx19.6\ (\Omega)$

由上可知：铁心线圈中的铁损是全部损耗中的主要部分，它的大小近似与铁心内磁感应强度 Bm 的平方成正比，因此 Bm 不宜选大。

自耦变压器电路如图 6.3。已知 U_1=220V，U_2=40V。求流过绕组 N_1 和 N_2 中的电流。

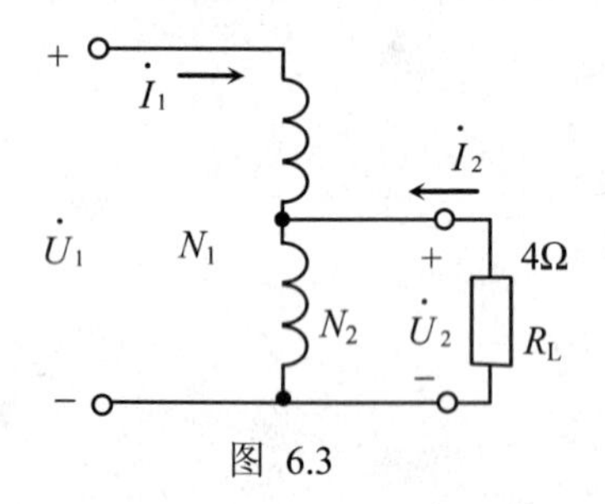

图 6.3

【解题思路】 自耦变压器的分析计算方法和普通变压器一样。但要注意它只有一个绕组，其副边绕组 N_2 是原边绕组 N_1 的一部分，流过绕组 N_2 的电流是原、副边电流之和。根据已知条件，由 U_2 和 R_L 求 I_2；由匝数比 K 和 I_2 求 I_1。

【解】 匝数比： $K=\dfrac{N_1}{N_2}=\dfrac{U_1}{U_2}=\dfrac{220}{40}=5.5$

根据U_2和I_2的标定正方向，求得副边电流为： $I_2=-\dfrac{U_2}{R_L}=-\dfrac{40}{2}=-20\ (\text{A})$

原边电流为： $I_1=-\dfrac{1}{K}I_2=-\dfrac{1}{5.5}\times(-20)\approx3.64\ (\text{A})$

流过自耦变压器副边绕组的电流为： $I=I_1+I_2=3.64+(-20)=-16.36\ (\text{A})$

由上可知：

（1）I为负值，表示副边绕组实际电流方向与其标定正方向相反。

（2）上述I_1是正值和I_2是负值，相位上正好相差180°。这是按理想变压器考虑，忽略了励磁电流，负载为纯电阻负载。否则I_1和I_2的相位不会正好差180°。

（3）由于I_1和I_2相位相反，副绕组中的电流比负载电流小，这一点与普通变压器不同。

8 设一个带空气隙的铁心磁路为 a，一个无空气隙的铁心磁路为 b。如果它们的线圈匝数和几何尺寸完全相同，并通以相同的直流电流，请选择两磁路中铁心部分的磁场强度 H_a 和 H_b 的关系是下面三种情况中的哪一种？并加以分析。

(a) $H_a = H_b$ ；　　(b) $H_a < H_b$ ；　(c) $H_a > H_b$

【解】 选择(b)。因为空气隙的磁阻大，磁动势（$F=IN=Hl$）差不多都用于空气隙。所以带空气隙的铁心磁路 a 的铁心部分磁场强度 H_a 较小。

9 空载变压器的原绕组电阻为 10Ω，当原边加上额定电压 220V 时，原绕组中的电流 I 为 I=22A；I>>22A；I<<22A 三种情况中的哪一种？

【解】 原绕组中的电流 I<<22A。因变压器的空载电流是用来励磁的，由于铁心的磁导率高，空载电流通常很小。另外原绕组中主磁电动势远远大于其线圈电阻及漏抗产生的压降，它与额定电压近似相等即 $U_1 \approx E_1$，所以原绕组中的电流不等于原边额定电压除以原绕组电阻。

10 变压器原绕组所加电压一定，而匝数增加一倍，问励磁电流有什么变化？

【解】 $U_1 \approx 4.44 f N_1 \Phi_m$，$U_1$ 一定，匝数 N_1 增加一倍，磁通 Φ_m 减小一倍，励磁电流也减小。从磁化曲线可知，电流与磁通是非线性关系，所以磁通减小一倍，电流减小不止一倍。在磁化曲线的线性区电流减小四倍，因为 $N_1'=2N_1 \rightarrow \Phi_m'=\frac{1}{2}\Phi_m \rightarrow \Phi_m'=\frac{1}{2}B_m \rightarrow B_m=\frac{1}{2}H_m \rightarrow I'N_1'=H_m' l=\frac{1}{2}H_m l=\frac{1}{2}IN_1 \rightarrow I'=\frac{1}{2}\frac{IN_1}{N_1'}=\frac{1}{2}\frac{IN_1}{2N_1}==\frac{1}{4}I$ 。

11 额定电压为 220V / 110V 的变压器，若将其低压绕组接在 220V 的电源上，问：励磁电流有什么变化？后果如何？

【解】 若将低压绕组接在 220V 的电源上，相当于绕组匝数减少一半。由上题分析可知，此时磁通 Φ_m 增大一倍，造成磁路饱和，励磁电流大大增加，以致烧坏低压绕组。

12 额定频率为 50Hz 的变压器，用于 25Hz 的交流电路中，能否正常工作？

【解】 由 $U_1 \approx 4.44 f N_1 \Phi_m$ 可知，频率减小一倍，磁通 Φ_m 则增大一倍，励磁电流大大增加，以致绕组发热损坏。

6.6　练　　习

单项选择题（将唯一正确的答案代码填入下列各题括号内）

1 设一个带空气隙的铁心磁路为 a，一个无空气隙的铁心磁路为 b。如果它们的线圈匝数和几何尺寸完全相同，并通以相同的直流电流，则两磁路中铁心部分的磁感应强度 B_a 和 B_b 的关系为（　）。

（a）$B_a = B_b$　　（b）$B_a < B_b$　　（c）$B_a > B_b$

2 要得到相等的磁感应强度，采用磁导率高的铁心材料，可（　）线圈的用铜量。

（a）增大　　（b）减少　　（c）不变

3 在线圈中通有相同的励磁电流，要得到相等的磁通，采用磁导率高的铁心材料，可（　）铁心的用铁量。

（a）增大　　（b）减少　　（c）不变

4 当磁路中含有空气隙时，由于空气的磁导率很小（要消耗很大的磁动势），其磁阻较大，要得到相等的磁感应强度，必须（　）励磁电流(设线圈匝数一定)。

（a）增大　　（b）减小　　（c）保持原有

5 在电磁感应作用下，变压器的主磁通（　）产生感应电动势。

（a）只在原绕组　　（b）只在副绕组　　（c）在原绕组和副绕组都

6 一个内阻 $R_0 = 80\Omega$ 的信号源，经理想变压器和负载 $R_L = 8\ \Omega$ 接到一起，变压器原绕组的匝数 $N_1 = 1000$，若要通过阻抗匹配使负载得到最大功率，则变压器副绕组的匝数 N_2 应为（　）。

（a）100　　（b）1000　　（c）500

7 当直流铁心线圈的铁心截面增加一倍而其它条件不变时，则磁通将（　），磁感应强度 B 将（　）。

（a）增大　　（b）减小　　（c）不变

8 当交流铁心线圈的匝数增加一倍而其它条件均不变时，则磁通将（　）磁感应强度 B 将（　）。

（a）增大　　（b）减小　　（c）不变

9 当交流铁心线圈的励磁电压值不变，频率增加，则其铜损将（　）。

（a）增大　　（b）减小　　（c）不变

10 在空心线圈两端加交流电压 u，流过电流为 i。若将铁心插入线圈时，则线圈中的电流 i 将（　）。

（a）增大　　（b）减小　　（c）不变

11 在空心线圈两端加直流电压 U，流过电流为 I。若将铁心插入线圈时，则线圈中的电流 I 将（　　）；功率 P 为（　　）。

（a）增大　　（b）减小　　（c）不变

12 当交流电磁铁线圈通电时，衔铁吸合后的线圈电流比吸合前的线圈电流（　　）。

（a）增大　　（b）减小　　（c）不变

13 将一个直流电磁铁的线圈接到频率为 50Hz 的正弦交流电源上，交流电压的有效值和原直流电压相等，则此时励磁电流的有效值与原直流励磁电流相比将（　　）。

（a）增大　　（b）减小　　（c）不变

14 两个匝数相同（$N_1=N_2$）的铁心线圈，分别接到电压值相等（$u_1=u_2$）而频率不同（$f_1>f_2$）的两个交流电源上时，两个线圈中主磁通 $\boldsymbol{\Phi}_{1m}$ 和 $\boldsymbol{\Phi}_{2m}$ 的相对大小是（　　）。

（a）$\boldsymbol{\Phi}_{1m}=\boldsymbol{\Phi}_{2m}$　　（b）$\boldsymbol{\Phi}_{1m}<\boldsymbol{\Phi}_{2m}$　　（c）$\boldsymbol{\Phi}_{1m}>\boldsymbol{\Phi}_{2m}$

15 交流铁心线圈的电压有效值不变，而铁心的平均长度加倍时，铁心中的主磁通（　　）。直流铁心线圈的电压有效值不变，而铁心的平均长度加倍时，铁心中的主磁通（　　）。

（a）增大　　（b）减小　　（c）不变

16 变压器在额定状态下运行时与空载时相比较，由电源提供的有功功率（　　）。

（a）比额定运行时大　　（b）比空载时大　　（c）相等

17 单相变压器的额定容量是（　　）。

（a）$U_{2N}I_{2N}$　　（b）$U_{2N}I_{2N}\cos\varphi_N$　　（c）$U_{1N}I_{1N}\cos\varphi_N$

18 三相变压器的额定电压是分数形式，分子是指（　　）。

（a）原边的额定线电压　（b）低压边的额定相电压　（c）高压边的额定线电压

附：6.6 练习答案

单项选择题答案

1.（b） 2.（b） 3.（b） 4.（a） 5.（c） 6.（a） 7.（a）、（c） 8.（b） 9.（b） 10.（b）、（a） 11.（c）（c） 12.（b） 13.（b） 14.（b） 15.（c）、（b） 16.（a） 17.（a） 18.（c）

第7章　交流异步电动机

7.1　目　　标

- 了解三相异步电动机的内部构造。
- 理解三相异步电动机的转动原理。
- 在理解定子、转子电路的基础上，重点掌握三相异步电动机的机械特性。
- 理解三相异步电动机的启动、调速、制动及铭牌数据。

7.2　内　　容

7.2.1　知识结构框图

交流电动机的知识结构框图示于图7.1。

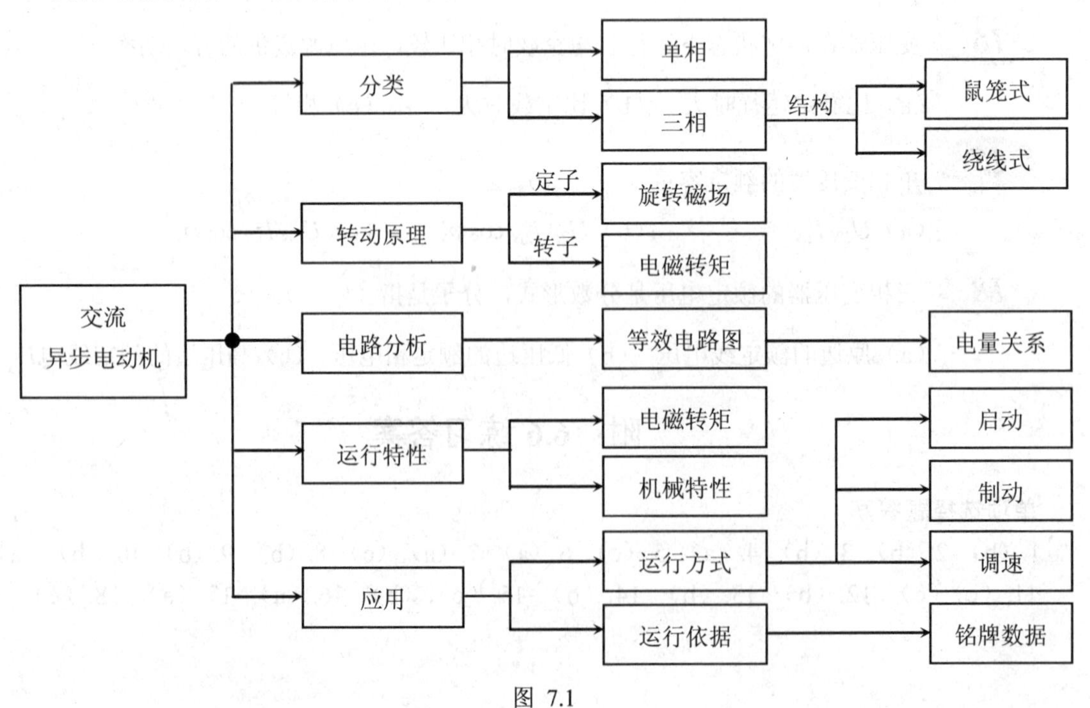

图 7.1

7.2.2　基本知识点

一、三相异步电动机的构造

三相异步电动机在结构上是由定子和转子两部分组成。

定子由机座和装在机座内用硅钢片叠成的圆筒形铁心及其中放置的对称三相定子绕组组成；三相对称绕组每相匝数相同，在空间位置互差120°，可接成Y形或△形。

按照转子构造的不同又分为：鼠笼式和绕线式两种。转子的铁心是圆柱状的，用硅钢片叠成，表面冲有槽，槽中放转子绕组。转子绕组用导条做成鼠笼状称为鼠笼式；转子绕组是三相绕组，联接成星形，每相始端接在三个固定在转轴上的铜滑环上的联接方式称为绕线式。

二、三相异步电动机的转动原理

在定子铁心的三相对称绕组中，通入三相交流电流，产生了旋转磁场。该旋转磁场切割转子绕组产生感生电动势（由右手定则确定），这时在转子的闭合绕组内就有电流。这个电流与定子绕组产生的旋转磁场相互作用，转子绕组就会受到电磁力的作用而产生电磁转矩（电磁力的方向由左手定则确定），电磁转矩就使转子转动起来。

1．旋转磁场

（1）产生：是定子绕组三相电流共同产生的合成磁场，它随电流的交变而在空间不断旋转着，磁场的磁通通过定子铁心、转子铁心和两者之间的气隙而闭合。这个旋转磁场同磁极在空间旋转所起的作用是一样的。

（2）转向：由通入定子绕组的三相电流的相序决定。

（3）极对数p：由三相绕组的放置方式决定。

（4）同步转速：$n_0=\dfrac{60f_1}{p}$，其中，p为旋转磁场的极对数，f_1为电流的频率，我国三相交流电的工作频率f_1=50Hz。

2．电动机转子

（1）转动方向：电动机转子转动方向与旋转磁场方向相同，而旋转磁场的转向由通入的三相交流电的相序决定，改变交流电的相序即可改变电动机的转动方向。

（2）转速n：在电动状态下，转子的转速n总是比旋转磁场的转速（同步转速）n_0要低一些，这样才能保证转子的旋转。但两者很接近。

（3）转差率s：表示转子转速n与同步转速n_0相差的程度，即 $s=\dfrac{n_0-n}{n_0}$。

（4）转子转速n：

$$n=(1-s)n_0=(1-s)\frac{60f_1}{p}$$

例如，某异步电动机的额定转速n_N为1470r/min，则同步转速n_0为1500r/min，额定转差率为：

$$s_N=\frac{n_0-n_N}{n_0}=\frac{1500-1470}{1500}=0.02$$

三、三相异步电动机的定子、转子的等效电路

由于三相异步电动机三相定子、转子电路的对称性，因此只分析一相即可。三相异步电动机的每相等效电路图如图 7.2 所示。

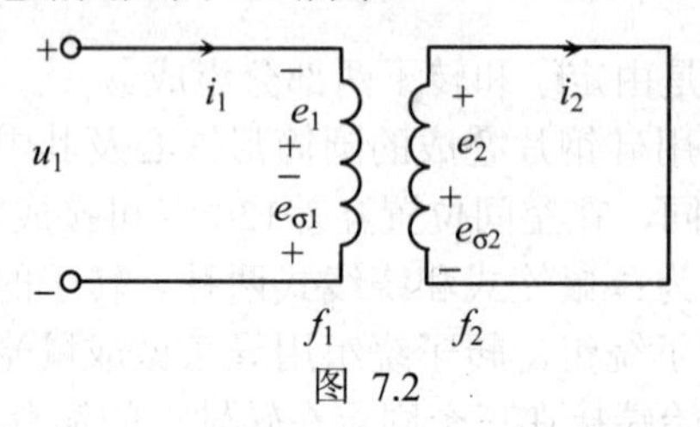

图 7.2

1. 定子电路

$$E_1=4.44f_1N_1\Phi\approx U_1$$

式中，f_1为电动势e_1的频率即定子电流频率，N_1为定子每相绕组的匝数，Φ为旋转磁场每极磁通。

2. 转子电路

$$f_2=sf_1,\quad E_2=sE_{20},\quad X_2=sX_{20}$$

$$I_2=\frac{sE_{20}}{\sqrt{R_2^{\,2}+\left(sX_{20}\right)^2}},\quad \cos\varphi_2=\frac{R_2}{\sqrt{R_2^{\,2}+\left(sX_{20}\right)^2}}$$

式中，E_{20}，X_{20}分别是n=0 即s=1时转子电动势及转子感抗。

注意：以上转子电路中的电量均与s有关。

四、磁通势平衡

与变压器类似，电动机带负载时产生合成磁通势与空载时差不多，当U一定时，Φ基本不变，磁通势平衡方程式为：

$$\dot{I}_1N_1K_1+\dot{I}_2\mathrm{N}_2\mathrm{K}_2\approx\dot{I}_{10}N_1K_1$$

$$\dot{I}_1=\dot{I}_{10}-\frac{N_2K_2}{N_1K_1}\dot{I}_2$$

式中，$\dot{I}_{10}$为空载电流，因此： $\dot{I}_1\approx-\frac{N_2K_2}{N_1K_1}\dot{I}_2$

当电动机的负载增大、转速下降时，定子电流随着增大。（$n\downarrow\rightarrow s\uparrow\rightarrow E_2\uparrow$，$I_2\uparrow\rightarrow I_1\uparrow$）

五、三相异步电动机的电磁转矩与机械特性

1．电磁转矩

由电磁力公式$F=BIl$可导出$T=K_T\Phi I_2\cos\varphi_2$将定子、转子电路的电压、电流关系代入，即得：

$$T=K\frac{sR_2U_1^{\,2}}{R_2^{\,2}+\left(sX_{20}\right)^2}$$

式中，K_T为电动机结构常数，K为f_1一定时的常数。由$\frac{dT}{ds}=0$得：

$$s_m=\frac{R_2}{X_{20}}, \qquad T_{max}=K\frac{U_1^2}{2X_{20}}$$

结论：$T\propto U_1^2$，s_m与U_1无关。

2．机械特性

在一定的电源电压和转子电阻R_2的情况下，$n=f(T)$的关系曲线称为电动机的机械特性，如图7.3所示。

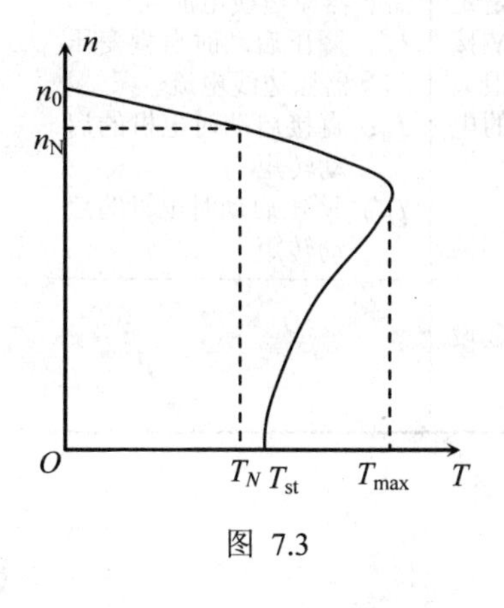

图 7.3

（1）额定转矩T_N：在额定电压下电动机电流达到额定值时，轴上输出的机械转矩。

$$T_N=9550\frac{P_{2N}}{n_N}$$

式中，P_{2N}为电动机铭牌上的额定功率，单位：千瓦（kW）；

n_N 为电动机铭牌上的额定转速，单位：转/分（r/min）；

T_N为电动机的额定转矩，单位：牛·米（N·m）。

（2）最大转矩T_{max}：电动机能够产生的最大电磁转矩。$T_{max}=K\frac{U_1^2}{2X_{20}}$，在计算时，一般应用过载系数$\lambda$来计算$T_{max}$，$\lambda$为电动机最大转矩$T_{max}$和额定转矩$T_N$的比值，即$\lambda=\frac{T_{max}}{T_N}$。

（3）启动转矩T_{st}：电动机刚启动时（$n=0$，$s=1$）的电磁转矩，$T_{st}=K\frac{R_2U_1^2}{R_2^2+X_{20}^2}$，在计算时，一般有：$T_{st}=(1\sim2.2)T_N$。

六、三相异步电动机的启动

1．启动时要解决的问题

电动机启动瞬间，$n=0$，$s=1$，此时$I_{st}=(5\sim7)I_N$，$T_{st}=(1.0\sim2.2)T_N$。启动电流大是电动机启动时要解决的问题。

2．启动方法

鼠笼式异步电动机的启动方法采用直接启动和降压启动，绕线式异步电动机一般采用转子串电阻启动。

（1）直接启动：利用闸刀开关或接触器将电动机直接接到电源上，二三十千瓦以下的异步电动机一般采用直接启动。

（2）降压启动：降低加在定子绕组上的电压以减小启动电流。但是这种方法所付出的代价是启动转矩也下降了。在通常情况下，降压启动是采用Y/△换接启动和自耦变压器启动。见表7.1。

表 7.1

类型	方式	方法	效果	使用范围	备注
鼠笼式异步电动机	Y/△换接启动	定子绕组在启动时接成星形，当转速接近额定值时再换接成正常工作时的三角形接法	$I_{lY}=\frac{1}{3}I_{l\triangle}$ $T_{stY}=\frac{1}{3}T_{st\triangle}$	正常工作定子绕组为△形连接的电动机。适合于轻载或空载启动	I_{lY}: Y 形接法启动电流 $I_{l\triangle}$:△形接法启动电流 T_{stY} Y 形接法启动转矩 $T_{st\triangle}$：△形接法启动转矩
	自耦变压器启动	利用自耦变压器副边抽头所变的电压，启动时将其（低压）接到电机定子绕组上，正常工作时再接到工作电压上	$I_{st}'=\frac{1}{K^2}I_{st}$ $T_{st}'=\frac{1}{K^2}T_{st}$	正常工作是定子绕组是 Y 接法或容量很大的△接法的电动机	K：自耦变压器变比 I_{st}：直接启动时自耦变压器原边线电流 I_{st}'：降压启动时自耦变压器原边线电流 T_{st}：直接启动时电机的启动转矩 T_{st}'：降压启动时电机的启动转矩
绕线式异步电动机	转子串电阻	在转子电路中接入大小适当的启动电阻，或串接频敏变阻器	启动电流减小，启动转矩增大	起重、冶金设备等	

七、三相异步电动机的调速

由转子转速公式 $n=(1-s)\frac{60f_1}{p}$，可知有以下三种调速方式：

1．变频调速

采用变频调速装置，可实现无级平滑调速。当$f_1<f_{1N}$时，应保持U_1/f_1的比值不变。Φ和T都近似不变，故称为恒转矩调速。在$f_1>f_{1N}$时，应保持$U_1\approx U_{1N}$，即定子绕组电压近似等于额定电压，这时Φ和T都将减小，功率近似不变，故称恒功率调速。

2．变极调速

改变定子绕组的接线方式，从而改变定子旋转磁场的磁极对数p，即改变同步转速n_0（$n_0=\frac{60f_1}{p}$），转子转速n也随之改变。

3．变转差率调速

方法很多，常用的方法是在绕线式电动机的转子电路中接入可调电阻，以改变转子电路电阻R_2，达到调速的目的。

八、三相异步电动机的制动

1．能耗制动

停车时，给定子绕组任意两相通入直流电。在其中产生固定磁场，转子由于惯性继续转动，这时会产生感应电动势，在定子固定磁场的作用下，转子受到电磁力的作用，阻碍转子

转动，使转子发热，实现电动机迅速停车。

2．反接制动

停车时，调换定子绕组电源相序，使旋转磁场反向旋转，转子产生与原方向相反的电磁转矩，在转速接近零时切断电源，否则电动机将会反转。

3．发电反馈制动

当转子的转速n超过旋转磁场的转速n_0时，电动机产生与转向相反的制动转矩。这时，电动机转入发电状态运行，如起重机快速下放重物时，重物受到制动而等速下降，同时将重物的位能转换为电能，反馈到电网。

九、单相异步电动机

单相异步电动机中的磁场是交变脉动磁场，只有运行转矩，没有启动转矩，它不能自行启动。启动方法有电容分相式启动和罩极式启动两种。

单相异步电动机常用于家用电器及功率不大的电动工具上。

7.3　要　　点

> 主要内容：
> - 利用机械特性分析电动机的工作过程
> - 铭牌认识

一、利用机械特性分析电动机的工作过程

（1）三相异步电动机在启动时n=0，s=1，则$T_{st}= K\dfrac{R_2U_1^{\ 2}}{R_2^2+X_{20}^{\ \ 2}}$为定值，无论是在空载还是在满载启动时，启动转矩都是相同的，不受外界机械负载的影响，只是满载启动时间加长。当负载转矩T_c大于启动转矩T_{st}，电动机不能启动，称为“堵转”。

（2）三相异步电动机在一定电源电压U_1和转子电阻R_2的状态下，它的电磁转矩能够随着负载转矩的增大而自动增加，随着负载转矩的减小而自动减小，能自动适应负载转矩的变化。如图7.4所示，当负载转矩由T_{c1}增加到T_{c2}时，工作点由a移至b，转速n略有降低，此时$s\uparrow\rightarrow I_2\uparrow\rightarrow I_1\uparrow$。

（3）三相异步电动机在一定负载转矩下运行时，电机稳定运行在如图7.5所示特性曲线1的a点。若此时电源电压降低至U_1'，由于转速不能跃变，电动机将沿着特性曲线2的b点移至c点，电机电磁转矩等于负载转矩，电机稳定运行在c点，此时电机的电流增大，转速降低，即$U_1\downarrow\rightarrow T\downarrow\rightarrow n\downarrow\rightarrow s\uparrow\rightarrow E_2\uparrow\rightarrow I_2\uparrow\rightarrow I_1\uparrow$。

（4）绕线式异步电动机转子串电阻可实现带负载启动和调速。如图7.6所示，转子串电阻R_2''启动，电机的启动转矩为T_{st}，沿特性曲线1达到负载转矩T_c时，电机稳定运行在a点，转速为n_a。当切掉转子部分电阻后，转子电阻变为R_2'时，电机将沿特性曲线2的b点上升至c点稳定

运行。若切掉全部转子附加电阻时，电机将沿特性曲线3的d点上升至e点高速稳定运行。反之亦然。改变转子附加电阻可实现调速。

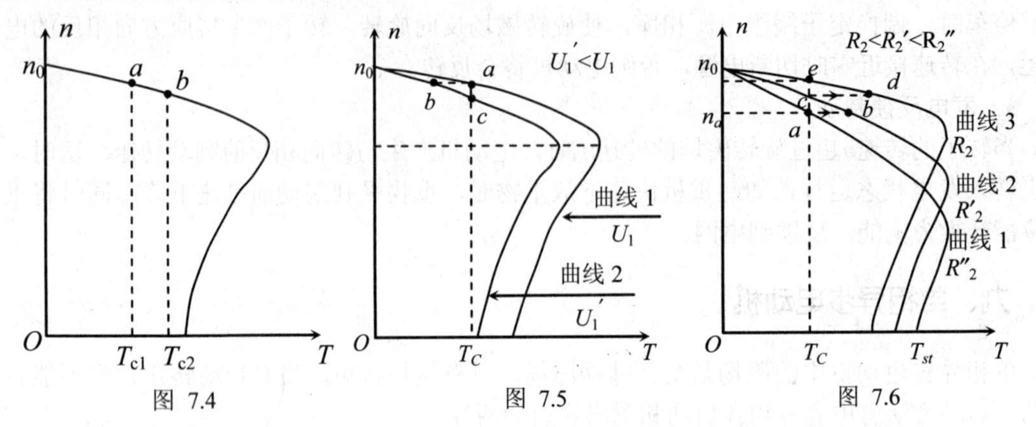

图 7.4　　　　图 7.5　　　　图 7.6

二、铭牌认识

要正确、合理地使用电动机，必须要看懂铭牌上的数据，了解各个数据的意义以及电机定子三相绕组的接法。例如，表7.2所示为某三相异步电动机部分铭牌数据。

表 7.2

功率	电压	电流	接法	转速	效率
2.8kW	220/380V	10.9/6.3A	△/Y	1470r/min	80%

铭牌数据含义如下：

（1）220V，10.9A：指电动机在额定运行定子绕组△形接法时，应加的线电压及定子绕组中线电流的值。

（2）380V，6.3A：指电动机在额定运行定子绕组Y形接法时，应加的线电压及定子绕组中线电流的值。

（3）1470r/min：指额定转速n_N。

（4）2.8kW：指电动机在额定运行时轴上输出的机械功率P_{2N}，它与输入的额定电功率P_{1N}之比为电动机的额定效率，即 $\eta_N=\frac{P_{2N}}{P_{1N}}=80\%$。

无论是△形接法还是Y形接法，在额定状态运行时，P_{1N}、P_{2N}、n_N、η_N、$\cos\varphi_N$都是相同的。

三、功率平衡关系

三相异步电动机在能量传递过程中的损耗有定子绕组的铜损ΔP_{cu1}和转子绕组的铜损ΔP_{cu2}、定子铁心的铁损ΔP_{Fe1}及机械损耗ΔP_{Δ}等。在这里忽略了转子铁心的铁损，因为电机在额定运行时转子电流的频率f_2很低，磁滞损耗和涡流损耗很小，故忽略不计。功率变换过程如图7.7所示。图中，P_1为电动机的输入电功率，P_2为电动机轴上输出的机械功率，P_Ψ为电磁功率。

从图7.7可知：电动机在额定状态下运行时，P_{1N}与P_{2N}之间存在效率关系，即：

$$\eta_N=\frac{P_{2N}}{P_{1N}}，P_{1N}=\sqrt{3}\,U_N I_N\cos\varphi_N$$

式中，U_N指电动机在额定运行时定子绕组应加的线电压值。I_N指电动机在额定运行时定子绕组的线电流值。$\cos\varphi_N$指电动机在额定运行时的功率因数。

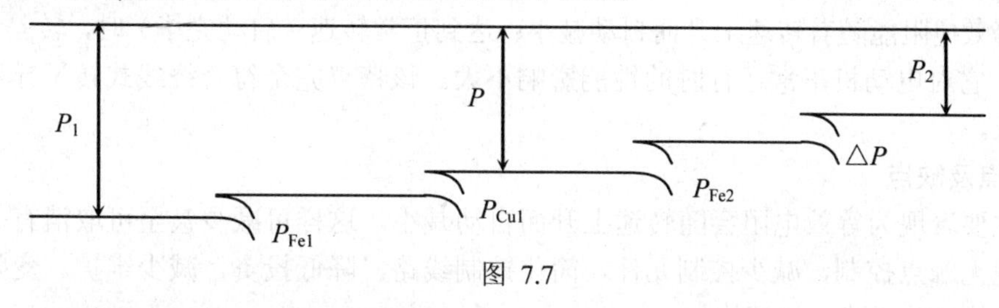

图 7.7

四、额定转矩

三相异步电动机的额定转矩T_N可从电动机铭牌上的额定功率P_{2N}和额定转速n_N求得，即$T_N=9550\dfrac{P_{2N}}{n_N}$。在这里需要注意$P_{2N}$计量的单位是kW。

7.4 应　　用

内容提示：
·绕线式电动机串频敏变阻器启动
·三相异步电动机的选择

一、绕线式电动机串频敏变阻器启动

绕线式异步电动机在实际应用中，广泛使用转子串频敏变阻器启动。

1．电路结构

频敏变阻器的外形与一个没有二次绕组的三相变压器相似（它由6mm~12mm厚的钢板垫成的铁心及绕在其上的线圈组成），三相线圈星形联结，启动时串接在转子电路里（见图7.8）。

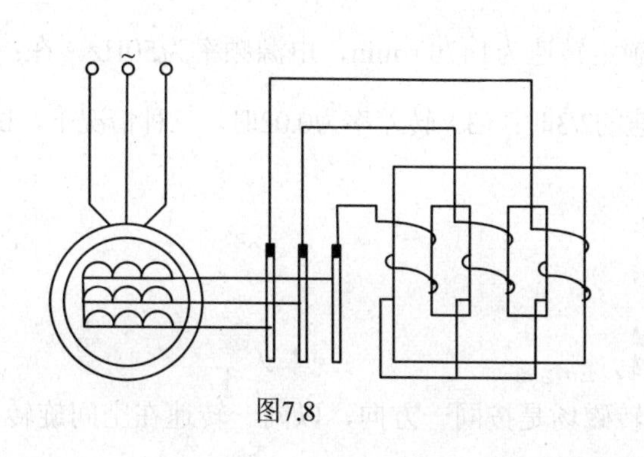

图7.8

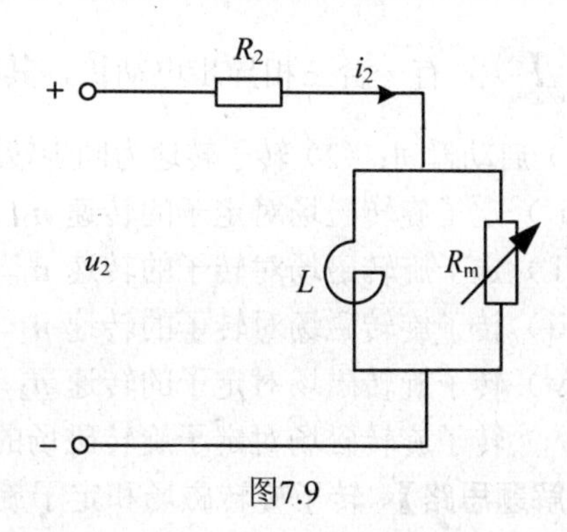

图7.9

2．工作原理

启动时转子电流通过频敏变阻器线圈，在其铁心中产生交变磁通与铁损。该铁损相当于转子电路里串入了等效电阻R_m（见图7.9），铁损的大小近似与频率的平方成正比。刚启动时转子频率$f_2=sf_1=f_1$，故铁损较大，反映铁损的R_m也较大；随着转速的上升，f_2下降，R_m减小，即该串接的等效电阻能随着转速上升而自动减小；达到正常转速（启动完毕）时，转差率s很小，R_m也很小，它对电动机正常运行时的性能影响不大。该特点完全符合绕线式转子异步电动机的启动要求。

3．优点及缺点

优点主要表现为等效电阻会随转速上升而自动减小，这样可减少甚至可取消有关电器的接点，实现无触点控制，减少控制元件，简化控制线路，降低投资，减少维护。变阻器参数选择适当可使启动平稳，加速均匀。

缺点主要表现为变阻器增大了转子电路的漏抗，使功率因数降低，启动转矩略小。

二、三相异步电动机的选择

三相异步电动机的选择包括功率选择、种类和型式的选择、电压和转速的选择三个方面。

1．功率选择

（1）连续运行电动机按额定功率大于负载功率选择。

（2）短时运行电动机按过载能力λ选择。

2．种类和型式的选择

（1）电动机的种类的选择要从交流或直流、机械特性、调速与启动性能、维护和价格等方面来考虑。

（2）结构型式的选择从工作环境方面考虑。

3．电压和转速的选择

（1）电机电压的选择主要根据电动机的类型、功率以及使用地点的电源电压选择。

（2）电动机的额定转速是根据生产机械的要求选定的。

7.5　例　　题

1　有一台三相异步电动机，其额定转速为1470 r/min，电源频率为50Hz。在：

（1）启动瞬间；（2）转子转速为同步转速的2/3时；（3）转差率为0.02时，三种情况下，试求：

（i）定子旋转磁场对定子的转速 n_{1-1}；

（ii）定子旋转磁场对转子的转速 n_{1-2}；

（iii）转子旋转磁场对转子的转速 n_{2-2}；

（iv）转子旋转磁场对定子的转速 n_{2-1}；

（v）转子旋转磁场对定子旋转磁场的转速 n_{2-0}。

【解题思路】 转子旋转磁场和定子旋转磁场是按同一方向，以同一转速在空间旋转，两

者相对静止，其磁通又通过同一磁路,两者可合成一个旋转磁场。

定子旋转磁场对定子（即对空间）的相对转速$n_{1-1}=n_0=\dfrac{60f_1}{p}$，决定于定子电流的频率$f_1$；同理，转子旋转磁场对转子的相对转速$n_{2-2}$决定于转子电流的频率$f_2$，即：

$$n_{2-2}=\frac{60f_2}{p}=\frac{60sf_1}{p}=sn_0$$

但转子本身是以n的转速在空间转动（转动方向与磁场旋转方向相同），于是转子旋转磁场对定子的相对转速为：

$$n_{2-1}=n_{2-2}+n=sn_0+(1-s)n_0=n_0$$

由此可见，不论转子转速n为多大，转子旋转磁场和定子旋转磁场总是以同一转速在空间旋转着。两者的相对转速为零。

【解】（1）启动瞬间有n=0，s=1,故：

（i）$n_{1-1}=n_0=\dfrac{60f_1}{p}=\dfrac{60\times50}{2}=1500$ (r/min)

（ii）$n_{1-2}=n_0-n=1500-0=1500$ (r/min)

（iii）$n_{2-2}=sn_0=1500$ r/min

（iv）$n_{2-1}=n_0=1500$ r/min

（v）$n_{2-0}=(n_{2-2}+n)-n_0=1500-1500=0$

（2）转子转速为同步转2/3时,有：

$$n=\frac{2}{3}\times1500=1000\ \text{(r/min)}\qquad s=\frac{1500-1000}{1500}=\frac{1}{3}$$

（i）$n_{1-1}=n_0=1500$ r/min

（ii）$n_{1-2}=n_0-n=1500-1000=500$ (r/min)

（iii）$n_{2-2}=sn_0=\dfrac{1}{3}\times1500=500$ (r/min)

（iv）$n_{2-1}=n_0=1500$ r/min

（v）$n_{2-0}=(n_{2-2}+n)-n_0=(500+1000)-1500=0$

（3）当s=0.02时，有

$n=(1-s)n_0=0.98\times1500=1470$ (r/min)

（i）$n_{1-1}=n_0=1500$ r/min

（ii）$n_{1-2}=n_0-n=1500-1470=30$ (r/min)

（iii）$n_{2-2}=sn_0=0.02\times1500=30$ (r/min)

（iv）$n_{2-1}=n_0=1500$ r/min

（v）$n_{2-0}=(n_{2-2}+n)-n_0=(30+1470)-1500=0$

2　Y180L-6型三相异步电动机的技术数据如表7.3所示。

表 7.3

功率	转速	电压	效率	接法	$\cos\varphi$	T_{st}/T_N	I_{st}/I_N	T_{max}/T_N
15kW	970r/min	380V	84.5%	△	0.82	2.2	7.0	2.2

电源频率为50Hz。试求：

（1）额定转差率s_N；（2）额定输入功率P_{1N}；（3）额定电流I_N；（4）启动电流I_{st}；（5）额定转矩T_N；（6）启动转矩T_{st}；（7）最大转矩T_{max}。

【解题思路】 将数据代入相关公式，注意在额定转矩公式中，P_{2N}的计量单位为kW。

【解】 （1）额定转差率 $s_N=\dfrac{n_0-n_N}{n_0}=\dfrac{1000-970}{1000}=0.03$

（2）额定输入功率 $P_{1N}=\dfrac{P_{2N}}{\eta_N}=\dfrac{15}{84.5\%}=17.75\ (\text{kW})$

（3）额定电流 $I_N=\dfrac{P_{1N}}{\sqrt{3}U_N\cos\varphi_N}=\dfrac{17750}{\sqrt{3}\times 380\times 0.82}=32.89\ (\text{A})$

（4）启动电流 $I_{st}=7I_N=7\times 32.89=230.2\ (\text{A})$

（5）额定转矩 $T_N=9550\dfrac{P_{2N}}{n_N}=9550\times\dfrac{15}{970}=147.68\ (\text{N}\cdot\text{m})$

（6）启动转矩 $T_{st}=2.2T_N=2.2\times 147.68=324.9\ (\text{N}\cdot\text{m})$

（7）最大转矩 $T_{maxt}=2.2T_N=2.2\times 147.68=324.9\ (\text{N}\cdot\text{m})$

3 Y801-2型三相异步电动机的额定数据如下：

U_N=380V；I_N=1.9A；P_{2N}=0.75kW；n_N=2825r/min；$\cos\varphi_N$=0.84；Y形接法；电源频率50Hz。求：（1）额定状态下的转差率s_N。（2）在额定情况下，效率η_N和额定转矩T_N。（3）若电源线电压为220V，该电动机应采用何种接法才能正常运转？此时的额定线电流为多少？

【解题思路】 对于（3），该电机Y接法时线电压为380V，即每相定子绕组的相电压为220V。

【解】（1）由n_N=2825r/min，可知：

同步转速： $n_0=3000\text{r/min}$

额定转差率： $s_N=\dfrac{n_0-n_N}{n_0}=\dfrac{3000-2825}{3000}=0.058$

（2）效率： $\eta_N=\dfrac{P_{2N}}{P_{1N}}=\dfrac{P_{2N}}{\sqrt{3}U_N I_N\cos\varphi_N}=\dfrac{750}{\sqrt{3}\times 380\times 1.9\times 0.84}=71.5\%$

额定转矩： $T_N=9550\times\dfrac{P_{2N}}{n_N}=9550\times\dfrac{0.75}{2825}=2.54\ (\text{N}\cdot\text{m})$

（3）该电机定子每相绕组的额定线电压为220V，若电源线电压为220V，应采用△形接法才能正常运转。

额定线电流： $I_{N\Delta}=\sqrt{3}\,I_{NY}=\sqrt{3}\times 1.9=3.3$ （A）

4 某四极三相异步电动机的额定功率为30kW，额定电压为380V，三角形接法，工作电源频率为50Hz。在额定负载下运行时，其转差率为0.02，效率为90%，线电流为57.5A，试求：（1）转子旋转磁场对转子的转速；（2）额定转矩；（3）电动机的功率因数。

【解题思路】 对于（1），由于转子旋转磁场与定子旋转磁场同速旋转，即所求为转子相对于n_0的转速。对于（3），利用三相电路求$\cos\varphi_N$时，注意其中的U_N，I_N是指线电压、线电流的额定值。

【解】 （1）$n_0=\dfrac{60f_1}{p}=\dfrac{60\times50}{2}=1500\ \text{(r/min)}$

$$n_{20}=s_N\,n_0=0.02\times1500=30\ \text{(r/min)}$$

（2）$T_N=9550\dfrac{P_{2N}}{n_N}=9550\times\dfrac{P_{2N}}{(1-s_N)n_0}=9550\times\dfrac{30}{(1-0.02)\times1500}=194.9\ \ (\text{N}\cdot\text{m})$

（3）$\cos\varphi_N=\dfrac{P_{2N}}{\sqrt{3}U_NI_N\eta_N}=\dfrac{30}{\sqrt{3}\times380\times57.5\times0.9}=0.88$

5 上题中电动机的T_{st}/T_N=1.2，I_{st}/I_N=7，试求：（1）采用Y–△换接启动时的启动电流和启动转矩；（2）当负载转矩为额定转矩的60%和25%时，电动机能否启动?

【解题思路】 采用Y–△换接启动时，启动电流降低了，同时启动转矩也降低了。在实际应用中能否用这种方式启动还要根据负载情况进行校验。

【解】 （1）采用直接启动时电流为：

$$I_{st}=7I_N=7\times57.5=402.5\ \text{(A)}$$

采用Y–△换接启动时启动电流：

$$I_{st\text{Y}}=\frac{1}{3}I_{st}=\frac{1}{3}\times402.5\approx134.2\ \text{(A)}$$

直接启动时启动转矩：

$$T_{st}=1.2T_N=1.2\times195=234\ (\text{N}\cdot\text{m})$$

Y–△换接启动时启动转矩：

$$T_{st\text{Y}}=\frac{1}{3}T_{st}=\frac{1}{3}\times234=78\ (\text{N}\cdot\text{m})$$

（2）负载转矩为60% T_N时：

$$T_\text{c}=60\%\,T_N=60\%\times195=117\ (\text{N}\cdot\text{m})>T_{st\text{Y}}=78\ \text{N}\cdot\text{m}$$

不能启动。

当负载转矩$T_\text{c}=25\%T_N$时：

$$T\text{c}=25\%\,T_N=25\%\times195\approx48.75\ (\text{N}\cdot\text{m})<T_{st\text{Y}}=78\ \text{N}\cdot\text{m}$$

可以启动。

6 在第4题中，如果采用自耦变压器降压启动，而使电动机的启动转矩为额定转矩的85%，试求：(1) 自耦变压器的变比；(2) 电动机的启动电流和线路上的启动电流各为多少？

【解题思路】采用自耦变压器启动，启动转矩降低为直接启动时的$\frac{1}{K^2}$倍；电动机的启动电流为自耦变压器副边的电流，线路上的启动电流为自耦变压器原边的电流。

【解】（1）
$$T_{st}' = \frac{1}{K^2}\ T_{st}$$
$$K=\sqrt{\frac{T_{st}}{T_{st}'}}=\sqrt{\frac{1.2T_N}{0.85T_N}}=\sqrt{\frac{1.2}{0.85}}\approx 1.19$$

（2）电动机的启动电流应比直接启动电流小K倍，即
$$I_{stD}=\frac{I_{st}}{K}=\frac{402.5}{1.19}\approx 339\ \text{(A)}$$

线路上启动电流则为：
$$I_{stl}=\frac{1}{K}I_{stD}=\frac{339}{1.19}\approx 285\ \text{(A)}$$

7 Y160M-6三相异步电动机带负载运行时线电压380V，线电流11.2A，输入功率为5kW，铜损约为1000W，铁损约为700W，机械损耗约为200W，转差率为2%，电源频率f=50Hz。求该电机的效率、功率因数及输出转矩。

【解题思路】（1）题中所给出的铜损、铁损、机械损耗的总和，即为电动机在运行过程中的全部损耗ΔP，已知输入功率P_1，则轴上输出功率$P_2=P_1-\Delta P$。（2）注意该电机并不是在额定负载下运行，各项数据不是额定值。（3）根据型号可知该电机为六极电机，极对数p=3，f=50Hz，n_0=1000r/min，s=2%。可求出电机转速n，代入转矩公式中求解。

【解】（1）$\eta=\frac{P_2}{P_1}\times 100\%=\frac{P_1-\Delta P}{P_1}\times 100\%=\frac{5-(1+0.7+0.2)}{5}\times 100\%=62\%$

（2）$P_1=\sqrt{3}U_1I_1\cos\varphi_1$ $\qquad\cos\varphi_1=\frac{P_1}{\sqrt{3}U_1I_1}=\frac{5000}{\sqrt{3}\times 380\times 11.2}=0.68$

（3）p=3，f=50Hz，n_0=1000 r/min，s=2%

n=（1－s）n_0=（1－0.02）×1000=980 (r/min)

$$T_2=9550\times\frac{P_2}{n}=9550\times\frac{5-(1+0.7+0.2)}{980}=30.2\ \text{(N·m)}$$

8 一台三相异步电动机的铭牌数据如下：

P_{2N}=5kW，U_N=220V/380V，△/Y接法，$\cos\varphi_N$=0.78，η_N=81%，I_{st}/I_N=7。

试求：（1）定子绕组△形接法时，U_N，I_N，I_{st}；（2）定子绕组Y接法时，U_N，I_N，I_{st}。

【解题思路】电动机在额定运行情况下，无论是△形接法还是Y接法，P_{2N}，n_N，$\cos\varphi_N$，η_N都是相同的，但是接法不同，定子绕组上所接电源线电压不同，额定电流、启动电流也是不同的。

【解】（1）定子绕组△形接法时，电源线电压U_N=220V，所以
$$I_N=\frac{P_{2N}}{\sqrt{3}U_N\cos\varphi_N\eta_N}=\frac{5000}{\sqrt{3}\times 220\times 0.78\times 0.81}=20.8\ \text{(A)}$$

$I_{st}=7I_N=145.4\text{A}$

（2）定子绕组Y形接法时，电源线电压U_N=380V，所以

$$I_N=\frac{P_{2N}}{\sqrt{3}U_N\cos\varphi_N\eta_N}=\frac{5000}{\sqrt{3}\times380\times0.78\times0.81}=12\ (\text{A})$$

$I_{st}=7I_N=84\text{A}$

7.6 练　习

单项选择（将唯一正确的答案代码填入下列各题括号内）

1 某三相异步电动机，其电源频率为50Hz，额定转速为970r/min，则其极对数为（　　）。

（a）3　　（b）6　　（c）4

2 三相异步电动机的转动方向由（　　）决定。

（a）电源电压大小　　（b）电源频率高低　　（c）定子电流的相序

3 三相异步电动机的同步转速由（　　）决定。

（a）电源频率　　（b）极对数　　（c）电源频率和极对数

4 绕线式三相异步电动机在负载不变的情况下，增加转子电阻使其转速（　　）。

（a）增高　　（b）降低　　（c）稳定不变

5 三相异步电动机在运行中提高频率，该电动机的转速将（　　）。

（a）基本不变　　（b）增加　　（c）降低

6 三相异步电动机运行时输出功率大小取决于（　　）。

（a）电源电压高低　　（b）额定功率大小

（c）轴上阻力转矩大小　　（d）定子电流大小

7 欲使电动机反转可采取的方法是（　　）。

（a）将电动机端线中任意两根对调后接电源

（b）将三相电源任意两相和电动机任意两端线同时调换后接电动机

（c）将电动机的三根端线对调后接电源

8 三相异步电动机当负载转矩从T_1增大到T_2时（见图7.10），将稳定在机械特性曲线的（　　）点。

（a）E　　（b）F　　（c）D

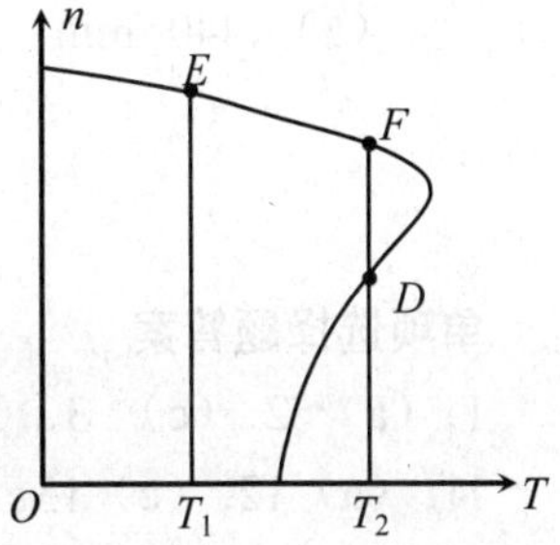

n
E
F
D
O
T_1
T_2
T

图 7.10

9 采取适当措施降低三相鼠笼式电动机的启动电流是为了（　　）。

（a）防止烧坏电机

（b）防止烧断熔断器

（c）减小启动电流所引起的电网电压波动

10 额定电压为380V/220V的三相异步电动机，在接成Y形和接成△形两种情况下运行时，其额定输出功率P_Y和P_Δ的关系是（　　）。

（a）$P_\Delta=\sqrt{3}P_Y$　　（b）$P_Y=\sqrt{3}P_\Delta$　　（c）$P_Y=P_\Delta$

11 三相异步电动机在额定电压和额定频率下运行时，若负载发生变化时则旋转磁场磁通（　　）。

（a）基本不变　　（b）随负载增大而增大　　（c）随负载增大而减小

12 异步电动机铭牌值：U_N =380V/220V，I_N =6.3A/10.9A，接法Y/△，当额定运行时，每相绕组电压U_P和电流I_P为（　　）。

（a）380V，6.3A　　（b）220V，10.9A

（c）220V，6.3A　　（d）380V，10.9A

13 三相鼠笼式异步电动机在空载和满载两种情况下的启动转矩的关系是（　　）。

（a）两者相等　　（b）满载启动转矩大　　（c）空载启动转矩大

14 电网电压下降10%，电动机在恒负载下工作，稳定后的状态为（　　）。

（a）转矩减小、转速下降、电流增大

（b）转矩不变、转速下降、电流增大

（c）转矩减小、转速不变、电流减小

15 某三相异步电动机的额定转速n_N=1460r/min，当负载转矩为额定转矩的一半时，电动机的转速为（　　）。

（a）1440r/min　　（b）1460r/min　　（c）1480r/min

附：7.6练习答案

单项选择题答案

1.（a） 2.（c） 3.（c） 4.（b） 5.（b） 6.（c） 7.（a） 8.（b） 9.（c） 10.（c）
11.（a）12.（c）13.（a）14.（b）15.（c）

第 8 章　继电接触控制系统

8.1　目　　标

- ☞ 了解常用低压控制电器的结构、工作原理和控制作用，熟悉其图形和文字符号。
- ☞ 掌握鼠笼式三相异步电动机的直接启动和正反转控制线路。
- ☞ 了解行程控制和时间控制。
- ☞ 对不太复杂的继电接触控制电路做到会读写、会接线，会操作。

8.2　内　　容

8.2.1　知识结构框图

图8.1给出了继电接触器控制系统知识结构图。

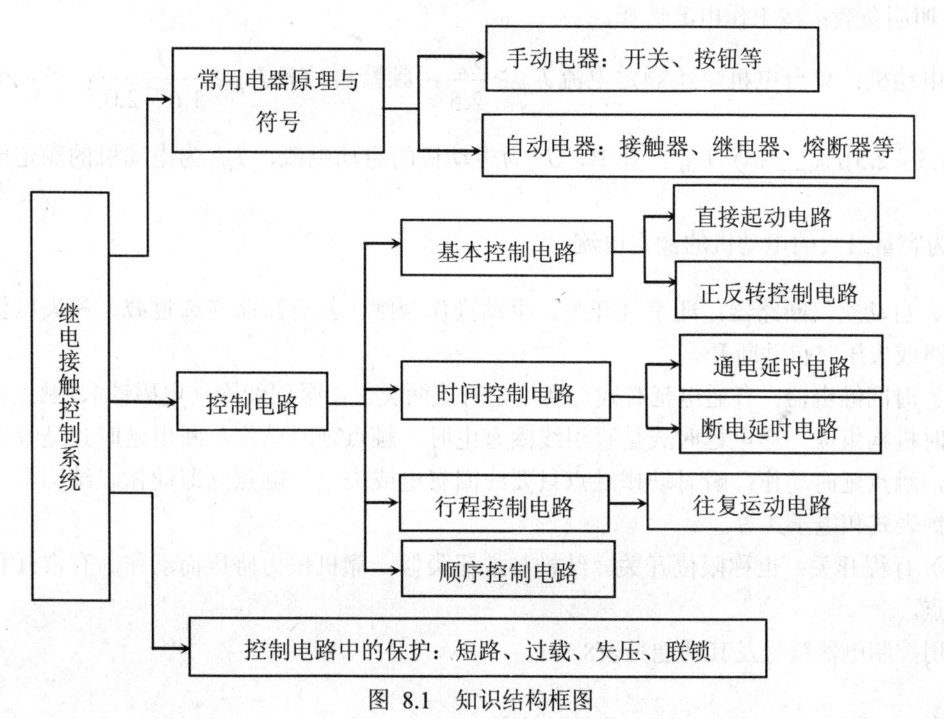

图 8.1　知识结构框图

8.2.2 基本内容

一、常用电器符号及功能

1．手动电器

借助人力操作而动作的电器。如：闸刀开关、按钮开关、转换开关等。额定值有触点工电流和断开电压。

2．自动电器

借助电磁力或机械力的操作而动作的电器称为自动电器。常见的有：

（1）接触器：有交流和直流两类。

①结构：由电磁铁吸引线圈和触点系统组成。触点系统主要包括主触点（常开）和辅助触点（数对常开和数对常闭）。

②额定值：线圈额定电压，主触点额定电流和辅助触点额定电流。按前两项选用。

（2）中间继电器：结构与接触器类似，但无主触点和辅助触点之分。触点的数量多，电流小，作为中间过程的信号传递用。

（3）热继电器：由发热元件、常闭触点和复位按钮组成。具有动作电流整定机构，主要技术数据是整定电流，按所控制电动机的额定电流选用，作为过载保护用。

（4）熔断器：即保险丝。有管式、插式和螺旋式等。主要技术数据是额定熔丝电流。选择方法：

① 照明负载：按工作电流选择。

②电动机：单台电机熔丝额定电流 $I_{NR} \geq \dfrac{I_{st}}{2.5}$，频繁启动者 $I_{NR} \geq \dfrac{I_{st}}{1.6 \sim 2.0}$，多台电动机 $I_{NR} \geq (1.5 \sim 2.5) I_{ND\max} + \sum I_{ND}$，其中，$I_{st}$ 为电动机的启动电流，I_{ND} 为电动机的额定电流，$I_{ND\max}$ 为容量最大的电动机的额定电流。

（5）自动空气断路器：即空气开关。手动操作合闸，具有短路（或过载）和失压保护，发生短路或失压时自动断开。

（6）时间继电器：有通电延时式与断电延时式两类。由吸引线圈（电磁铁）、触点系统和触点延时机构组成。通电延时式是吸引线圈有电时，触点延时动作；断电延时式是吸引线圈断电时，触点延时动作；瞬时动作触点只要线圈有电或失电，触点立即动作。结构型式有空气式、钟表式和电子式等。

（7）行程开关：也称限位开关。结构与按钮类似，靠机械力碰压而动作。有常开和常闭两类触点。

常用控制电器符号及其功能见表8.1。

表 8.1　常用控制电器符号及其功能

名称			图形符号	文字符号	功能
三极开关				Q	电动机主回路电源引入开关
熔断器				FU	短路保护
信号灯					信号指示
按钮触点	常开			SB	接通控制电路，常用作启动按钮
	常闭			SB	断开控制电路，常用作停止按钮
接触器、中间继电器、时间继电器的吸引线圈				KM、KT	线圈通电后产生磁场，以吸引铁心动作
接触器触点	主触点			KM	线圈得电后闭合，接通主电路
	辅助触点	常开		KM	线圈得电后闭合
		常闭		KM	线圈得电后断开
时间继电器触点	常开延时闭合			KT	线圈通电时，触点延时闭合，断电时瞬时断开
	常闭延时断开			KT	线圈通电时，触点延时断开，断电时瞬时闭合
	常开延时断开			KT	线圈通电时，触点瞬时闭合，断电时延时断开
	常闭延时闭合			KT	线圈通电时，触点瞬时断开，断电时延时闭合
行程开关触点	常开			ST	机械力碰压后闭合，碰压解除后自动断开
	常闭			ST	机械力碰压后断开，碰压解除后自动闭合
热继电器	常闭触点			FR	当热元件中通过的电流超过整定电流的 20%时，在 20 分钟内自动断开
	热元件			FR	主电路过流时生热

二、基本控制电路

三相异步电动机的基本控制电路含直接启动控制电路和正反转控制电路。

1．三相异步电动机直接启动控制电路

启动控制电路如图8.2所示，包括主电路(左边)和控制电路(右边)两部分。电路原理分析如下：

（1）准备：接通电源开关Q，各种电器无动作，电动机无电不动。

（2）启动：

①点动：按下启动按钮SB2，接触器KM线圈有电，主电路中的主触点KM接通。电动机有电直接启动。松开SB2，KM断电，电动机停车。

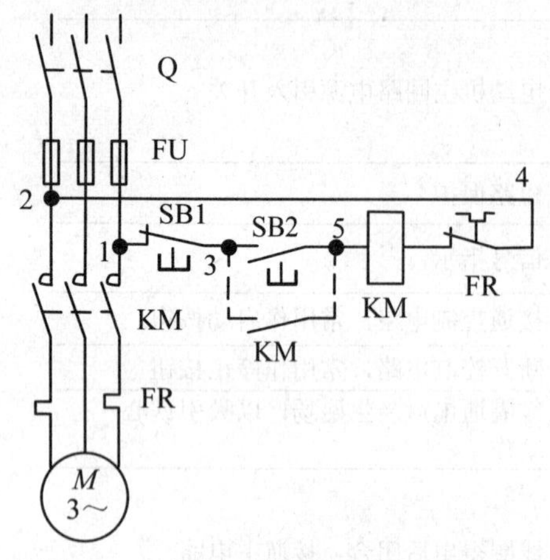

图 8.2　三相异步电动机直接起动控制电路

②连续运行：在SB2上并联KM辅助触点(虚线)，按下启动按钮SB2时，接触器KM线圈有电，主电路中的主触点KM接通，常开辅助触点KM同时闭合；当松开SB2时，辅助触点维持KM有电。电动机连续运转，称为“自锁”。

（3）停车：按下停止按钮SB1，KM断电，触点全部释放，电动机停车。

（4）保护环节：①熔断器FU实现短路保护；②热继电器FR实现过载保护，注意：二种保护虽然都以电流过大为条件，但是不可互换！前者电流大，动作时间短；后者电流较小，动作时间长；③失压(欠压)保护，由自锁环节实现。

2．三相异步电动机正反转控制电路

正反转控制电路如图8.3所示。电路原理分析如下：

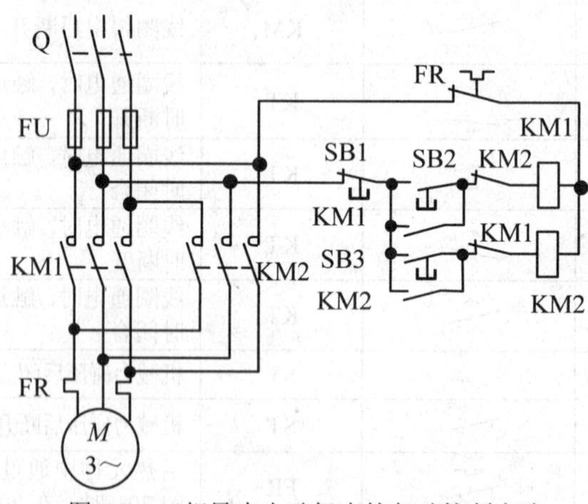

图 8.3　三相异步电动机直接起动控制电路

（1）主电路：为了调换电源相序，在直接启动控制电路基础上，在KM1主触点上交叉并联主触点KM2。

（2）控制电路：增加一套反转启动控制电路(SB3及KM2)。

（3）联锁保护环节：为了防止主触点KMl和KM2同时接通，造成电源短路事故，在正转控制电路中串联常闭触点KM2，在反转控制电路中串联常闭触点KM1，称为联锁保护环节。

（4）操作过程：按SB2，KMl线圈有电，电动机正转；同时串联在KM2支路的继电器KM1的常闭触点断开，保证KM2线圈不会有电。按SBl，KM1失电，电动机停车；按SB3，KM2线圈有电，电动机反转，同时串联在KM1支路的继电器KM2的常闭触点断开，保证KM1线圈不会有电。

（5）短路、过载、失压保护环节与直接启动控制电路相同。

（6）将SB2和SB3换成双联按钮，将其常闭触点分别接入反转和正转控制电路。可实现机械联锁。

三、常用控制原则

继电—接触器控制系统中控制原则有时间原则、行程原则、速度原则及电压原则、电流原则等等。实现这些控制原则依靠相应的继电器，如时间继电器、行程开关、速度继电器及电压继电器、电流继电器等等。其中，常用的有时间原则和行程原则。

时间原则主要实现控制电路的延时与定时功能，行程原则主要实现往复运动控制电路中的限位。应用举例可参考秦曾煌主编的《电工学·电工技术》（第六版）。

8.3　要　　点

主要内容：
- 电气控制原理图的绘制原则
- 典型的控制环节
- 线路故障的排查

一、电气控制原理图的绘制原则及读图方法

（1）了解工艺过程，掌握生产过程对电气控制电路的要求。

（2）整个控制电路分主电路和控制电路两部分。主电路在控制电路的左侧或上方，控制电路在主电路的右侧或下方。主电路从电源到电动机，其中接有开关（闸刀开关、组合开关等）、熔断器、接触器的主触点、热继电器的发热元件等；控制电路中接有按钮、接触器的线圈和辅助触点（如自锁和互锁触点）、热继电器的常闭触点及其他控制电器（如行程开关、时间继电器等）的触点和线圈。

（3）所有电器的图形符号均按无电压（通电前的状态）、无外力作用下的正常状态画出。

（4）在电气原理图中，同一电器的各部件（如触点和线圈）是分散的，为了识别起见，它们用同一文字符号来表示。

（5）一般控制电路，其各条支路的排列常依据生产工艺顺序的先后自上而下，从左到右平行绘制，同时考虑布线的合理性。如尽量避免多个电气元件依次动作才能接通另一个电器的控制电路；保证每个线圈的额定电压，不能将两个线圈串联。

二、典型控制环节

电气控制原理图中，典型的控制环节主要有短路、过载、欠压保护环节、点动环节、自锁环节、互锁环节、两地控制环节、顺序控制环节、行程控制环节和时间控制环节等，其中，保护环节是任一控制电路中必不可少的环节。各环节控制电路及功能说明见表8.2。

表 8.2　典型控制环节

名　称	控 制 电 路	说　　明
保护环节	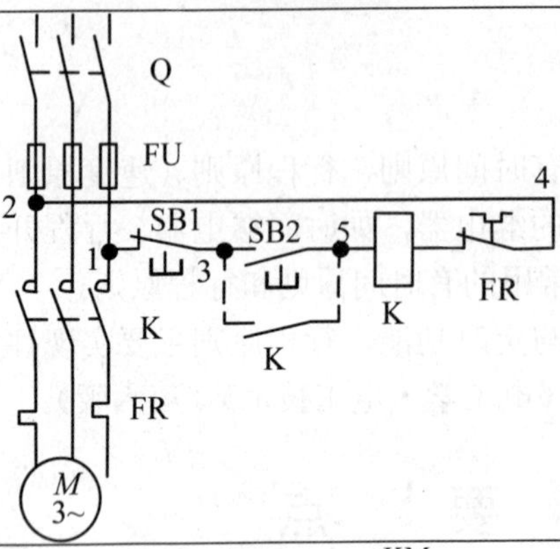 Q FU 2 4 1 SB1 3 SB2 5 K FR K K FR M 3~	主电路中有三相串联熔断器 FU，作短路保护。主电路中两相串热元件 FR，控制电路中串热继电器常闭触点 FR，作过载保护。接触器自锁电路（SB2 和 KM 常开触点），同时作欠、失压保护
自锁环节	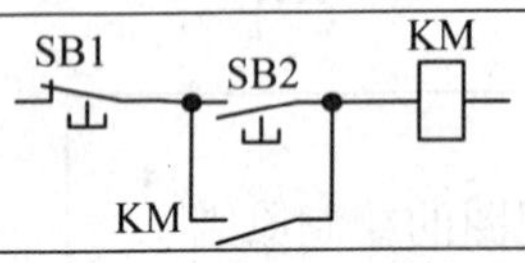 SB1 SB2 KM KM	按钮两端并联 KM 常开触点。按下按钮 SB2，KM 线圈得电，KM 常开触点闭合；按钮放开，KM 线圈保持有电
点动环节	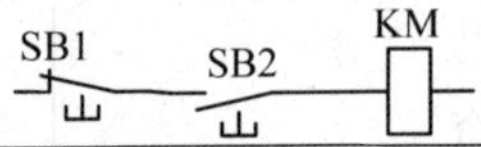 SB1 SB2 KM	按下 SB2，线圈得电；松开 SB2，线圈失电
两地控制	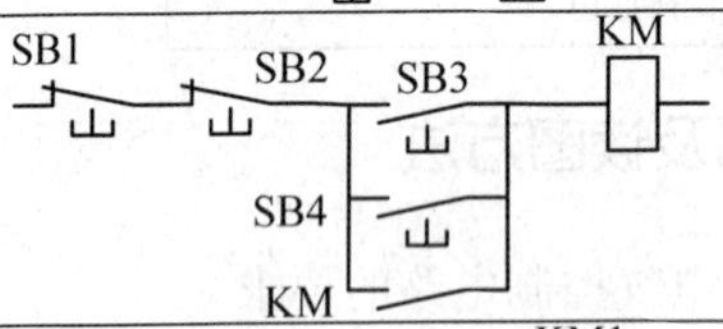 SB1 SB2 SB3 KM SB4 KM	两个停止按钮串联，任一动作，KM 失电；两个启动按钮并联，任一动作，KM 得电
互锁环节	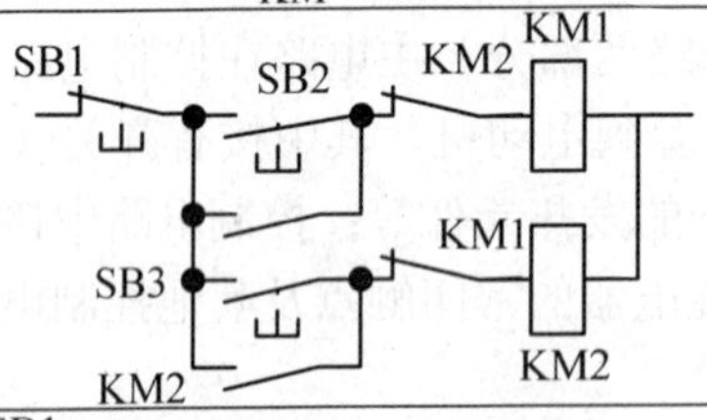 SB1 SB2 KM2 KM1 KM1 SB3 KM2 KM2	KM1 线圈控制电路中，串 KM2 常闭触点，若 KM2 动作，KM1 不能动作；同理，KM2 线圈控制电路中，串 KM1 常闭触点，若 KM1 动作，KM2 不能动作
顺序控制	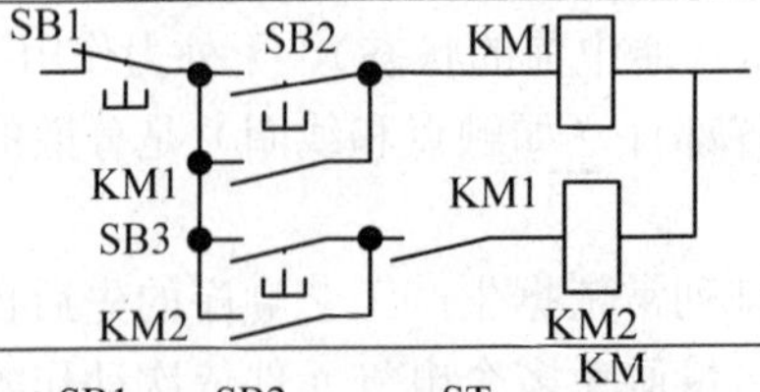 SB1 SB2 KM1 KM1 KM1 SB3 KM2 KM2	KM1 常开触点串入 KM2 线圈电路中，保证必须在 KM1 动作后，KM2 才能得电
行程控制	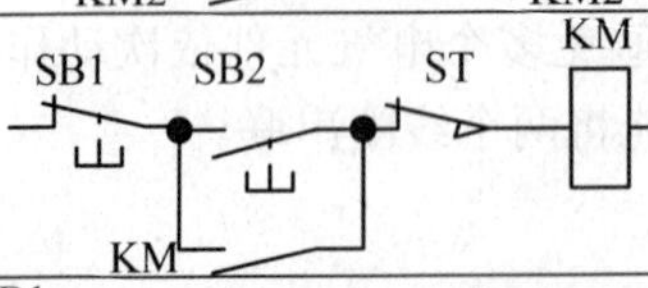 SB1 SB2 ST KM KM	到达规定行程时，行程开关 ST 动作，KM 线圈失电
时间控制	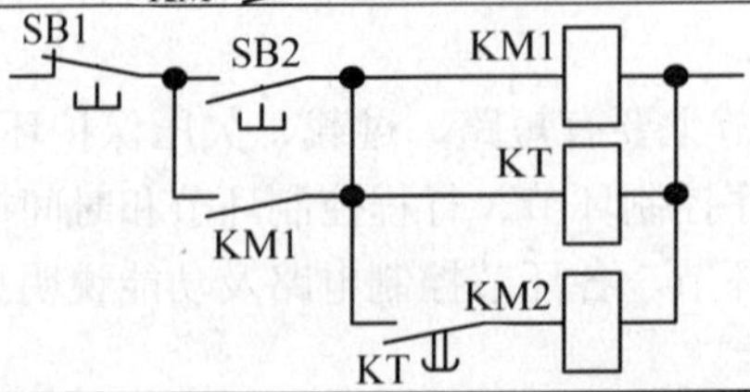 SB1 SB2 KM1 KT KM1 KM2 KT	启动后 KM1 和时间继电器 KT 线圈得电，经一定延时后，KT 常开触点延时闭合，KM2 动作

二、线路故障的检查

对简单的控制线路故障应能检查和排除。一般检查线路故障用下列方法：

1．用万用表电阻挡

断开电源，检查各段电路是否通路，元件是否良好。例如要检查图8.2所示线路的控制电路，可将开关Q断开，用万用表的表笔碰触1和2两点，指针应指示开路（$R=\infty$）。当按下启动按钮SB2时，则指示出的是接触器的线圈电阻。若同时按下停止按钮SB1，则又是开路。这样就表示无误，否则表明线路有问题，应逐步缩小范围进行检查，找出故障所在。

2．用万用表交流电压档

在继续接通电源对电压没有破坏作用的前提下，可用此法。用表笔按一定次序测量电路中可能发生故障的各段电压，从电压的大小和有无来检查电路是否正常。

3．用验电笔

检查电路通电与否以及何处发生短路与断路。

8.4　应　　用

> 内容提示：
> - 复杂控制电路的分析
> - 控制电路的设计方法

一、复杂控制电路的分析

对复杂的控制电路进行分析，除了掌握各种控制电器的原理及符号外，还需熟悉各基本控制环节。现以加热炉自动上料控制线路为例，对其控制过程进行分析。

加热炉自动上料控制线路如图8.4所示，控制过程分析如下：

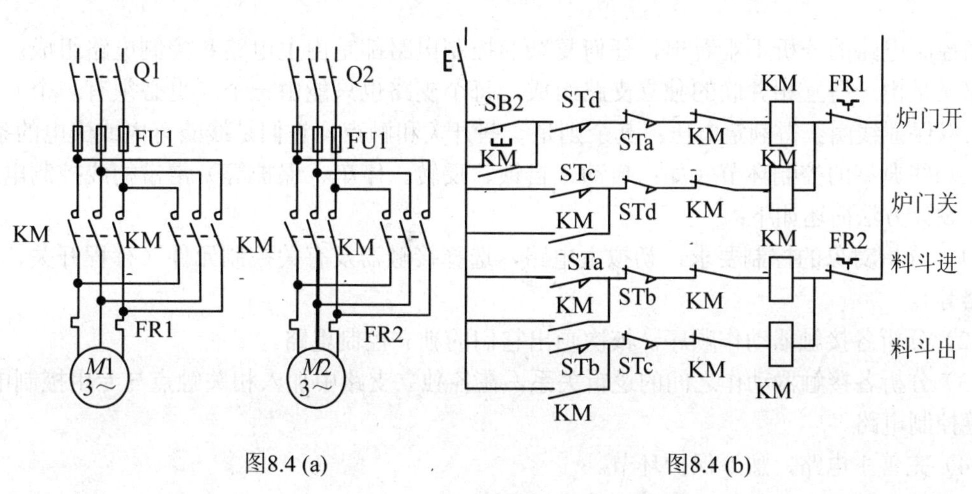

图8.4 (a)　　　　图8.4 (b)

（1）先看主电路(见图8.4(a))，分析控制对象可能有哪些动作。该例中有两台电动机，依靠4个接触器可实现正反转。其中，一台电机M1驱动炉门的开、闭，另一台电机M2驱动送料机的前进与后退。

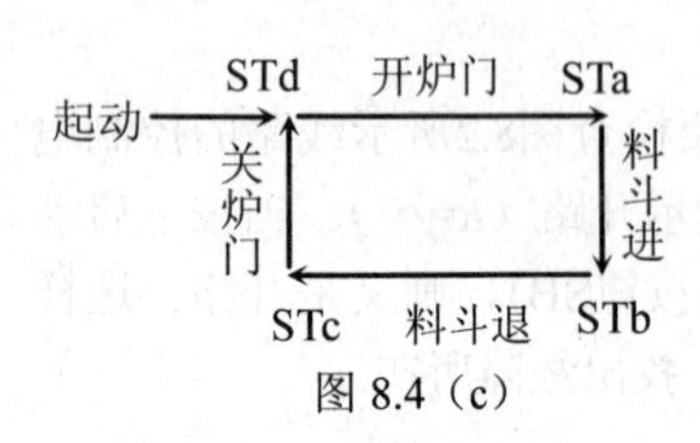

图 8.4（c）

（2）再看控制电路，通常由上向下逐行扫视，看有哪些控制电器，了解它们的功能。例中(图8.4(b))除按钮及接触器外尚有4只行程开关，分别处于炉门开、闭极限位置及送料机前进、后退极限位置。

（3）分析准备状态下各电器的工作状态，即没有人工操作之前各电器是否有电或是否有机械力作用。例中炉门处于关闭状态，STd应受机械力而使常开触点闭合，常闭触点断开。送料机应退至原位，使STc受压，常开触点闭合，但因STd常闭触点断开，KM2不会有电。其他STa和STb均不受压处于原位，整个电路等待启动。

（4）按下启动按钮，查看有关电器的动作，分析启动过程：当每个电器线圈有电或失电时，应逐一分析其全部触点的动作及其产生的结果，列表记录以备忘。逐行进行，顺藤摸瓜，直到结束。本例的启动过程：按SB2→KM1有电并自锁，炉门电机M1正转，打开炉门，STd复位→炉门开到位，碰压STa→KM1断电，炉门电机M1停；KM3有电并自锁，送料电机M2正转，送料机前进→送料机前进到位，碰压STb→KM3断电，送料机停止前进；KM4有电且自锁，电机M2反转，送料机后退，STb复位→送料机后退到位，碰压STc→KM4断电，M2反转停，送料机停止后退；KM2有电且自锁，M1反转关闭炉门→关闭到位碰压STd→Ml停，STd常开触点闭合准备下次送料过程。整个工作过程运行图如图8.4 (c)所示。

（5）按下停止按钮分析停车及制动过程。

（6）查看保护环节：主电路通常有短路保护（熔断器）及过载保护（热继电器）。控制电路通常有失压（欠压）保护（自锁环节实现）和联锁保护（各接触器常闭触点实现）。

二、控制电路的设计方法

由控制电路的分析不难看出，任何复杂的控制电路都是由主电路和控制电路组成；而控制电路又是由一些互相并联的独立支路组成，每个支路也只能由一个（也必须有一个）吸引线圈，以保证线圈获得额定电压；其余则是一些开关和触点，它们是线圈有电或失电的条件。此外，一些典型的控制环节（如：启动、自锁、反转、停车、保护等）常常构成控制电路的要件。设计方法简述如下：

（1）分析对象的控制要求，初拟主电路，选择接触器及有关控制元件（行程开关、时间继电器等）。

（2）分析各接触器动作顺序，依次画出它们的独立控制电路。

（3）分析各接触器动作之间的逻辑关系，在各独立支路中加入相关触点与专用控制电器，以完善控制电路。

（4）完善主电路，加入保护环节。

（5）检查整个电路动作过程是否符合设计要求。

8.5 例 题

1 图8.5所示控制电路能否正常工作？为什么？

【分析】 判断控制电路能否正常工作，首先联接不能出现错误，即原理不能错；其次，还应该合理。

【解】 图（a）能启动，但不能停止。按下启动按钮SB2，线圈KM得电，电动机启动，同时停止按钮SB1被短接，即使按下SB1，线圈KM也不会失电，因此无法停止。

图（b）不能启动。按下启动按钮SB2，线圈KM得电，常开触点KM闭合，其不仅将线圈KM短接，同时也将控制电路的电源短接。

图（c）能启动，但不合理。因为按钮是装在操纵板上，而接触器是装在电气柜内的。这样就把停止按钮SB1和启动按钮SB2分开来，联线要进出两次。

图（d）不能启动。两个即使相同的交流接触器或继电器的线圈（110V），也不能串联在220V的电路上。因为这样每个线圈的阻抗可能不相等的，当其中一个先动作后，它的线圈阻抗模急剧增大，使电路中电流减小很多，不足以使另一个电器动作。

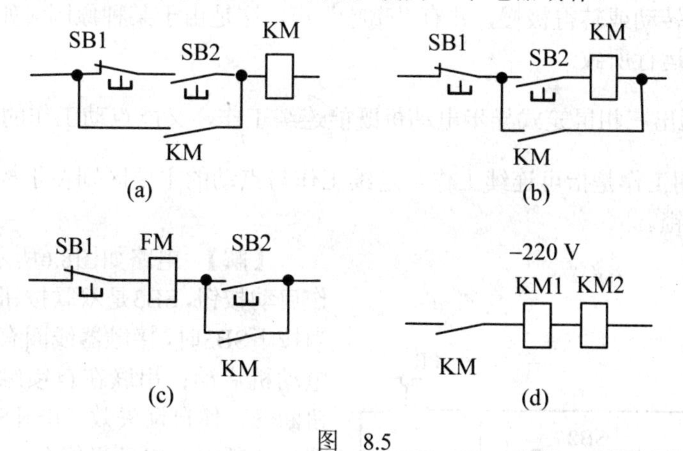

图 8.5

2 根据图8.2接线做实验时，将开关Q合上后按下启动按钮SB2，发现有下列现象，试分析和处理故障：（1）接触器KM不动作；（2）接触器KM动作，但电动机不转动；（3）电动机转动，但一松手电动机就不转；（4）接触器动作，但吸合不上；（5）接触器触点有明显颤动，噪音较大；（6）接触器线圈冒烟甚至烧坏；（7）电动机不转动或者转得极慢，并有“嗡嗡”声。

【分析】 分析故障原因时，首先要弄清发生故障电气设备的动作原理，然后根据故障现象，从电源开始一级一级排查。

【解】 （1）接触器KM不动作的故障可能有下列几种：

①三相电源无电；

②有关相中熔断器的熔丝已断，控制电路不通电；

③热继电器FR的常闭触点动作后没有复位；

④停止按钮SB1接触不良；

⑤控制电路中电器元件的接线端接触不良或连接导线端有松动。

（2）接触器KM动作，但电动机不转动的故障可能有下列几种（问题不在控制电路，应查主电路）：

①接触器的主触点已损坏；

②从接触器的主触点到电动机之间的导线有断线处或接线端接触不良；

③电动机已损坏。

（3）电动机转动，但一松手电机就不转。其原因是自锁触点未接上或该段电路有断损和接触不良之处。

（4）接触器动作，但吸合不上。原因是：

①电压过低；

②控制回路接触电阻过大；

③某种机械故障，例如，接触器铁心和衔铁间有异物阻挡等所致。

（5）接触点有明显颤动，主要由于铁心端面的短路环断裂所致，也可能由于电压过低，吸力不够。

（6）接触器线圈冒烟甚至烧坏；①电压过高；②由于上述（4）中所述原因，接触器吸合不上，导致线圈过热而烧坏；③接触器线圈绝缘损坏，有匝间短路。

（7）电动机不转动或转得极慢，并有“嗡嗡”声，这是由于某种原因（如：*B*相熔丝烧断）而造成电动机单相运行所致。

3 试画出三相鼠笼式异步电动机既能连续工作，又能点动工作的控制线路图。

【分析】 长期工作是指可连续工作，连续工作与点动的主要区别在于控制电器（在此为启动按钮）能否自锁。

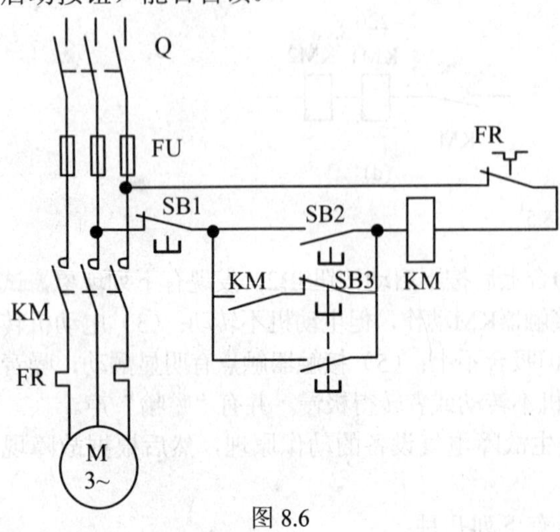

图 8.6

【解】 电路如图8.6所示，SB2为连续工作启动按钮，SB3是双联按钮，用于点动工作。当按下SB3时，接触器线圈有电，主触点闭合，电动机启动；串联在自锁触点支路的常闭按钮断开，使自锁失效。松开SB3时，接触器线圈立即断电，电动机停车。

4 试绘出鼠笼式电动机定子串联电阻降压启动的控制线路。

【分析】 电动机定子串联电阻降压启动时，先是在串电阻的情况下运行，过一段时间后将所串电阻自动切除。因此需将一个由通电延时型时间继电器控制的接触器的主触点与所串电阻并联。串电阻启动运行一段时间后，由时间继电器控制的继电器主触点动作（闭合），所串电阻切除。

【解】 主电路和控制线路如图8.7所示。按下SB2，KM1线圈得电，KM1主触点闭合，电动

机串联电阻Rst降压启动，同时KT线圈得电，延时开始。延时一定时间后，KT常开延时闭合触点闭合，KM2线圈得电，启动电阻Rst切除，启动完毕。

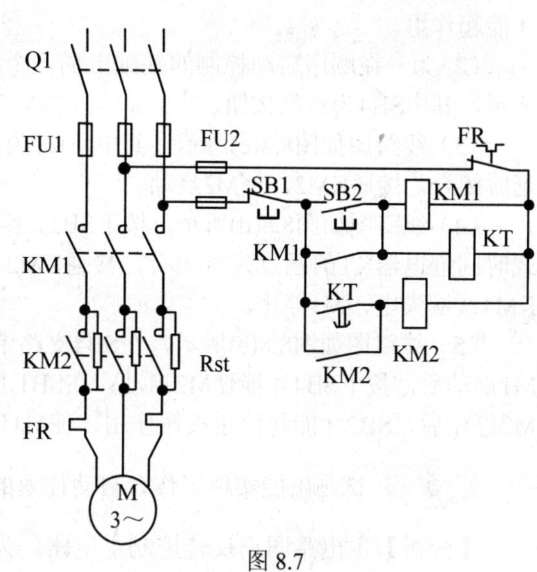

图 8.7

5 根据下列五个要求，分别绘出控制电路（M1和M2）都是三相鼠笼式电动机：（1）电动机M1先启动后，M2才能启动，M2并能单独停车；（2）电动机M1先启动后，M2才能启动，M2并能点动；（3）M1先启动，经过一段时间延时后M2能自行启动；（4）M1先启动，经过一段时间延时后M2能自行启动，M2启动后M1立即停车；（5）启动时，M1启动后M2才能启动；停止时，M2停止后M1才能停止。

【解题思路】 此题中五个小题均为电动机直接启动控制，主电路与直接启动电路类似，略去。控制电路如图8.8所示。

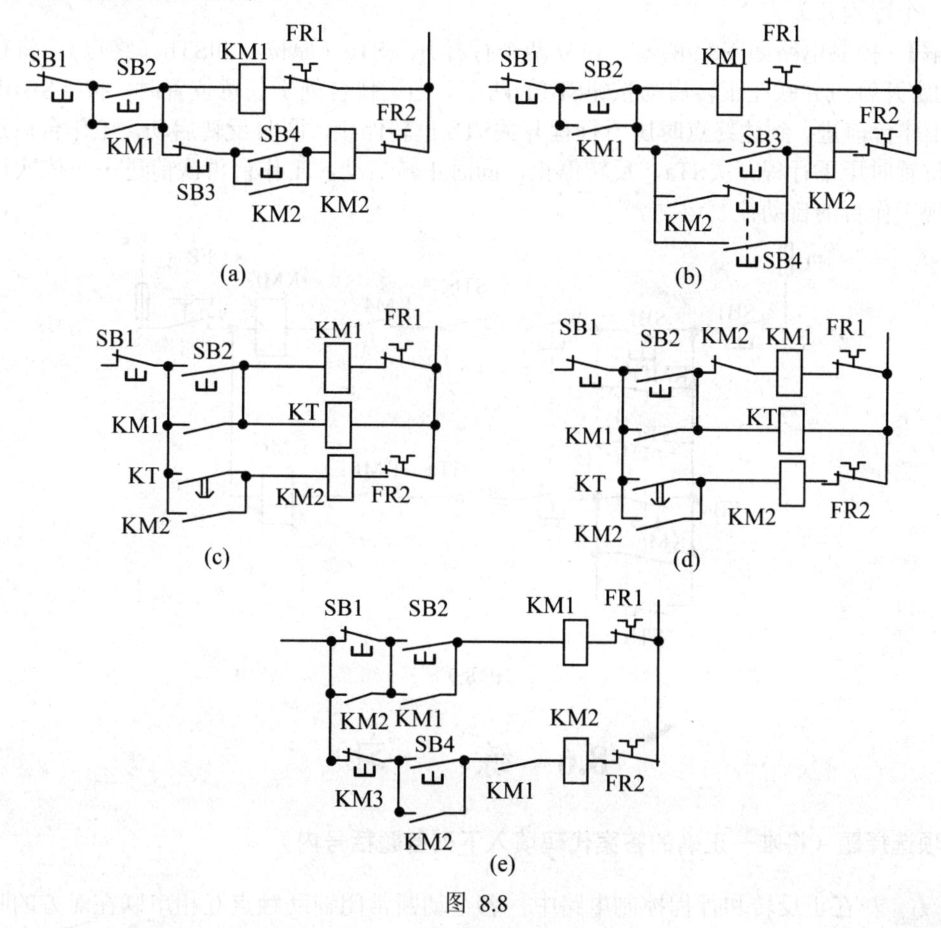

图 8.8

【解】（1）为一顺序启动控制电路，线路图如图8.8(a)，*SB*2按下，*KM*1得电后，按*SB*3才能起作用。

（2）为一在顺序启动控制的基础上加一个既能连续控制又能点动的环节，线路图如图8.8(b)所示，其中SB4为点动按钮。

（3）线路图如图8.8(c)所示，其中，KT为通电延时式时间继电器，M1启动后，KT的触点延时闭合，接通KM2，使M2启动。

（4）线路图如图8.8(d)所示，按下SB2，继电器KM1的线圈得电，电机M1启动，通电延时式时间继电器KT的触点延时闭合，接通KM2，使M2启动；同时KM2的常闭辅助触点断开，KM1线圈失电，M1停止。

（5）线路图如图8.8(e)所示，在SB4支路中串联KM1常开触点，只有当KM1有电，电动机M1启动后，按下SB4才能使M2启动；在SB1上并联KM2常开触点，只有当KM2断电，电动机M2停止后，SB2才能起停止按钮作用，使M1停车。

6 试画出能实现工作台自动往返的控制线路图。

【分析】主电路同正反转控制主电路。为了实现控制台自动往返运动，需在起点与终点各设立一个行程开关。

【解】 控制电路如图8.9所示。设立两个行程开关STa（原位）和STb（终点）。将行程开关STa的常开触点并联在正转启动按钮SBf的两端。当工作台处于任意位置时，按下SBf电动机正转，工作台前进。到达终点时压下行程开关STb,正转停止，同时反转启动，工作台后退。到达原始位置时压下行程开关STa，反转停止，同时正转启动，工作台再次前进……依次反复循环，实现工作台的自动往复运动。

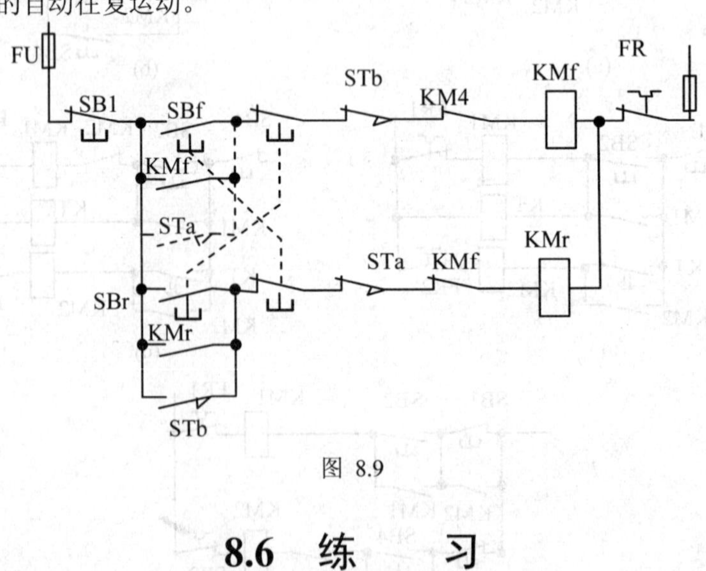

图 8.9

8.6 练 习

单项选择题（将唯一正确的答案代码填入下列各题括号内）

1 在正反转和行程控制电路中，各个动断常闭辅助触点互相串联在对方的吸引线

圈电路中，其目的是为了（ ）。

（a）保证两个接触器的主触头不能同时动作
（b）能灵活控制正反转（或行程）运行
（c）保证两个接触器可以同时带电
（d）起自锁作用

2 电动机正反转控制电路中的联锁环节是（ ）。

（a）仅保护电动机 （b）只保护电源 （c）电动机和电源均保护

3 两处可以停车的两个停止按钮要（ ）。

（a）并联 （b）串联 （c）串、并联都可以

4 下列说法中正确的是（ ）。

（a）热继电器只能作过载保护
（b）熔断器不仅可作短路保护，也可作过载保护，只要把额定电流选小一些
（c）热继电器也可作短路保护，只要把整定电流选大一些

5 两处可以启动的两个启动按钮要（ ）。

（a）并联 （b）串联 （c）串、并联都可以

6 在继电—接触控制系统中，用（ ）作短路保护。

（a）熔断器 （b）热继电器 （c）交流接触器

7 在继电—接触控制系统中，用（ ）作欠载或失压保护。

（a）熔断器 （b）热继电器 （c）交流接触器

8 在继电—接触控制系统中，热继电器的功能是（ ）。

（a）过载保护 （b）零压保护 （c）短路保护

9 三相异步电动机的控制电路中，为了可靠地防止电动机过载，主电路中至少用（ ）个热继电器的热元件。

（a）一个 （b）两个 （c）三个

10 在三相异步电动机继电—接触控制系统中，热继电器的正确联结方法应当是（ ）。

（a）热继电器的发热元件串联接在主电路内，而把它的动断（常闭）触点与接触器的线圈串联接在控制电路中

（b）热继电器的发热元件串联接在主电路内，而把它的动合（常开）触点与接触器的线圈串联接在控制电路中

（c）热继电器的发热元件并联接在主电路内，而把它的动断（常闭）触点与接触器的线圈并联接在控制电路中

11 熔断器的额定电流是指在此电流下（　　）。

（a）立即烧断　　（b）过一段时间烧断　　（c）永不烧断

12 热继电器的整定电流是指（　　）。

（a）热元件中通过的电流达到此值时，立即烧断

（b）热元件中通过的电流超过此值的20%时，立即烧断

（c）热元件中通过的电流超过此值的20%时，过一段时间烧断

附：8.6 练习答案

单项选择题答案

1.（a） 2.（b） 3.（b） 4.（a） 5.（a） 6.（a） 7.（c） 8.（a） 9.（b）
10.（a）11.（a）12.（c）

第 9 章　工业供电与安全用电

9.1　目　　标

☞ 了解发电、输电及工业企业供配电的基本知识。
☞ 了解保护接地和保护接零的意义和方法。
☞ 了解节约用电的经济意义。

9.2　内　　容

一、高压输电的意义

远距离输电均采用高压输电，其意义有：①线路电压损失少；②线路功率损失小；③节省输电线材料（导线细）；④节省输电设备投资。

二、安全用电常识

1．电流对人体的作用

电流对人体的伤害性质有电击和电伤两类。

电击对人体的伤害程度与人体电阻大小（一般$10^4\Omega$～$10^5\Omega$，小者也有800Ω～1000Ω）、电流的大小及频率（50mA即能致人死亡，直流和50Hz工频电流对人伤害最大，高频电流则可以为人治病）、通电电流长短等因素有关。

安全电压规定为36V，24V及12V。

2．触电方式

（1）单相触电：①电源中性点接地系统：承受相电压；②中性点不接地系统：承受线电压。

（2）两相触电：承受线电压。

3．安全保护

（1）工作接地：电源中性点与大地相接。其目的：①降低触电电压；②设备故障时迅速自动断电；③降低电气设备对地绝缘水平，节省投资。

（2）保护接地：将电气设备的金属外壳（正常情况下是不带电的）接地，宜用于中心点不接地的低压系统中。其目的是：保护人身安全。

（3）保护接零：将电气设备的金属外壳接到零线上，宜用于中心点接地的低压系统中。

注意：此系统不能采用保护接地，否则外壳漏电时人体可能承受1/2相电压而触电。

（4）重复接地：输电距离较远时在用户端将零线再次接地，以防零线断线或零线电阻增大使保护接零失效。

（5）工作零线与保护零线：居民用电采用单相三线制或三相五线制，在重复接地点引出保护零线，即三眼插座中的地线，与用电设备外壳相接。

9.3 要　　点

主要内容：

- 工作接地、保护接地、保护接零
- 安全电压
- 致人死命的电流大小

9.4 例　　题

为什么远距离输电要采用高电压？

【答】 第一，远距离输电导线长，输电线路的阻抗较大（电阻与导线长度成正比，线路电感和分布电容也随线路长度增加而增大），在同样输电功率下，电压越高则线路电流越小，线路的阻抗压降或电压损失也越小。第二，电流越小则导线电阻消耗的有功功率越少。第三，线路电流小，导线截面积也可减小，节约导线材料。第四，导线细则同样的跨距内导线重量轻，减轻对导线和支撑铁塔或线杆的机械强度的要求，节约输电设备投资。

2 同一供电系统中为什么不能同时采用保护接地和保护接零？

【答】 同时采用两种保护方法，当绝缘损坏引起电气设备漏电时，漏电电流往往不足以使熔丝烧断或继电保护装置动作。根据接地装置的最小电阻为4Ω，可知单相漏电电流为：

$$I_e = \frac{220}{4+4} = 27.4\,(\text{A})$$

为了保证保护装置能可靠动作，接地电流不应小于继电保护装置动作电流的1.5倍或熔丝额定电流的3倍。若电气设备容量较大，例如，熔断器的熔丝额定电流大于10A时就不会很快熔断，漏电将长时间存在，使事故进一步扩大。其次，设备外壳对地电压为：

$$U_e = \frac{220}{4+4} \times 4 = 110\,(\text{V})$$

此电压值对人体仍是不安全的。

3 为什么中性点不接地的系统中不采用保护接零？

【答】 在中性点不接地的系统中，若将设备外壳接在零线上，虽然发生单相漏电时可能烧断熔丝，但外壳对地仍有一定电压，对人体是不安全的。特别是当零线断线时，熔丝将不会烧断，更加危险。

4 区别工作接地、保护接地和保护接零。为什么在中性点接地系统中，除采用保护接零外，还采用重复接地？

【答】 工作接地：将电源中性点直接接地。

保护接地：在无中性点接地系统中将用电设备外壳接地。

保护接零：在中性点接地系统中，将用电设备外壳接在零线上。

在中性点接地系统中，若负载不对称，则中性线上有电流，因此中性线上各点对地电压不等于0，为了安全可在用电设备附近将零线再次接地（重复接地）。特别是用户距电源较远时，若中性线断电，当设备漏电时将使人体触电，因此应采用重复接地。

9.5　练　　习

单项选择（将唯一正确的答案代码填入下列各题括号内）

1 有人触电停止呼吸，首先应采取的措施是（　　）。

（a）送医院抢救　　（b）做人工呼吸　　（c）切断电源　　(d)打电话叫医生

2 在电源中性点接地的系统中采用接地保护，一旦设备绝缘损坏，则人体可能承受的电压是（　　）。

（a）0V　　（b）220V　　（c） 110V

3 在中性点接地系统中，设备安全保护应采用（　　）。

（a）保护接地　　（b）保护接零

（c）在单相插座中将零线与地线短接实现保护接零

4 人体通过的电流为1A，若该电流为（　　）将不会有害。

（a）直流电流　　（b）50Hz 工频电流　　（c）50kHz 高频电流

5 将电气设备的金属外壳接地的保护方式称为（　　）。

（a）工作接地　　（b）保护接地　　（c）保护接零（中）

6 在电源中性点不接地系统中，应采用的安全保护方法是(　　)。

（a）工作接地　　（b）保护接地　　（c）保护接零

7 我国规定，在通常的环境条件下，电气设备的安全电压为（　　）。

（a）6V　　（b）24V　　（c）36V　　（d）110V

8 为了防止用电设备内部绝缘损坏或受潮而引起的漏电及外壳带电所造成的触电事故，可选用（　　）。

（a）保护接地　　（b）熔丝保护　　(c)热继电器保护

附：9.5 练习答案

单项选择题答案

1.（c） 2.（c） 3.（b） 4.（c） 5.（b） 6.（b） 7.（c） 8.（a）

上　篇

电工同步指导

第二部分　试 卷 分 析

《电工技术》试卷1

（120分钟）

一、单项选择题（在下列各题中，将唯一正确的答案代码填入括号内）

（本大题分15小题，每小题2分，共30分）

1．在图1所示电路中，已知$U_S=2\,(\mathrm{V}), I_S=1\,(\mathrm{A})$。$A$、$B$两点间的电压$U_{AB}$为（　　）。

(a) −1 V　　　(b) 0　　　(c)　1 V

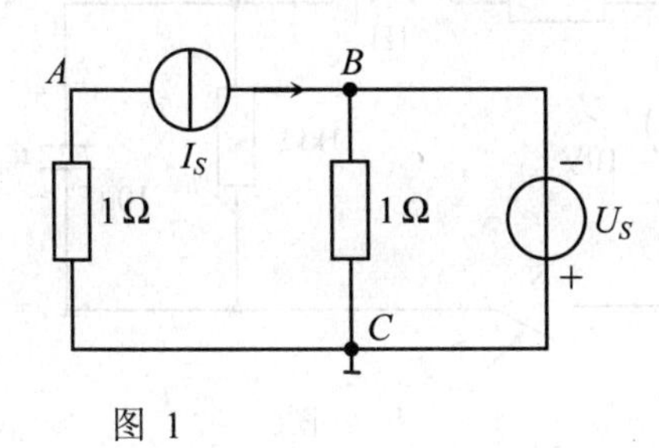

图 1

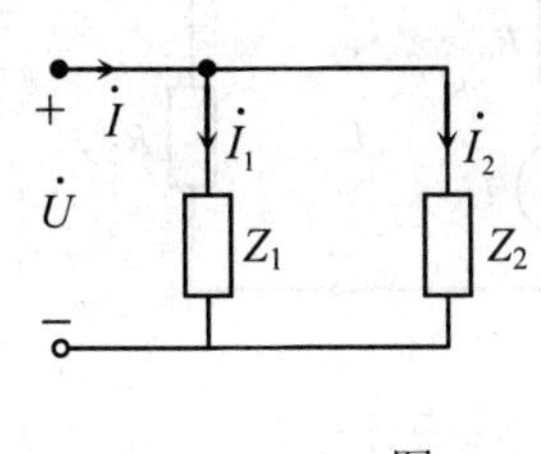

图 2

2．在图2所示正弦交流电路中，各电流有效值I，I_1，I_2的关系可表示为$I=\sqrt{I_1^2+I_2^2}$的条件是（　　）。

(a) Z_1，Z_2的阻抗角相等　　　(b) Z_1，Z_2的阻抗角相差90°

(c) Z_1，Z_2无任何约束条件

3．在图3所示正弦交流电路中，$R=X_L=10\,\Omega$，欲使电路的功率因数$\lambda=1$，则X_C为（　　）。

(a) 10 Ω　　　(b) 7.07 Ω　　　(c) 20 Ω

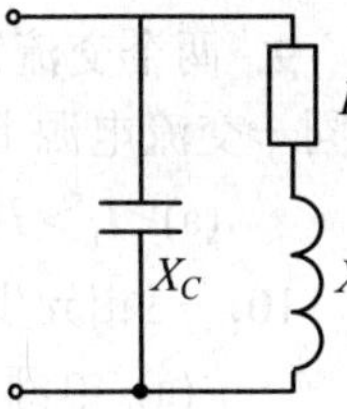

图 3

4．在图4（a）电路中，点划线框中的部分为一电源，电压U和电流I的正方向已给出。该电源的 外特性曲线为图4（b）所示中的（　　）。

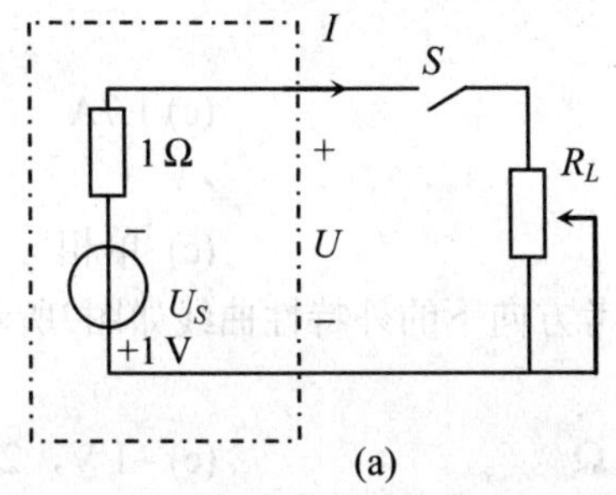

(a)

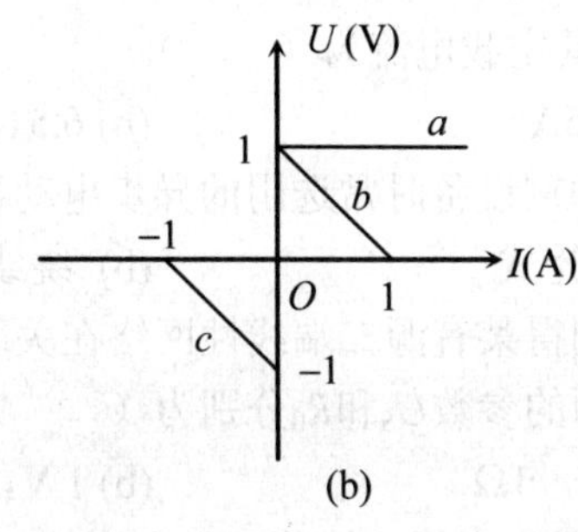

(b)

图 4

5．若电感L变为原来的$\frac{1}{4}$，则电容C应为原来的（　　），才能保持在原频率下的串联谐振。

(a) $\frac{1}{4}$倍　　(b) 4 倍　　(c) 2 倍

6．在某对称星形连接的三相负载电路中，已知线电压$u_{AB}=380\sqrt{2}\sin\omega t$ V，则C相电压有效值相量 $\dot{U}_{C}=$（　　）。

(a) $220\angle 90^{\circ}$ V　　(b) $380\angle 90^{\circ}$ V　　(c) $220\angle -90^{\circ}$ V

7．在图5所示电路中，U、I的关系式正确的是（　　）。

(a) $U=U_S+R_0 I$　　(b) $U=U_S-R_L I$　　(c) $U=U_S-R_0 I$

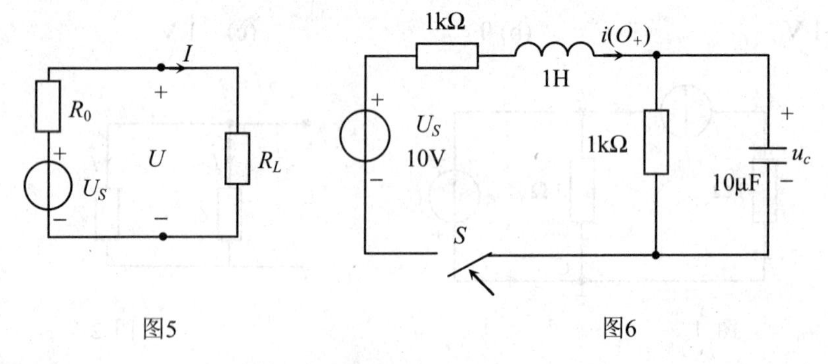

图5　　图6

8．在图6所示电路中，开关S在$t=0$瞬间闭合，若 $u_C(0_-)=0$V，则$i(0_+)=$（　　）。

(a) 0 mA　　(b) 20 mA　　(c) 10 mA

9．两个交流铁心线圈除了匝数不同（$N_1=2N_2$）外，其他参数都相同，若将这两个线圈接在同一交流电源上，它们的电流I_1和I_2的关系为（　　）。

(a) $I_1>I_2$　　(b) $I_1<I_2$　　(c) $I_1=I_2$

10．三相异步电动机的旋转方向决定于（　　）。

(a) 电源电压大小　　(b) 电源频率高低　　(c) 定子电流的相序

11．三相鼠笼式异步电动机在空载和满载两种情况下的启动电流的关系是（　　）。

(a) 满载启动电流较大　　(b) 空载启动电流较大　　(c) 两者相等

12．一台单相变压器的额定容量$S_N=50$kVA，额定电压为10kV/230V，空载电流I_0为额定电流的3%，则其空载电流为（　　）。

(a) 0.15A　　(b) 6.51A　　(c) 1.7A

13．在启动重设备时常选用的异步电动机为（　　）。

(a) 鼠笼式　　(b) 绕线式　　(c) 单相

14．实验测得某有源二端线性网络在关联参考方向下的外特性曲线如图7所示，则它的戴维宁等效电压源的参数U_S和R_0分别为（　　）。

(a) 2 V，1Ω　　(b) 1 V，0.5 Ω　　(c) −1 V，2 Ω

15．图8所示为刀闸、熔断器与电源的三种连接方法，其中正确的接法是（　　）。

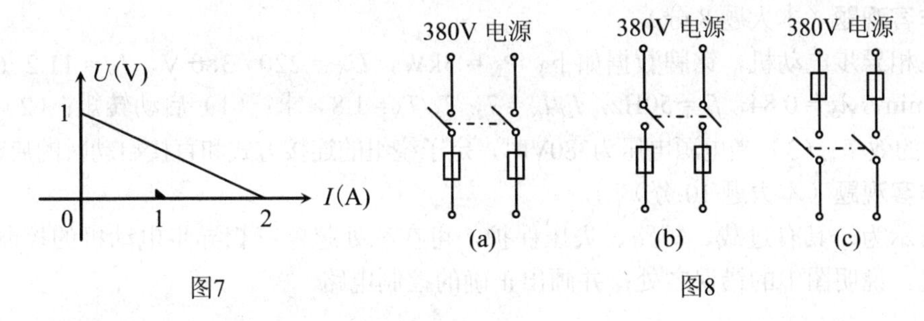

图7　　图8

二、非客观题（本大题 4 分）

已知图9所示电路中的B点开路。求B点电位。

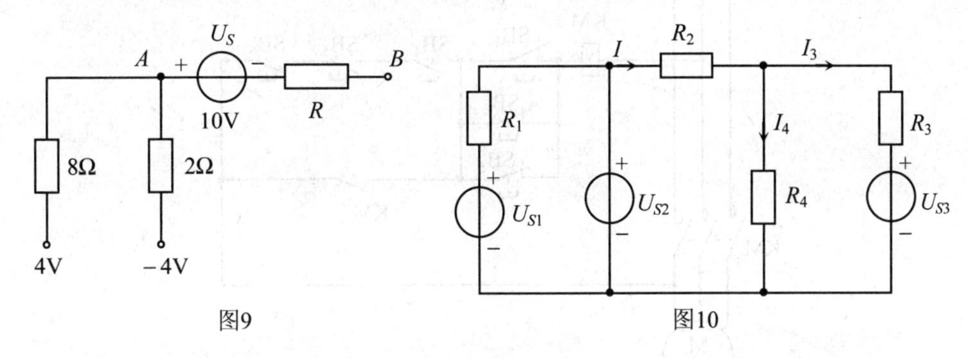

图9　　图10

三、非客观题（本大题 10 分）

在图10示电路中，已知：$U_{S1}=12\text{V}$，$U_{S2}=6\text{V}$，$U_{S3}=2\text{V}$，$R_1=5\Omega$，$R_2=10\Omega$，$R_3=10\Omega$。欲使$I_3=0\text{A}$，R_4应为何值？求此时电压源U_{S2}的功率，并指出它是电源还是负载？

四、非客观题（本大题 10 分）

在图11所示电路中，电源电压$\dot{U}=100\angle 0^\circ\text{V}$。求电路的有功功率，无功功率和功率因数。

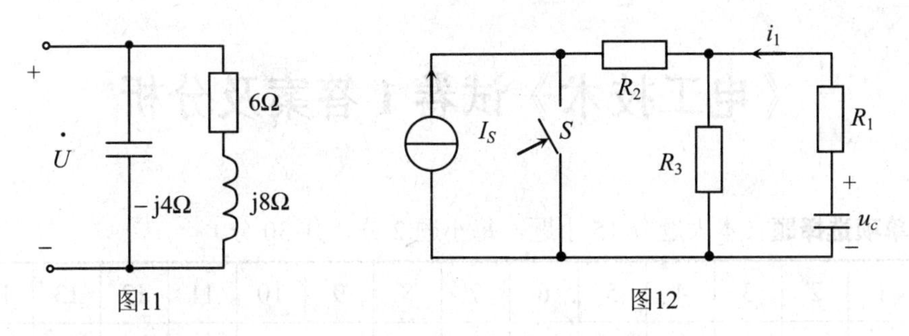

图11　　图12

五、非客观题（本大题 8 分）

三角形连接的三相对称感性负载由$f=50\text{H}_\text{Z}$，$U_l=220\text{V}$的三相对称交流电源供电，已知电源供出的有功功率为3kW，负载线电流为10A，求各相负载的R，L参数。

六、非客观题（本大题 10 分）

图12所示电路原已稳定，已知：$R_1=R_2=3\text{k}\Omega$，$R_3=6\text{k}\Omega$，$C=2\mu\text{F}$，$I_S=10\text{mA}$，$t=0$时将开关S闭合。求S闭合后的$u_C(t)$，$i_1(t)$。

七、非客观题（本大题 8 分）

一台三相异步电动机，铭牌数据如下：$P_N = 3kW$，$U_N = 220 / 380$ V，$I_N = 11.2 /6.48A$，$n_N = 1430r/min$，$\lambda_N = 0.84$，$f_1 = 50Hz$，$I_{st}/I_N = 7$，$T_{st}/T_N = 1.8$。求：（1）启动转矩；（2）额定状态下运行时的效率；（3）当电源电压为380V时，定子绕组的连接方式和直接启动时的启动电流。

八、非客观题（本大题 10 分）

图13所示为一具有过载、短路、失压保护，可在三处起停三相异步电动机的控制电路，图中有错误。说明图中的错误之处；并画出正确的控制电路。

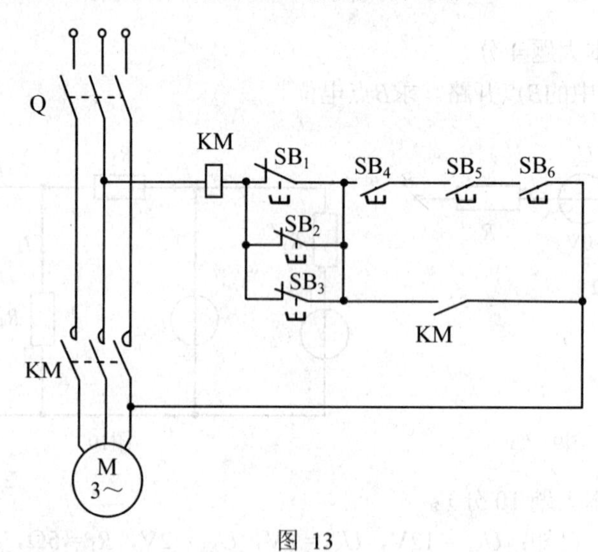

图 13

九、非客观题（本大题 10 分）

三相电路中：（1）如负载不对称且为星形连接时 a. 请说明中线的作用；b. 为什么中线不允许接保险丝和开关？（2）如负载为三角形连接时，试画出用二瓦特表测三相功率的电路图。

《电工技术》试卷 1 答案及分析

一、**单项选择题**（本大题分 15 小题，每小题 2 分，共 30 分）

题号	1	2	3	4	5	6	7	8	9	10	11	12	13	14	15
答案	c	b	c	c	b	a	c	a	b	c	c	a	b	b	a

二、非客观题（本大题 4 分）

【解】 $V_A=6-\dfrac{6-(-4)}{8+2}\times 8=-2\ (V)$

$V_B=V_A-U_S=-2-10=-12\ (V)$

三、非客观题（本大题 10 分）

【解】 如图10′所示， $I_{R1}=\dfrac{U_{S1}-U_{S2}}{R_1}=1.2\text{A}$， 若 $I_3=0$，则：

$U_{R4}=U_{S3}=2\text{V}$ $\qquad I_4=\dfrac{U_{R4}}{R_4}=\dfrac{U_{R2}}{R_2}=I$ $\qquad U_{R2}=U_{S2}-U_{S3}=4\text{V}$

$I_4=0.4\text{A}$ $\qquad R_4=5\Omega$

$P_{U_{S2}}=(I_{R1}-I)\times U_{S2}=4.8\,\text{W}>0$ $\qquad$ 电源 U_{S2} 为负载。

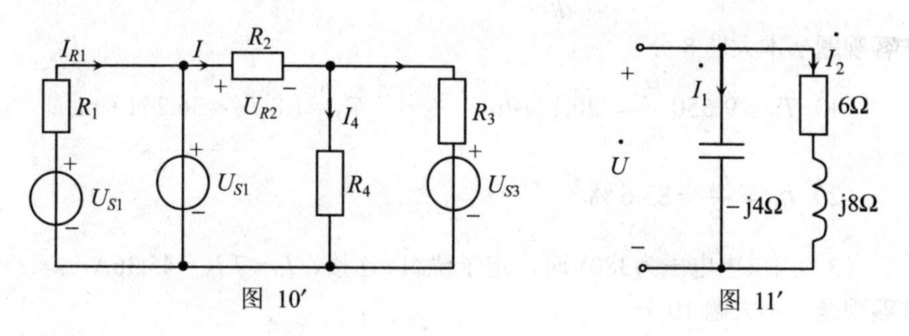

图 10′ $\qquad$ 图 11′

四、非客观题（本大题 10 分）

【解】 如图11′所示，0 $\dot{I}_1=\dfrac{\dot{U}}{Z_1}=\dfrac{100\angle 0^{\circ}}{-\text{j}4}=25\angle 90^{\circ}\ (\text{A})$ $\qquad Z_2=6+\text{j}8=10\angle 53.1^{\circ}\ (\Omega)$

$\dot{I}_2=\dfrac{\dot{U}}{Z_2}=\dfrac{100\angle 0^{\circ}}{10\angle 53.1}=10\angle -53.1^{\circ}\ (\text{A})$ $\qquad \dot{I}=\dot{I}_1+\dot{I}_2=18.02\angle 70.56^{\circ}\ (\text{A})$

$\lambda=\cos(-70.56^{\circ})=0.33$ $\qquad P=UI\lambda=100\times 18.02\times 0.33=600\ (\text{W})$

$Q=UI\sin\varphi=100\times 18.02\times(-0.94)=-1700\ (\text{Var})$

五、非客观题（本大题 8 分）

【解】 负载为Δ形连接，$U_{\text{p}}=U_l=220\ \text{V}$

$I_{\text{p}}=\dfrac{I_l}{\sqrt{3}}=5.77\ \text{A}$ $\qquad |Z|=\dfrac{220}{5.77}=38.1\,\Omega$ $\qquad \lambda=\dfrac{P}{\sqrt{3}U_lI_l}=0.79$

$R=38.1\lambda=30\ \Omega$ $\qquad X_L=23.5\Omega$ $\qquad L=\dfrac{X_L}{\omega}=75\times 10^{-3}\,\text{H}=75\text{mH}$

六、非客观题（本大题 10 分）

【解】 方法一（微分方程）$u_C=A\text{e}^{pt}$ 其中：

$$p=-\frac{1}{\left(\dfrac{R_2R_3}{R_2+R_3}+R_1\right)C}=\frac{-1}{10\times 10^{-3}}=-100$$

$A=u_C(0_+)=u_C(0_-)=I_SR_3=60\ \text{V}$

$u_C=60\text{e}^{-100t}\ \text{V}$

$$i_1(t)=\frac{u_C(t)}{(\frac{R_2R_3}{R_2+R_3})+R_1}=12\mathrm{e}^{-100t}\ \mathrm{mA}$$

方法二（三要素法）：

$u_C(0_-)=I_S\times R_3=10\times 6\ \mathrm{V}=60\ \mathrm{V}$，则由换路定则得 $u_C(0_+)=u_C(0_-)=60\mathrm{V}$

$u_C(\infty)=0$，$R=R_2//\ R_3+R_1=$（3//6 + 3 ）$\mathrm{k}\Omega=5\mathrm{k}\Omega$，　$\tau=RC=5\times2\times10^{-3}\mathrm{s}=0.01\mathrm{s}$

$u_C=60\mathrm{e}^{-100t}\ \mathrm{V}$　　　　$i_1=-C\dfrac{du_C}{dt}=12\mathrm{e}^{-100t}\ \mathrm{mA}$

七、非客观题（本大题 8 分）

【解】　（1）$T_N=9\ 550\dfrac{P_N}{n_N}=20.1\ \mathrm{N\cdot m}$　　　　$T_{st}=1.8\ T_N=36.2\ \mathrm{N\cdot m}$

（2）$\eta_N=\dfrac{P_N}{P_1}=83.6\ \%$

（3）当供电电压为380V时，定子绕组Y连接，$I_{st}=7\ I_N=45.36\mathrm{A}$

八、非客观题（本大题 10 分）

【解】　原电路的错误之处如下：

（1）控制电路电源接错；

（2）主电路中缺熔断器及热继电器FR的发热元件，控制电路中缺FR动断触点；

（3）接触器线圈位置不合理；

（4）三处启动按钮应并联且与KM动合辅助触点并联；

（5）三处停车按钮应串联。

正确的控制电路如图14所示。

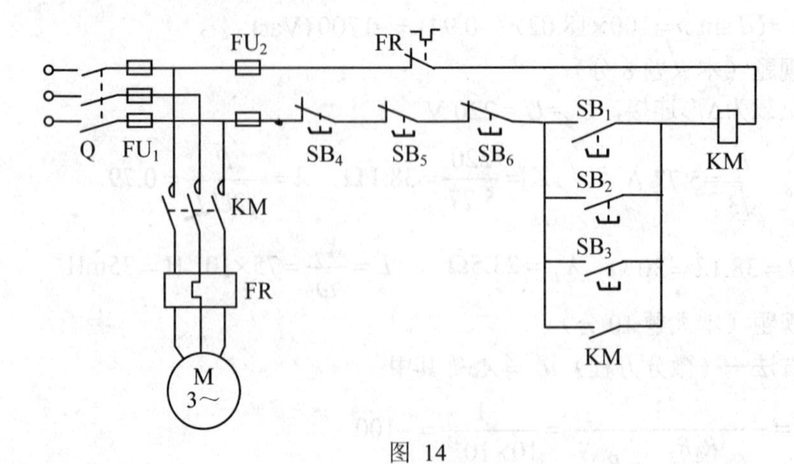

图 14

九、非客观题（本大题 10 分）

【解】

（1）a. 其作用为强迫电源中点与星形负载的中性点等电位，即使加在三相负载上各相电

压对称；

b. 一旦保险丝和开关断开，中线将失去其作用，各相负载所承受的电压改变引起事故。

（2）用二瓦特表测三相功率的电路图如图15所示。

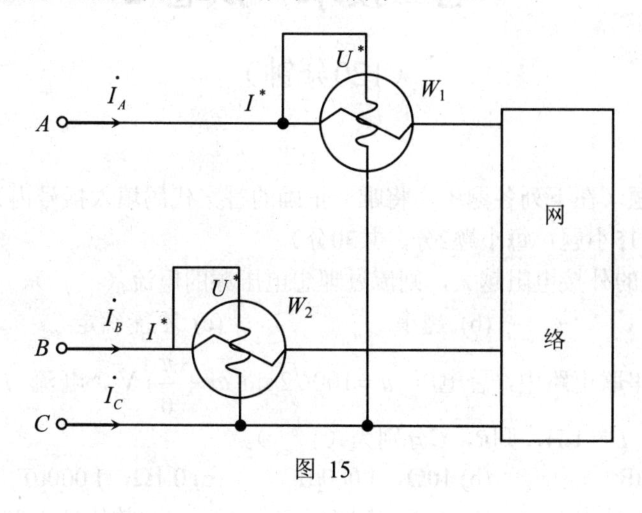

图 15

《电工技术》试卷 2

（120分钟）

一、单项选择题（在下列各题中，将唯一正确的答案代码填入括号内）

（本大题分15小题，每小题2分，共30分）

1．理想电压源的外接电阻越大，则流过理想电压源的电流（　　）。

(a) 越大　　(b) 越小　　(c) 不能确定

2．在R，L，C串联电路中，总电压 $u=100\sqrt{2}\sin(\omega t+\dfrac{\pi}{6})$ V，电流 $i=10\sqrt{2}\sin(\omega t+\dfrac{\pi}{6})$ A，ω=1000 rad / s，L = 1 H，则R，C分别为（　　）。

(a) 10Ω，1μF　　(b) 10Ω，1 000μF　　(c) 0.1Ω，1 000μF

3．在图1所示正弦电路中，$Z=(40+\mathrm{j}30)\Omega$，$X_L=10\Omega$，有效值$U_2=200$V，则总电压有效值$U$为（　　）。

(a) 178.9V　　(b) 226 V　　(c) 120 V

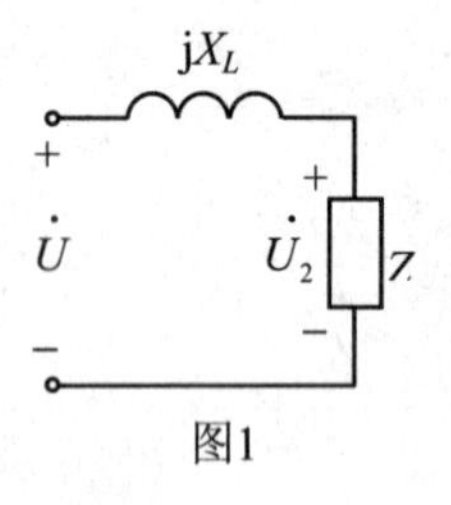

图1

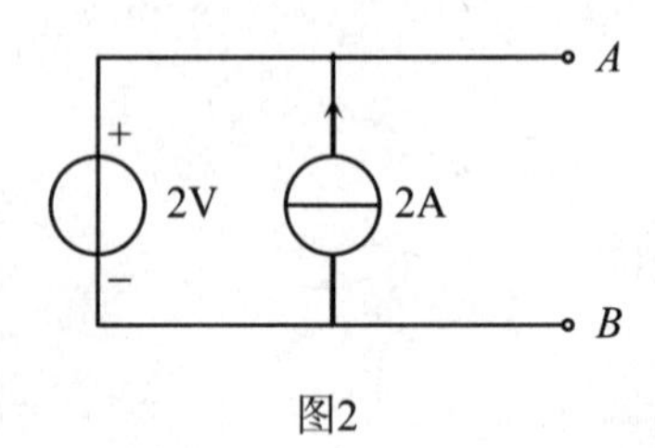

图2

4．在图2所示电路中，用一个等效电源代替，应该是一个（　　）。

(a) 2 A的理想电流源　　(b) 2V的理想电压源　　(c) 不能代替，仍为原电路

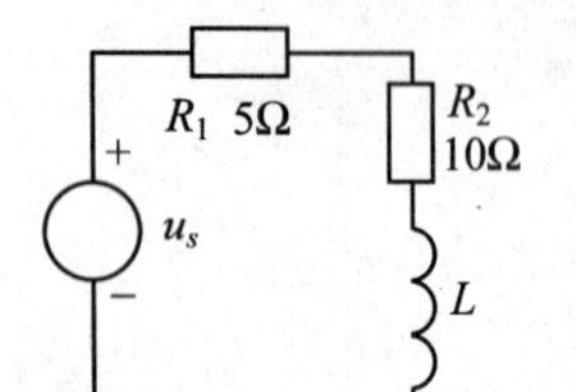

图 3

5．在图3所示电路中，$u_S=50\sin\omega t$ V，5Ω电阻消耗的功率为10W，则总电路的功率因数为（　　）。

(a) 0.3　　(b) 0.6　　(c) 0.8

6．某三相交流发电机绕组接成星形时线电压为6.3kV，若将它接成三角形，则线电压为（　　）。

(a) 6.3 kV　　(b) 10.9 kV　　(c) 3.64 kV

7．在图4所示电路中，已知U_S = 12V, I_S = 2A。A、B两点间的电压U_{AB}为（　　）。

(a) −18V　　(b) 18V　　(c) − 6V

8．在图5所示电路中，开关S在$t=0$瞬间闭合，则$i_2(0_+)$ =（　　）。

(a) 0.1 A　　(b) 0.05 A　　(c) 0A

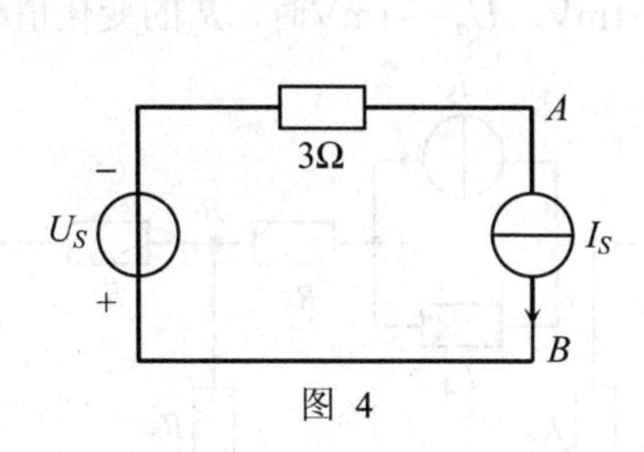

图 4

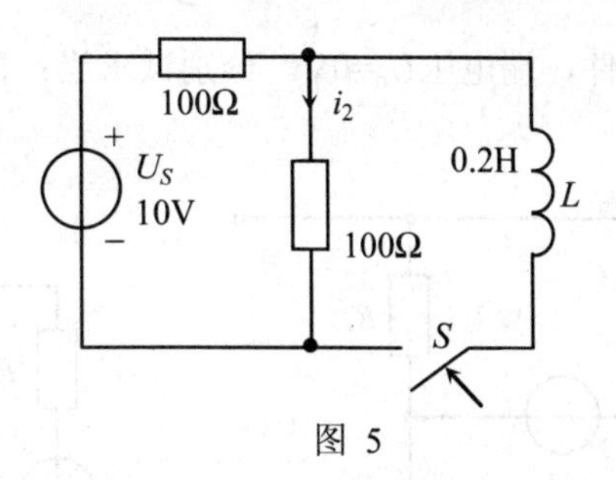

图 5

9．三相鼠笼式电动机转子电路的感应电动势E_2与转差率s的关系是（　　）。

(a) $E_2 \propto s$　　(b) $E_2 \propto 1/s$　　(c) 无关

10．在电动机的继电器接触器控制电路中，热继电器的正确连接方法应当是（　　）。

(a) 热继电器的发热元件串接在主电路内，而把它的动合触点与接触器的线圈串联接在控制电路内

(b) 热继电器的发热元件串联接在主电路内，而把它的动断触点与接触器的线圈串联接在 控制电路内

(c) 热继电器的发热元件并接在主电路内，而把它的动断触点与接触器的线圈并联接在控制电路内

11．在起重设备上的绕线式异步电动机常采用的启动方式是（　　）。

(a) 转子串电阻启动法　　(b) 降压启动法　　(c) 直接启动法

12．在电动机的继电器接触器控制电路中，零压保护的功能是（　　）。

(a) 防止电源电压降低烧坏电动机

(b) 防止停电后再恢复供电时电动机自行启动

(c)实现短路保护

13．在中点不接地的三相三线制低压供电系统中，为了防止触电事故，对电气设备应采取（　　）措施。

(a) 保护接地　　(b) 保护接中（零）线

(c) 保护接中线或保护接地

14．一个量程为30A的电流表，其最大基本误差为±0.45A，则该表的准确度为（　　）。

(a) 1.5级　　(b) 2.5级　　(c) 2.0级

15．在图6所示电路中，开关S在“1”和“2”位置的时间常数分别为τ_1和τ_2，则τ_1和τ_2的关系是（　　）。

(a) $\tau_1 = \tau_2$　　(b) $\tau_1 = 2\tau_2$　　(c) $\tau_1 = \tau_2/2$

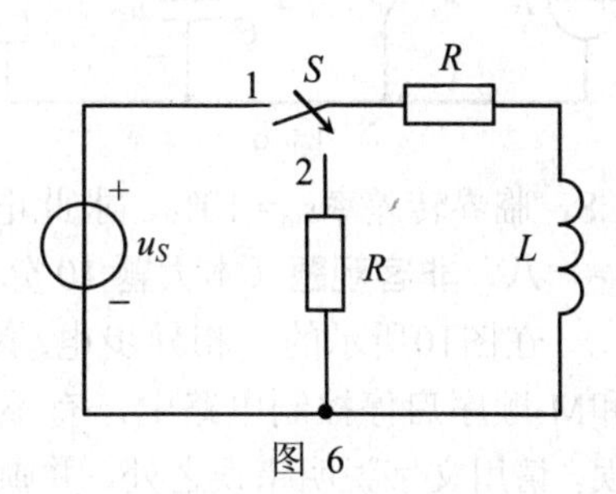

图 6

二、非客观题（本大题 8 分）

一信号源的内阻R_0为200Ω,电压的有效值U_S为18V，负载电阻R_L为10Ω。求：

（1）负载直接接在信号源上时，信号源的输出功率。

（2）负载通过变比为4的变压器接到信号源时，信号源的输出功率。

三、非客观题（本大题8分）

在图7所示电路中，已知：$U_S = 3V$，$R_1 = 100Ω$，$R_2 = R_3 = 200Ω$，当$R_x = 100Ω$时，满足电

桥平衡条件，端电压U_o=0V。分别试求当：$U_o=+1\text{mV}$，$U_o=-1\text{mV}$时，R_x的变化值ΔR_x。

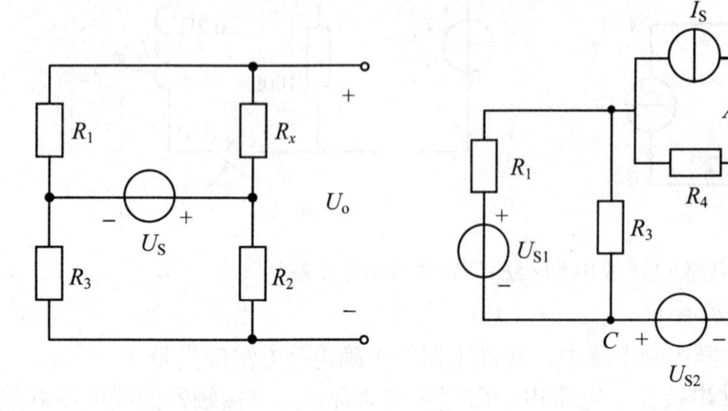

图 7　　　　　　　　　　　　图 8

四、非客观题（本大题 10 分）

在图8所示电路中，已知：$I_S=4\text{A}$，$U_{S1}=24\text{V}$，$U_{S2}=U_{S3}=20\text{V}$，$R_1=R_5=6\Omega$，$R_2=R_3=3\Omega$，$R_4=4\Omega$，$R_6=10\Omega$，$R_7=8\Omega$，$R_8=2\Omega$。用戴维宁定理求电压U_{AB}。

五、非客观题（本大题 10 分）

在R，C串联电路中，已知电源电压$u=100\sqrt{2}\sin 314t$ V，$i=20\sqrt{2}\sin(314t+53.1°)$ A。

（1）求电路参数R，C以及电路的有功功率P，功率因数λ；

（2）若将R，C改为并联而u不变，求电路的有功功率P'，功率因数λ'。

六、非客观题（本大题 8 分）

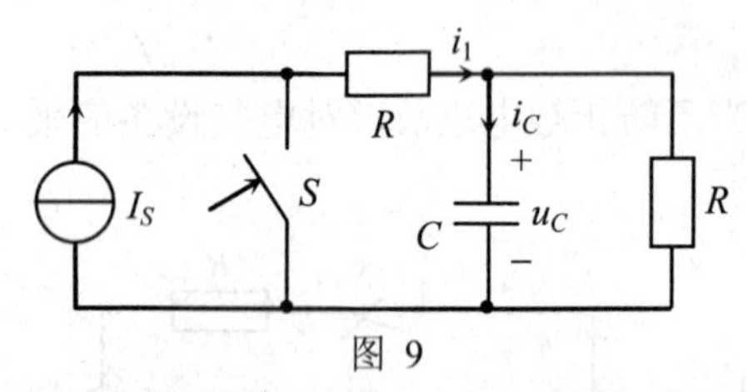

图 9

图9所示电路原已稳定，已知：$R_1=30\Omega$，$R_2=15\Omega$，$C=50\mu\text{F}$，$I_S=10\text{A}$，$t=0$时将开关S闭合。求S闭合后的$i_1(t)$，$i_C(t)$。

七、非客观题（本大题 8 分）

一台三相异步电动机的$U_N=380\text{V}$，$I_N=15.2\text{A}$，$n_N=1\,455\text{r/min}$，$\eta_N=87\%$，$\lambda_N=0.86$，过载系数$\lambda_m=1.8$，临界转差率$s_m=10\%$。求此电动机在输出最大转矩瞬间的输出功率是多少？

八、非客观题（本大题 10 分）

在图10所示的三相异步电动机M_1和M_2顺序启停控制电路中，有不少错误，请用文字说明错误之处，并画出正确的控制电路。控制电路的要求是：M_1启动后才能启动M_2，先停M_2才能停M_1。另外，还要求电路具有短路和过载保护。

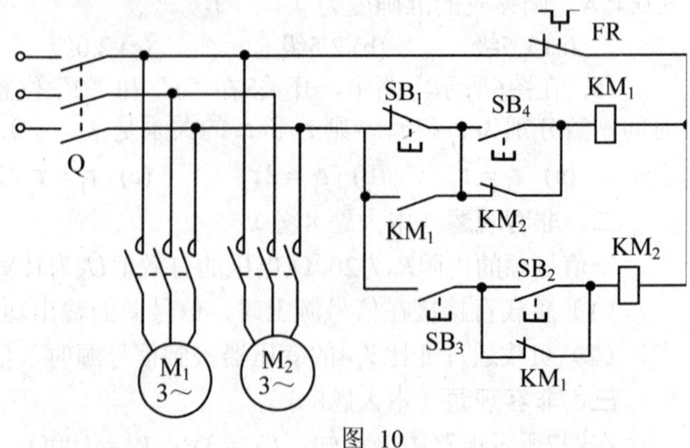

图 10

九、非客观题（本大题 8 分）

欲将量程为1mA，表头内阻R_G=

650Ω，表头满量程电流I_G为50μA，分流电阻$R=34\Omega$的直流毫安表，改成量程分别为10V，100V及250V的直流电压表，如图11示。试计算倍压器电阻R_1，R_2，R_3。

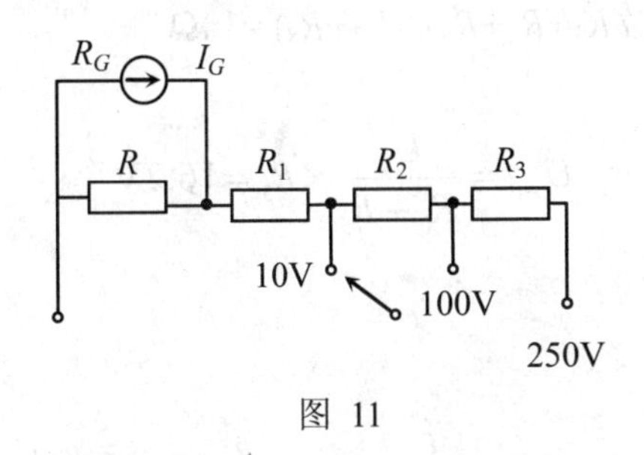

图 11

《电工技术》试卷2答案及分析

一、单项选择题（本大题分15小题，每小题2分，共30分）

题号	1	2	3	4	5	6	7	8	9	10	11	12	13	14	15
答案	b	a	b	b	b	c	a	b	a	b	a	b	a	a	b

二、非客观题（本大题 8 分）

【解】 （1）$I=\dfrac{18}{R_0+R_L}=0.086\ \text{A}$

$$P=I^2R_L=0.073\ \text{W}=73\ \text{mW}$$

（2）$R_L'=K^2R_L=160\ \Omega$

$$P=I'^2R_L'=(\frac{U_S}{R_0+R_L'})^2R_L'=0.4\ \text{W}=400\ \text{mW}$$

三、非客观题（本大题 8 分）

【解】 $U_o=\dfrac{R_2U_S}{R_2+R_3}-\dfrac{R_xU_S}{R_x+R_1}=\dfrac{3}{2}-\dfrac{R_x\times 3}{R_x+100}$

（1）当U_o=1 mV时，$1\times10^{-3}=\dfrac{3}{2}-\dfrac{3R_x'}{R_x'+100}$

R_x'=99.867Ω　　　　$\Delta R_x=R'_x-R_x=-0.133\Omega$

（2）$U_o=-1\text{mV}$时，$-1\times10^{-3}=\dfrac{3}{2}-\dfrac{3R_x''}{R_x''+100}$

R_x''=100.133Ω，　　　$\Delta R_x=R_x''-R_x=0.133\Omega$

四、非客观题（本大题 10 分）

【解】 将R_5移开，$U_0=U_{AB0}=U_{AD}-U_{BD}$，其中：

$$U_{AD}=R_4I_S+\frac{U_{S1}}{R_1+R_3}\times R_3+U_{S2}=44\text{V}, \quad U_{BD}=-\frac{U_{S3}}{R_6+R_7+R_8}\times R_6=-10\text{ V}$$

则　　$U_0=54\text{V}$，$R_0=R_4+R_1//R_3+R_2+R_6//(R_7+R_8)=14\Omega$

化为如图11所示电路：

$$U_{AB}=\frac{U_0}{R_0+R_5}\times R_5=16.2\text{V}$$

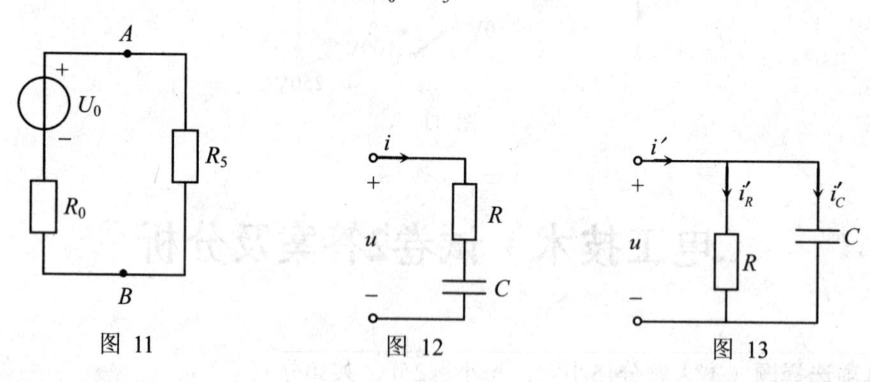

图 11　　图 12　　图 13

五、非客观题（本大题 10 分）

【解】 电路如图12所示。

（1）$|Z|=\frac{U}{I}=5\ \ \Omega$　$R=5\cos 53.1^\circ=3\,(\Omega)$，　　$X_C=5\sin 53.1^\circ=4\,(\Omega)$

$$C=\frac{1}{314\times 4}=7.96\times 10^{-4}\text{ F}=796\ \ \mu\text{F}$$

$$P=I^2R=1\,200\text{ W} \qquad \lambda=\cos(53.1^\circ)=0.6$$

（2）若将R，C改为并联，电路如图13示。

$$\dot{I}'=\dot{I}'_R+\dot{I}'_C=\frac{100}{3}+\frac{100}{-\text{j}4}=41.67\angle 36.9^\circ\text{ (A)}$$

$$\lambda'=\cos(36.9^\circ)=0.8$$

$$P'=\frac{U^2}{R}=3.33\times 10^3\text{ W}=3.33\text{ kW}$$

六、非客观题（本大题 8 分）

【解】　$u_C(0_+)=u_C(0_-)=I_SR_2=150\text{ V}$

$$\tau=\frac{R_1R_2}{R_1+R_2}C=0.5\text{ ms} \qquad u_C(t)=A\text{e}^{-\frac{t}{\tau}}=u_C(0_+)\text{e}^{-\frac{t}{\tau}}=150\text{e}^{-2\,000t}\text{ V}$$

$$i_C(t)=C\frac{\text{d}u_C}{\text{d}t}=-15\text{e}^{-2000t}\text{A} \quad i_1(t)=-\frac{u_C(t)}{R_1}=-5\text{e}^{-2\,000t}\text{A}$$

七、非客观题（本大题 8 分）

【解】　由n_N知，$n_0=1500\text{r/min}$，则$n_m=(1-s_m)\,n_0=1\,350\text{ r/min}$，所以

$P_N = \sqrt{3}U_N I_N \lambda_N \eta_N = 7.49\text{kW}$　　　　$T_N = 9\ 550\dfrac{P_N}{n_N} = 49.13\text{N·m}$

$T_m = \lambda_m T_N = 88.4\ \text{N·m}$　　　　$P_m = \dfrac{T_m n_m}{9\ 550} = 12.5\text{kW}$

八、非客观题（本大题 10 分）

【解】　原图的错误之处如下：

(a) 主电路缺少热继电器FR热元件；

(b) 控制电路和主电路中缺少熔断器；

(c) 启动顺序联锁、停车顺序联锁错；

(d) KM_1、KM_2的自锁错；

(e) SB_3的触点错。

正确电路如图14所示。

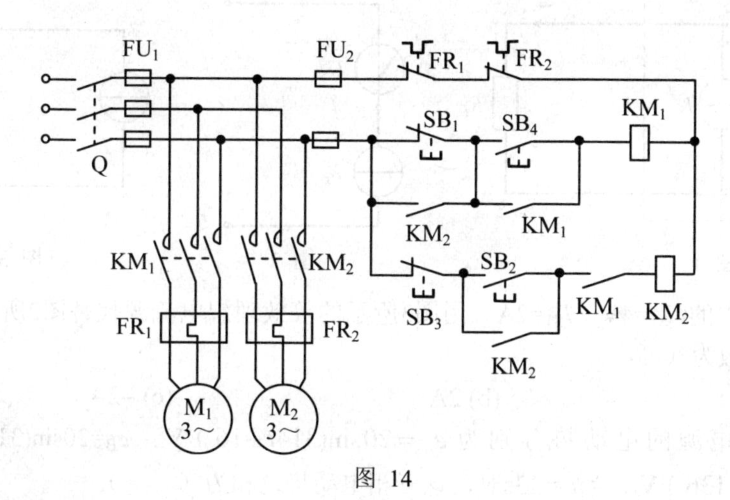

图 14

九、非客观题（本大题 8 分）：

【解】　毫安表内阻

$$R_1 = \frac{10}{1\times10^{-3}} - 32 = 10^4 - 32 = 9.97\ (\text{k}\Omega)$$

$$R_2 = \frac{100}{10^{-3}} - \frac{10}{10^{-3}} = 90\ (\text{k}\Omega)\qquad R_3 = \frac{250}{10^{-3}} - \frac{100}{10^{-3}} = 150\ (\text{k}\Omega)$$

《电工技术》试卷 3

（100分钟）

一、单项选择题（在下列各题中，将唯一正确的答案代码填入括号内）

（本大题分12小题，每小题2分，共24分）

1．图1电路中，对负载电阻R_L而言，点划线框中的电路可用一个等效电源代替，该等效电源是（　　）。

(a) 理想电压源　　(b) 理想电流源　　(c)不能确定

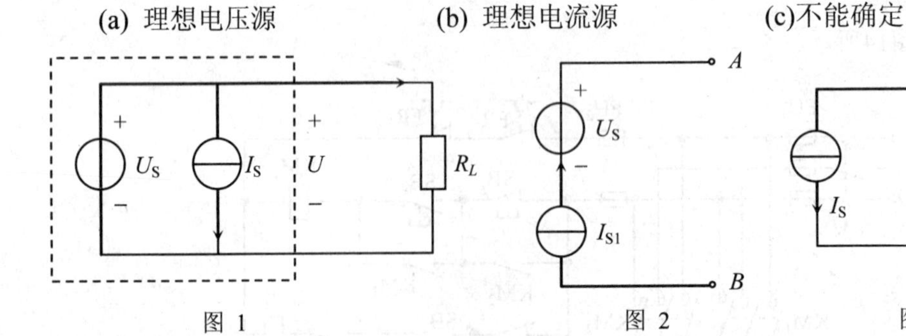

图 1　　图 2　　图 3

2．已知图2中的U_{S1}=4V，I_{S1}=2A。用图3所示的等效理想电流源代替图2所示的电路，该等效电流源的参数为（　　）。

(a) 6A　　(b) 2A　　(c) −2A

3．某三相电源的电动势分别为$e_A = 20\sin(314t + 16^\circ)$ V，e_B=20sin(314t−104°) V，$e_C = 20\sin(314t + 136^\circ)$ V，当t = 13s时，该三相电动势之和为（　　）。

(a) 20V　　(b) $\frac{20}{\sqrt{2}}$ V　　(c) 0V

4．在R，L并联的正弦交流电路中，R = 40Ω，X_L = 30Ω，电路的无功功率Q = 480 Var，则视在功率S为(　　)。

(a) 866V・A　　(b) 800 V・A　　(c) 600 V・A

5．在图4所示电路中，开关S在t = 0瞬间闭合，若$u_C(0_-) = 0$V，则i (0+)为（　　）。

(a) 0.5 A　　(b) 0 A　　(c) 1 A

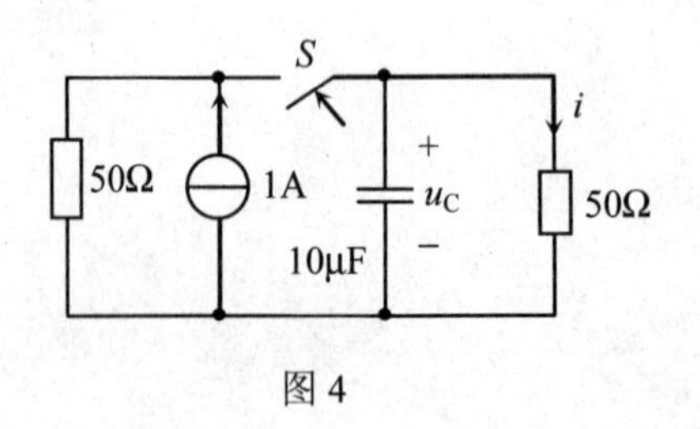

图 4

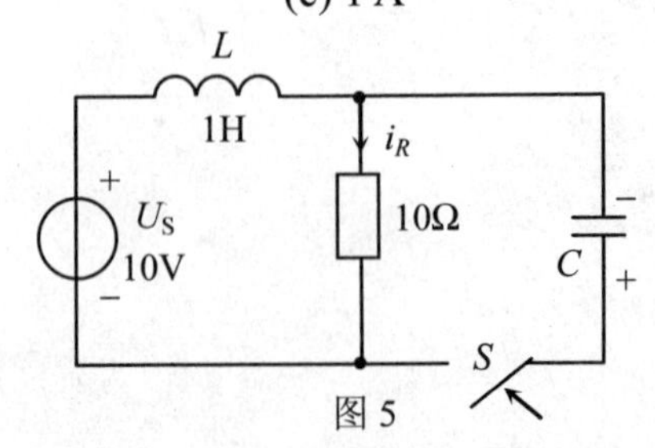

图 5

6. 图5所示电路在换路前已处于稳定状态，而且电容器C上已充有图示极性的6V电压，在$t=0$瞬间将开关S闭合，则$i_R(0_+)=$（　　　　）。

(a) 1A　　(b) 0A　　(c) −0.6A

7. 准确度为1.0级、量程为250V的电压表，它的最大基本误差为（　　　）。

(a) ±2.5 V　　(b) ±0.25 V　　(c) ±25 V

8. 将电气设备的金属外壳接地的保护方式称为（　　　　）。

(a) 工作接地　　(b) 保护接地　　(c) 保护接零 (中)

9. 图6所示电路中，电压有效值$U_{AB}=50$V，$U_{AC}=78$V，则X_L为（　　　　）。

(a) 28Ω　　(b) 32Ω　　(c) 60Ω

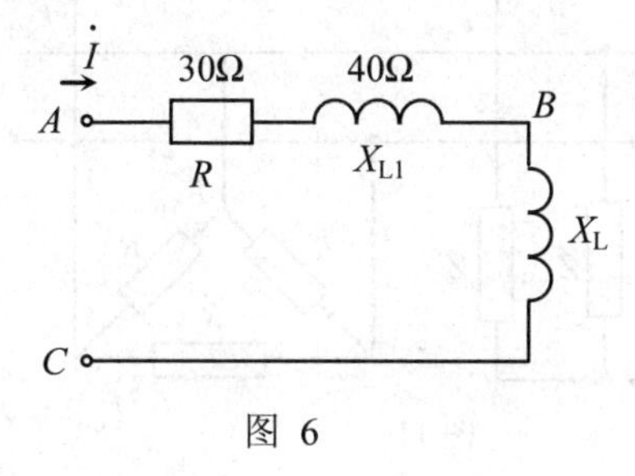

图 6

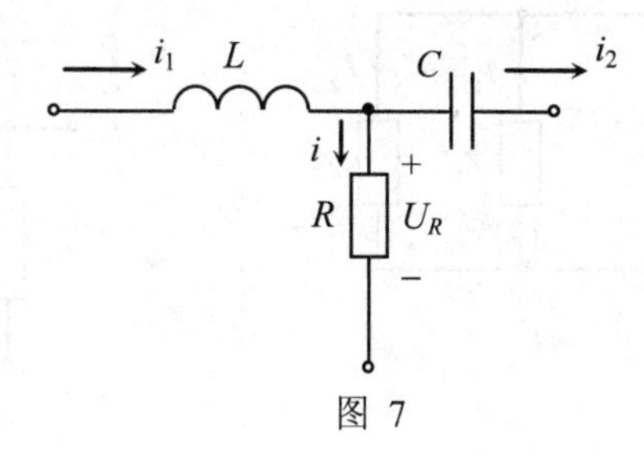

图 7

10. 图7所示电路中，电流$i_1=(3+5\sin\omega t)$ A，$i_2=(3\sin\omega t-2\sin 3\omega t)$ A，则1Ω电阻两端电压u_R的有效值为（　　　　）。

(a) $\sqrt{13}$ V　　(b) $\sqrt{30}$ V　　(c) $\sqrt{5}$ V

11. 有一台星形连接的三相交流发电机，额定相电压为660V，若测得其线电压U_{AB}=660V，U_{BC}=660V，U_{CA}=1143V，则说明（　　　　）。

(a) A相绕组接反　　(b) B相绕组接反　　(c) C相绕组接反

12. 绕线式三相异步电动机在负载不变的情况下，增加转子电阻可以使其转速（　　）。

(a) 增高　　(b) 稳定不变　　(c) 降低

二、非客观题（本大题 10 分）

在图8所示电路中，已知：

$R_1=R_2=R_3=R_4=R_5=R_6=10\ \Omega$，$I_S=10$A。试求：(1) 电流$I$和电流源端电压$U_{AB}$；(2) 在$A$，$C$间串入5Ω电阻后的$I$和$U_{AB}$。

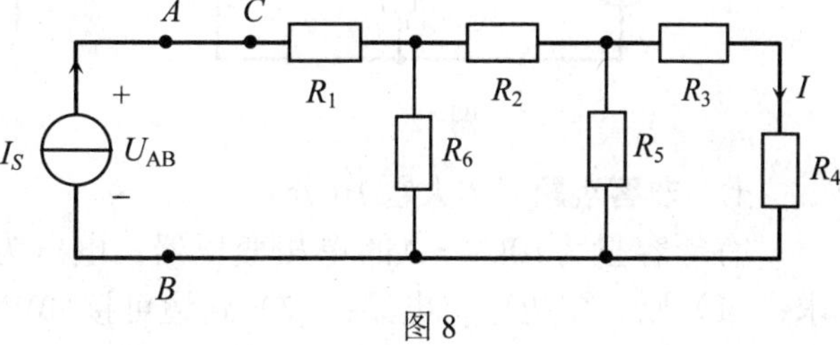

图 8

三、非客观题（本大题 10 分）

在图9所示电路中，已知：$I_{S1}=1$mA，I_{S2}=2mA，I_{S3}= 4mA，R_1=30kΩ，R_2=20kΩ。计算电路中的电流I_1，I_2。说明图中的有源元件哪个是电源，哪个是负载？并校验功率平衡关系。

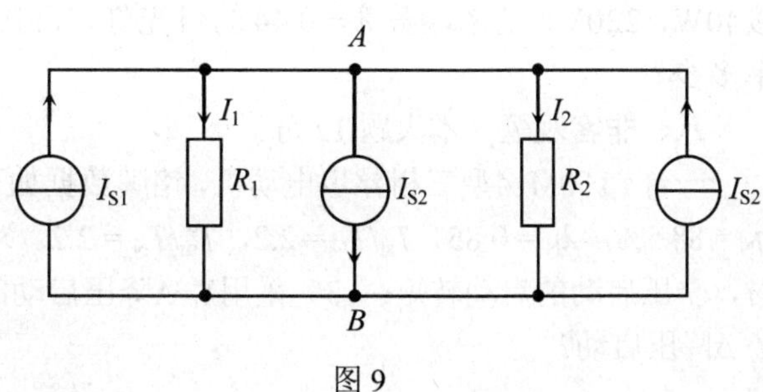

图 9

四、非客观题（本大题 10 分）

在图10所示电路中，已知$Z_1=12$

$+j16\Omega$，$Z_2=10-j20\Omega$，$\dot{U}=120+j160$ V。求各支路电流$\dot{I}$，$\dot{I}_1$，$\dot{I}_2$，总有功功率P及总功率因数λ，并画相量图($\dot{U}$，$\dot{I}$，$\dot{I}_1$，$\dot{I}_2$)。

五、非客观题（本大题 12 分）

线电压$U_l=380$V的三相对称电源上，接有两组三相对称负载，一组是接成星形的感性负载，有功功率为14.52kW，功率因数$\lambda=0.8$；另一组是接成三角形的电阻负载，每相电阻为10Ω，电路如图11所示。求各组负载的相电流及总的线电流I_A，I_B，I_C。

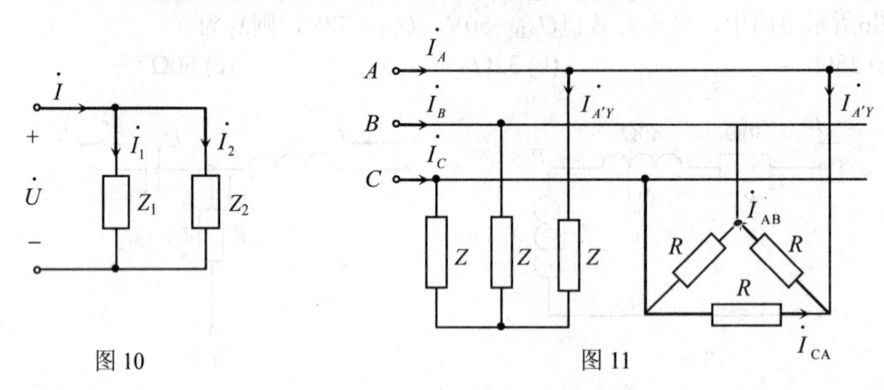

图 10　　图 11

六、非客观题（本大题 12 分）

图12所示电路原已稳定，且$u_C(0_-)=0$，$t=0$时将开关S闭合。求：（1）S闭合的瞬间($t=0_+$)各支路的电流和各元件上的电压；（2）S闭合后，电路达到新的稳定状态时各支路的电流和各元件上的电压。

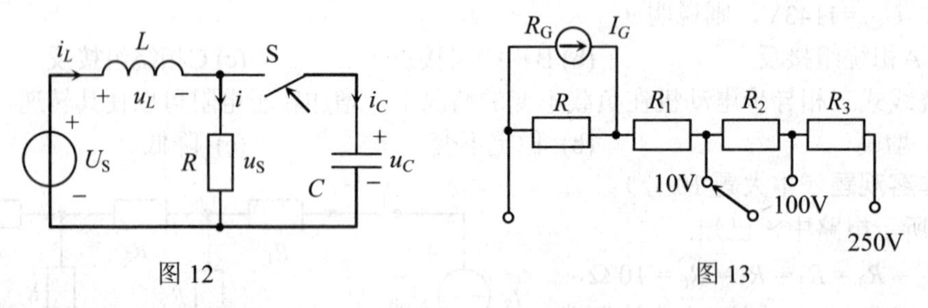

图 12　　图 13

七、非客观题（本大题 10 分）

有一容量为10kV·A的单相变压器，电压为3300/220V，变压器在额定状态下运行。求：（1）原、副边额定电流；（2）副边可接60W，220V的白炽灯多少盏？（3）副边若改接40W，220V，功率因数$\lambda=0.44$的日光灯，可接多少盏(镇流器损耗不计)，变压器输出功率多少？

八、非客观题（本大题 12 分）

一台Y160M-4型三相异步电动机，铭牌数据如下：$P_N=11$kW，$U_N=380$V，$n_N=1460$r/min，$\eta_N=88.5\%$，$\lambda_N=0.85$，$T_{st}/T_N=2.2$，$T_m/T_N=2.2$。求：（1）额定电流I_N；（2）电源电压为380V时，全压启动的启动转矩；（3）采用Y-Δ降压启动的启动转矩；（4）带70%额定负载能否采用Y-Δ降压启动?

《电工技术》试卷 3 答案及分析

一、**单项选择题**（本大题分 12 小题，每小题 2 分，共 24 分）

题号	1	2	3	4	5	6	7	8	9	10	11	12
答案	a	c	c	c	b	c	a	b	b	a	b	c

二、非客观题（本大题 10 分）

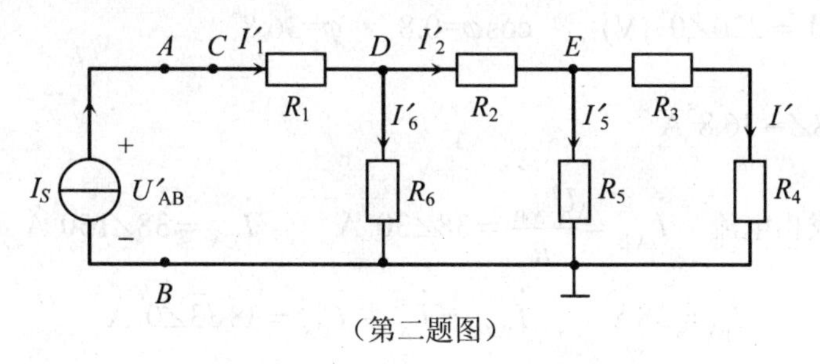

（第二题图）

【解】

（1）利用线性电路的齐次性，设R_4中电流$I'=1$A，则$V_E=(R_3+R_4)I'=20$V

$I'_5=\dfrac{V_E}{R_5}=\dfrac{20}{10}=2$ A　　$I'_2=I'+I'_5=1+2=3$ A　　$V_D=V_E+R_2I'_2=50$V

$I'_6=\dfrac{V_D}{R_6}=\dfrac{50}{10}=5$ A　　$I_1'=I_2'+I'_6=3+5=8$A　　$U'_{AB}=V_D+R_1I'_1=130$V

$\dfrac{I}{1}=\dfrac{I_S}{I'_1}$　　$I=\dfrac{10}{8}=1.25$A，　　$\dfrac{U_{AB}}{U'_{AB}}=\dfrac{10}{8}$　　$U_{AB}=\dfrac{10}{8}\times U'_{AB}=162.5$V

（2）$U_{AB}=162.5+10\times5=212.5$（V）　　$I=1.25$A

三、非客观题（本大题 10 分）

【解】$U_{AB}=(I_{S1}+I_{S3}-I_{S2})(R_1//R_2)=36$V　　$I_1=\dfrac{U_{AB}}{R_1}=1.2$mA　　$I_2=\dfrac{U_{AB}}{R_2}=1.8$mA

I_{S1}：$P_1=-I_{S1}U_{AB}=-36\text{mW}<0$　　电源
I_{S2}：$P_2=I_{S2}U_{AB}=72\text{mW}>0$　　负载
I_{S3}：$P_3=-I_{S3}U_{AB}=-144\text{mW}<0$　　电源
R_1：$P_4=I_1U_{AB}=43.2\text{mW}>0$　　负载
R_2：$P_5=I_2U_{AB}=64.8\text{mW}>0$　　负载
$P=P_1+P_2+P_3+P_4+P_5=0$　　功率平衡

$\dot{U}$　$\dot{I}_2$　$\dot{I}$　$\dot{I}_1$

（第四题图）

四、非客观题（本大题 10 分）

【解】$\dot{U}=200\angle53.1^\circ$ V　　$Z_1=20\angle53.1^\circ\,\Omega$　　$Z_2=22.36\angle-63.4^\circ\,\Omega$

$\dot{I}_1=\dfrac{\dot{U}}{Z_1}=10\angle 0^\circ$ A　　　　$\dot{I}_2=\dfrac{\dot{U}}{Z_2}=8.94\angle 116.5^\circ$ A

$\dot{I}=\dot{I}_1+\dot{I}_2=10\angle 53.1^\circ$ A　　　　$\lambda=1 P=UI\lambda=2\,000$ W

五、非客观题（本大题12分）

【解】 因为两组负载都是对称的，所以两组负载的相电流都是对称的，三个总的线电流$\dot{I}_A$，$\dot{I}_B$，$\dot{I}_C$也都是对称的，所以只以A相为例计算。

（1）对Y接负载相电流　$I_{pY}=I_{lY}=\dfrac{P}{\sqrt{3}U_l\lambda}=27.58$ A

设$\dot{U}_A=\dfrac{380}{\sqrt{3}}\angle 0^\circ=220\angle 0^\circ$ (V)　　$\cos\varphi=0.8$　　$\varphi=36.8^\circ$

$\dot{I}_{A lY}=27.58\angle -36.8^\circ$ A

（2）对Δ接负载相电流　$\dot{I}_{AB}=\dfrac{\dot{U}_{AB}}{R}=38\angle 30^\circ$ A　　$\dot{I}_{CA}=38\angle 150^\circ$ A

$$I_{p\Delta}=38\text{A}\qquad \dot{I}_{A l\Delta}=\dot{I}_{AB}-\dot{I}_{CA}=38\sqrt{3}\angle 0^\circ \text{ A}$$

A线总线电流　$\dot{I}_A=\dot{I}_{A lY}+\dot{I}_{A l\Delta}=27.58\angle -36.8^\circ+38\sqrt{3}=89.45\angle -10.63^\circ$ (A)

$I_A=I_B=I_C=89.45$A

六、非客观题（本大题 12 分）

【解】（1）$u_C(0_+)=u_C(0_-)=0$　　　　$i_L(0_+)=i_L(0_-)=\dfrac{U_S}{R}$

$u_R(0_+)=u_C(0_+)=0$　　　　$i(0_+)=\dfrac{u_R(0_+)}{R}=0$

$i_C(0_+)=i_L(0_+)-i(0_+)=\dfrac{U_S}{R}$　　　　$u_L(0_+)=U_S-u_C(0_+)=U_S$

（2）$i_C(\infty)=0$　　$i_L(\infty)=i(\infty)=\dfrac{U_S}{R}$　　$u_L(\infty)=0$　　$u_C(\infty)=u_R(\infty)=U_S$

七、非客观题（本大题 10 分）

【解】（1）$I_1=\dfrac{10\,000}{3\,300}=3.03$ (A)　　　　$I_2=\dfrac{10\,000}{220}=45.46$ (A)

（2）$n=\dfrac{1\,000}{60}=166.7\doteq 166$（盏）

（3）$n=\dfrac{S\lambda}{40}=110$（盏）　　　　$P=S\lambda=4\,400$ W

八、非客观题 (本大题 12 分)

【解】（1）$I_N=\dfrac{P_N}{\sqrt{3}U_N\lambda_N\eta_N}=22.24$ A

（2）$T_{\mathrm{N}}=9\ 550\dfrac{P_{\mathrm{N}}}{n_{N}}=71.95\ \mathrm{N{\bullet}m}$　　　$T_{\mathrm{st}}=2.2\,T_{\mathrm{N}}=158.29\ \mathrm{N{\bullet}m}$

（3）$T_{\mathrm{stY}}=\dfrac{1}{3}T_{\mathrm{st}}=52.76\ \mathrm{N{\bullet}m}$

（4）$70\%T_{\mathrm{N}}=50.37\mathrm{N\cdot m}<\dfrac{1}{3}T_{\mathrm{st}}=52.76\ \mathrm{N{\bullet}m}$

故带70%额定负载可采用Y–Δ降压起动。

《电工技术》试卷 4

(100 分钟)

一、单项选择题(在下列各题中，将唯一正确的答案代码填入括号内)

(本大题分12小题，每小题2分，共24分)

1．在图1所示电路中，已知$U_S = 2V$，I_S=2A。A、B两点间的电压U_{AB}为(　　)。

(a) 1V　　(b) −1 V　　(c) −2V

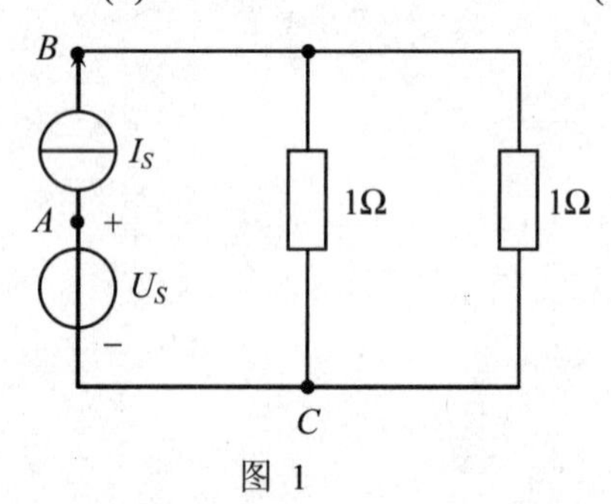

图 1

2．把图2所示的电路改为图3的电路，其负载电流I_1和I_2将(　　)。

(a) 增大　　(b) 不变　　(c) 减小

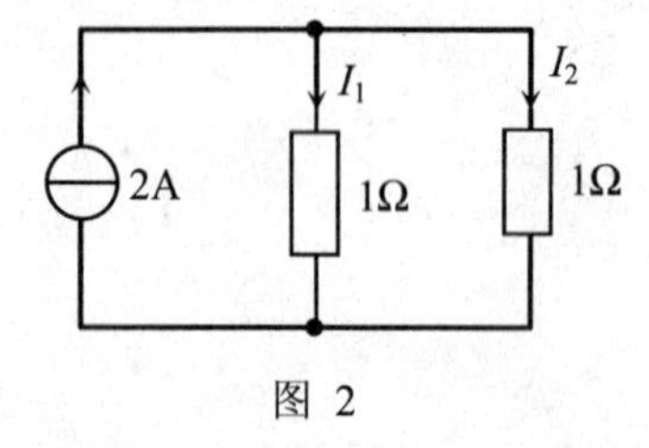

图 2

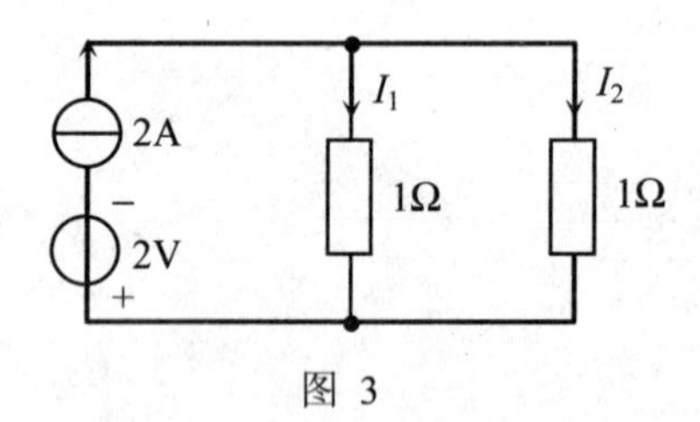

图 3

3．在某对称星形连接的三相负载电路中，已知线电压$u_{AB}=380\sqrt{2}\sin\omega t$ V，则B相电压有效值相量$\dot{U}_B =$(　　)。

(a) $220\angle150^\circ$V　　(b) $380\angle150^\circ$V　　(c) $220\angle-150^\circ$V

4．在图4所示正弦交流电路中，$R = X_L = 5\Omega$，欲使电路的功率因数$\lambda=1$，则X_C为(　　)。

(a) 5Ω　　(b) 7.07Ω　　(c) 10Ω

5．在图5所示电路中，开关S在$t = 0$瞬间闭合，则流过电压源的电流$i_S(0_+)$ =(　　)。

(a) 0.1A　　(b) 0.05A　　(c) 0A

6．两个完全相同的交流铁心线圈，分别工作在电压相同而频率不同($f_1 > f_2$)的两电源下，此时线圈的电流I_1和I_2的关系是(　　)。

(a) $I_1 > I_2$　　(b) $I_1 < I_2$　　(c) $I_1 = I_2$

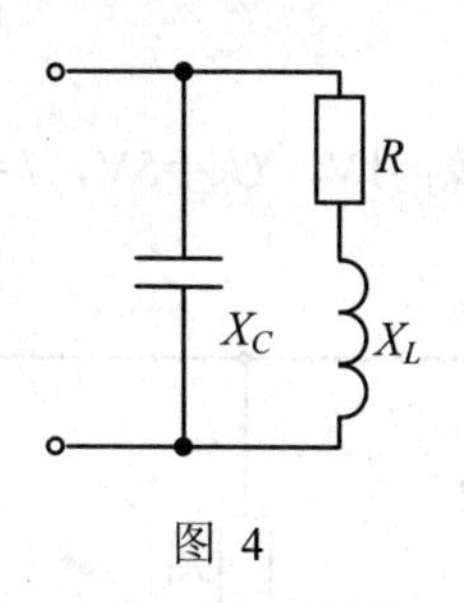

图 4

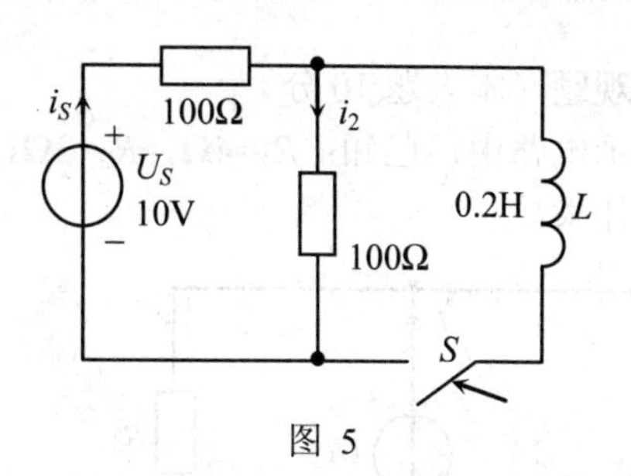

图 5

7．在不引起附加误差的正常条件下进行测量时，若仪表可能产生的最大误差为$\triangle A_{\mathrm{m}}$仪表的量程(测量上限或满刻度)为A_{N}，$\dfrac{\Delta A_{\mathrm{m}}}{A_{\mathrm{N}}}\times 100\%$ 称为（　　）。

(a) 引用误差（相对额定误差）　(b)最大百分误差　(c)最大百分绝对误差

8．三相异步电动机产生的电磁转矩是由于（　　）。

(a) 定子磁场与定子电流的相互作用　(b)转子磁场与转子电流的相互作用

(c) 旋转磁场与转子电流的相互作用

9．在电动机的继电器接触器控制电路中，热继电器的功能是实现（　　）。

(a) 短路保护　(b) 零压保护　(c) 过载保护

10．在图6所示电路中，电流有效值I_1=10A，I_C=8A，总功率因数为1，则I为（　　）。

(a) 2A　(b) 6A　(c) 不能确定

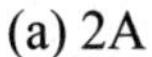

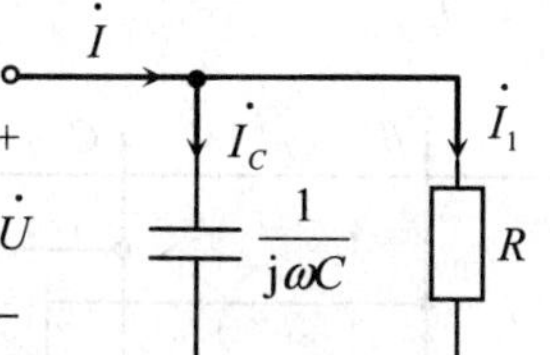

图 6

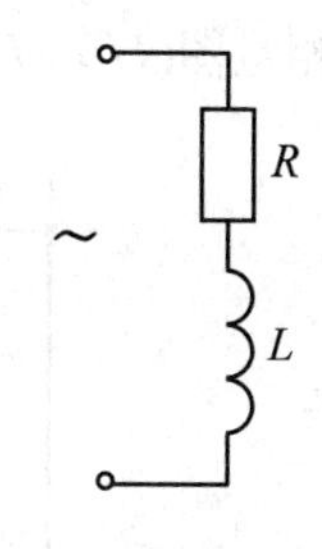

图 7

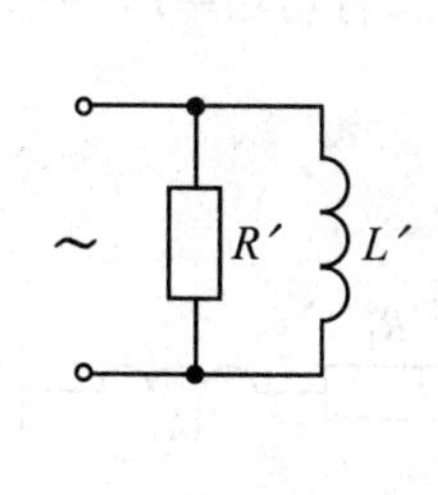

图 8

11．当ω=10rad/s 时，图7电路可等效为图8所示电路，已知L=0.5H，L' = 2.5H，问R及R'各为（　　）。

(a) R=10Ω　R'=12.5Ω　(b) R=12.5kΩ　R'=10Ω　(c) R=10Ω　R'=0.1Ω

12．R，L串联电路与电压为8V的恒压源接通，如图9所示。在t=0瞬间将开关S闭合，当电阻分别为10Ω，30Ω，20Ω，50Ω时所得到的4条$u_R(t)$ 曲线如图10所示，其中，20Ω电阻所对应的$u_R(t)$ 曲线是（　　）。

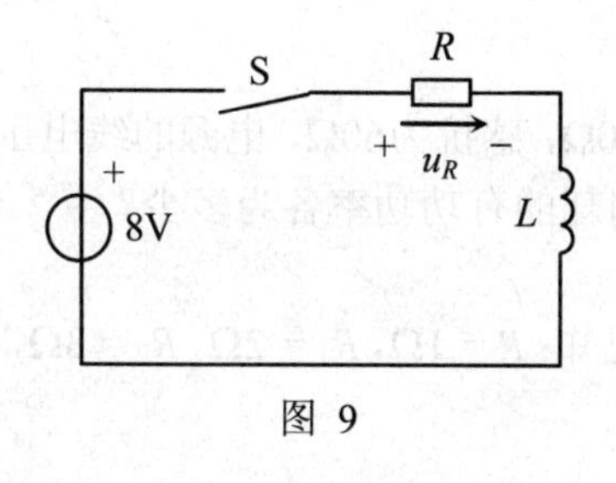

图 9

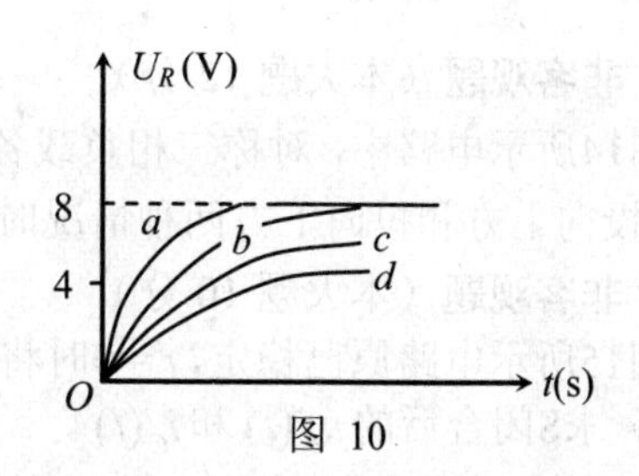

图 10

二、非客观题（本大题 10 分）

在图11所示电路中，已知：R_1=4Ω，R_2=3Ω，R_3=2Ω，U_{S1}=1V，U_{S2}=5V，I=2A，I_S=1A。用基尔霍夫定律求U_{S3}=?

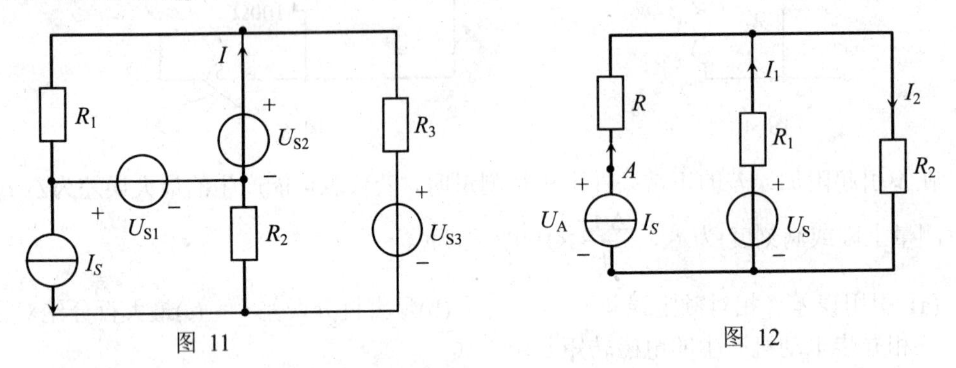

图 11　　　　图 12

三、非客观题（本大题 10 分）

在图12所示电路中，已知：U_S=10V，I_S=10A，R=R_1=R_2=10Ω。试用叠加原理求支路电流I_1，I_2及电压U_{AB}，并说明哪个元件是电源。

四、非客观题（本大题 12 分）

在在图13所示电路中，$\dot{U}=100\angle 0^\circ$ V，$R_1=8\Omega, R_2=5\Omega, X_1=44\Omega, X_2=50\Omega, X_3=8.66\Omega$。求总电流$I$，总有功功率$P$，并画出相量图($\dot{U}$，$\dot{I}$，$\dot{I}_1$，$\dot{I}_2$)。

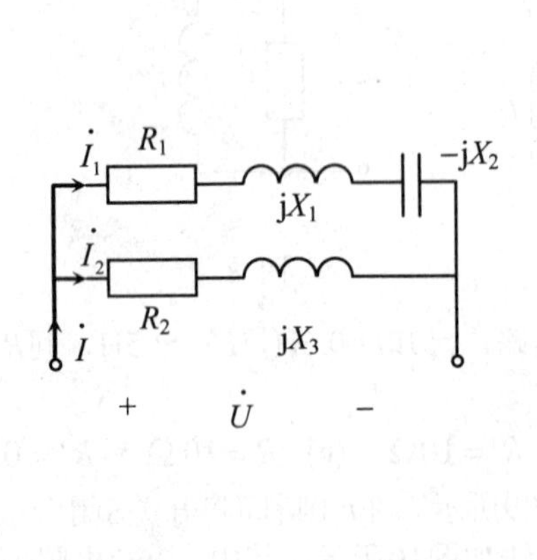

图 13

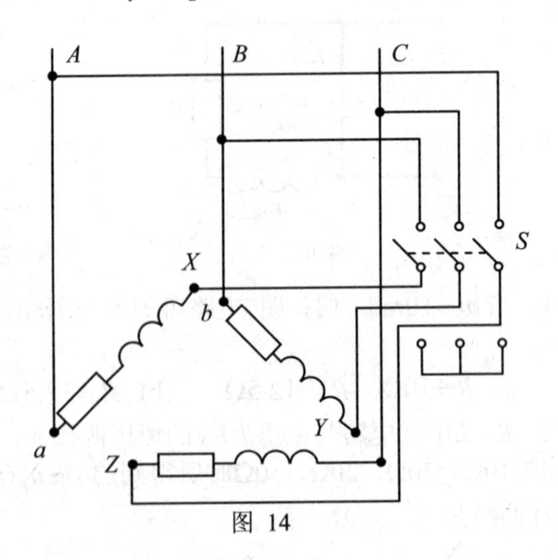

图 14

五、非客观题（本大题 12 分）

在图14所示电路中，对称三相负载各相的电阻为80Ω，感抗为60Ω，电源的线电压为380V。当开关S投向上方和投向下方两种情况时，三相负载消耗的有功功率各为多少？

六、非客观题（本大题 10 分）

在图15所示电路原已稳定，$t=0$时将开关S闭合。已知：$R=1\Omega$，$R_1=2\Omega$，$R_2=3\Omega$，$C=5\mu F$，$U_S=6V$。求S闭合后的$u_C(t)$和$i_C(t)$。

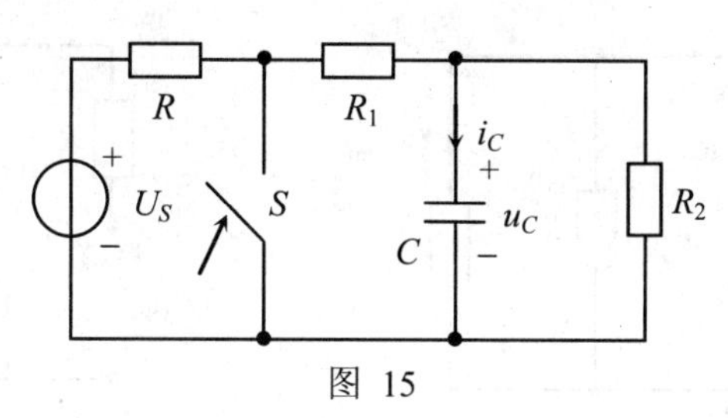

图 15

七、非客观题（本大题 10 分）

有一音频变压器，原边连接一个信号源，其$U_S=8.5\text{V}$，内阻$R_0=72\Omega$，变压器副边接扬声器，其电阻$R_L=8\Omega$。求：（1）扬声器获得最大功率时的变压器变比和最大功率值；（2）扬声器直接接入信号源获得的功率。

八、非客观题（本大题 12 分）

Y112M-4型三相异步电动机，$U_N=380\text{V}$，Δ形接法，$I_N=8.8\text{A}$，$P_N=4\text{kW}$，$\eta_N=0.845$，$n_N=1440\text{r/min}$。求：（1）在额定工作状态下的功率因数及额定转矩；（2）当电动机的启动转矩为额定转矩的2.2倍时，采用Y–Δ降压启动的启动转矩。

《电工技术》试卷4答案及分析

一、单项选择题（本大题分12小题，每小题2分，共24分）

题号	1	2	3	4	5	6	7	8	9	10	11	12
答案	a	b	c	c	b	b	a	c	c	b	a	c

二、非客观题（本大题 10 分）

【解】 设各支路电流的正方向如图1所示，由图知

$$I_1=\frac{U_{S2}-U_{S1}}{R_1}=\frac{5-1}{4}=1\ (\text{A})$$

$I_3=I-I_1=2-1=1\ (\text{A})$

$I_2=I_S+I_3=1+1=2\ (\text{A})$

$U_{S3}=U_{S2}-R_2I_2-R_3I_3=5-3\times2-2\times1=-3\ (\text{V})$

图 1

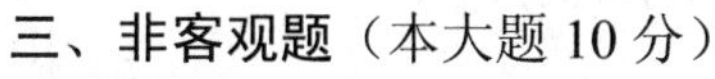

三、非客观题（本大题 10 分）

【解】 利用叠加原理：（见图2）

I_S单独作用时：$I_1'=I_2'=0.5I_S=5\text{A}$ $\qquad U_{AB}'=RI_S+R_1I_1'=150\text{V}$

U_S单独作用时：$I_1''=I_2''=\dfrac{U_S}{R_1+R_2}=0.5\text{A}$ $\qquad U_{AB}''=R_2I_2''=5\text{V}$

叠加得：$I_1=-I_1'+I_1''=-4.5\text{A}$ $\qquad I_2=I_2'+I_2''=5.5\text{A}$ $\qquad U_{AB}=U_{AB}'+U_{AB}''=155\text{V}$

电流源I_S是电源， $P_{I_S}=-I_SU_{AB}=-10\times155\,\text{W}=-1550\,\text{W}<0$，发出功率。

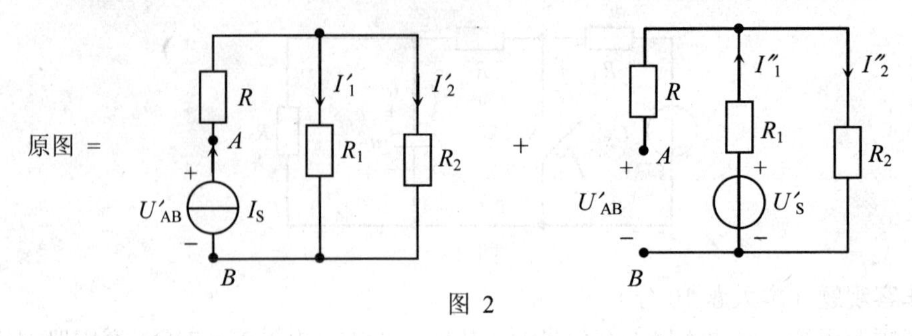

图 2

四、非客观题（本大题 12 分）

【解】 $\dot{I}_1=\dfrac{\dot{U}}{R_1+\mathrm{j}(X_1-X_2)}=(8+\mathrm{j}6)\ \mathrm{A}$ $\dot{I}_2=\dfrac{\dot{U}}{R_2+\mathrm{j}X_3}=(5-\mathrm{j}8.66)\ \mathrm{A}$

$\dot{I}=\dot{I}_1+\dot{I}_2=13.27\angle-11.57^\circ\ \mathrm{A}$ $I=13.27\mathrm{A}$ $P=UI\lambda=1300\mathrm{W}$

$\dot{I}_1$ $\dot{U}$ $\dot{I}$ $\dot{I}_2$

五、非客观题（本大题 12 分）

【解】（1）S向上，负载接成Δ，则 $U_{p\Delta}=U_{l\Delta}=380\ \mathrm{V}$

$$I_{p\Delta}=\frac{380}{\sqrt{80^2+60^2}}=3.8\ (\mathrm{A}) \qquad P_\Delta=3I_{p\Delta}^2R=3.47\ \mathrm{kW}$$

（2）S向下，将负载接成Y，则 $U_{pY}=\dfrac{380}{\sqrt{3}}=220\ (\mathrm{V})$ $I_{pY}=\dfrac{220}{100}=2.2\ (\mathrm{A})$

$$P_Y=3\times2.2^2\times80=1.16\ (\mathrm{kW})$$

六、非客观题（本大题 10 分）

【解】 $u_C=A\mathrm{e}^{pt}$

$$p=-\frac{1}{\dfrac{R_1R_2}{R_1+R_2}C}=-\frac{1}{6\times10^{-6}}$$

$$A=u_C(0_+)=u_C(0_-)=\frac{R_2}{R+R_1+R_2}U_S=3\mathrm{V} \qquad u_C(t)=3\mathrm{e}^{-\frac{10^6}{6}t}\mathrm{V}$$

$$i_C(t)=-\frac{u_C(t)}{\dfrac{R_1R_2}{R_1+R_2}}=-2.5\mathrm{e}^{-\frac{10^6}{6}t}\mathrm{A}$$

七、非客观题 (本大题 10 分)

【解】(1)获得最大功率时：$R'_L=R_0=72\ \Omega$，$K=\sqrt{\dfrac{R'_L}{R_L}}=3$，$P_{max}=(\dfrac{U_S}{R_0+R'_L})^2R'_L=0.251\ \mathrm{W}$

（2）$P=(\frac{U_{\mathrm{S}}}{R_0+R_{\mathrm{L}}})^2 R_{\mathrm{L}}=0.09\ \mathrm{W}$

八、非客观题（本大题 12 分）

【解】（1）$\lambda_N=\frac{P_N}{\sqrt{3}U_N I_N \eta_N}=0.818$　　$T_N=9\ 550\frac{P_N}{n_N}=26.53\mathrm{N{\bullet}m}$

（2）$T_{st}=(\frac{1}{\sqrt{3}})^2\times 2.2\times T_{\mathrm{N}}=\frac{1}{3}\times 2.2T_N=19.46\ \mathrm{N{\bullet}m}$

《电工技术》试卷 5

（100 分钟）

一、单项选择题（在下列各题中，将唯一正确的答案代码填入括号内）

（本大题分12小题,前十题每小题2分,最后两题每小题，共24分）

1．在图1所示电路中，对负载电阻R_L而言，点划线框中的电路可用一个等效电源代替，该等效电源是（　　）。

(a) 理想电压源　　(b) 理想电流源　　(c) 不能确定

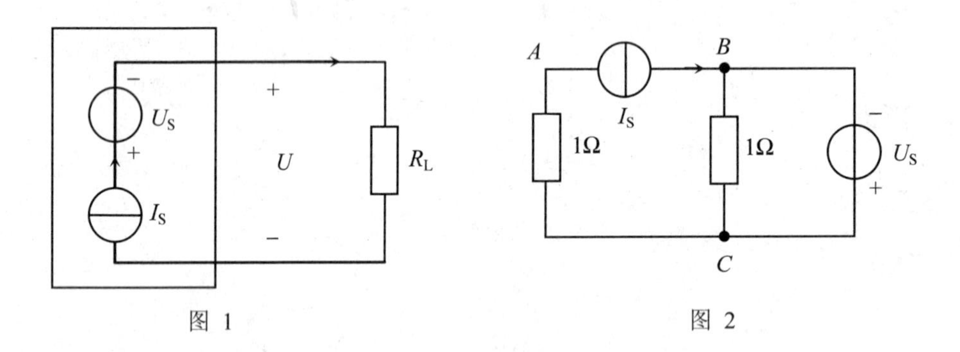

图 1　　图 2

2．在图2所示电路中，已知U_S=2V，I_S=2A。A，B两点间的电压U_{AB}为（　　）。

(a) −1V　　(b) 1V　　(c) 0

3．在图3所示电路中，U_S，I_S均为正值，其工作状态是（　　）。

(a) 电压源发出功率　(b) 电流源发出功率　(c) 电压源和电流源都不发出功率

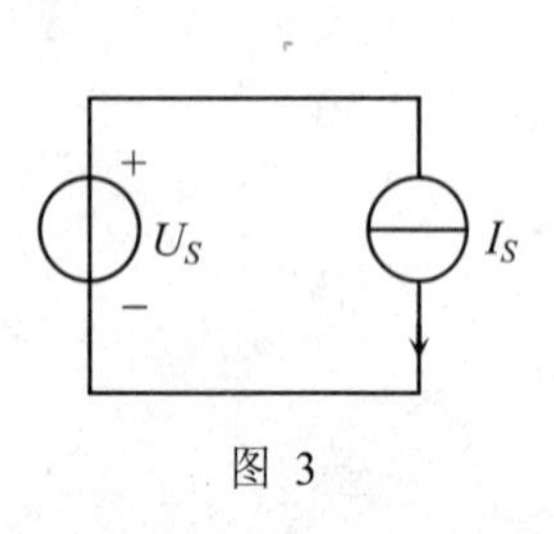

图 3

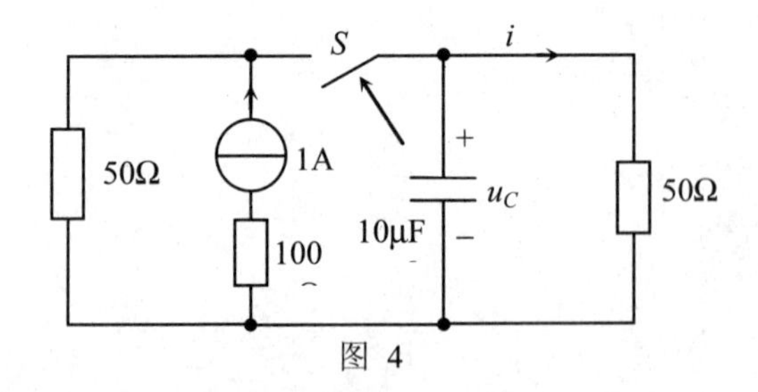

图 4

4．两个铁心线圈除了匝数不同（$N_1>N_2$）外，其它参数都相同，若将这两个线圈接在同一交流电源上，它们的磁通Φ_1和Φ_2的关系为（　　）。

(a) $\Phi_1>\Phi_2$　　(b) $\Phi_1<\Phi_2$　　(c) $\Phi_1=\Phi_2$

5．已知某三相电路的相电压$\dot{U}_A=220\angle-17^\circ$V，$\dot{U}_B=220\angle-103^\circ$V，$\dot{U}_C=220\angle-137^\circ$V，

当 $t=19$s时，三个线电压之和为（　　）。

(a) 0V　　(b) 220V　　(c) $220\sqrt{2}$ V

6．在图4所示电路中，开关S在$t=0$瞬间闭合，若$u_C(0_-)=0$V，则$i(0_+)$为（　　）。

(a) 1A　　(b) 0A　　(c) 0.5A

7．绕线式异步电动机常用于启动（　　）。

(a) 一般设备　　(b)重设备　　(c) 轻设备

8．电路初始储能为零，而初始时刻施加于电路的外部激励引起的响应称为（　　）响应。

(a) 暂态　　(b) 零输入　　(c) 零状态

9．用准确度为2.5级，量程为30A的电流表在正常条件测得电路的电流为15A时，可能产生的最大绝对误差为（　　）。

(a) ±0.375　　(b) ±0.05　　(c) ±0.75

10. 在图5所示的R，L，C串联正弦交流电路中，若总电压u，电容电压u_C及R、L两端电压u_{RL}的有效值均为100V，且$R=10\Omega$，则电流有效值I为（　　）。

(a) 10A　　(b) 8.66A　　(c) 5A

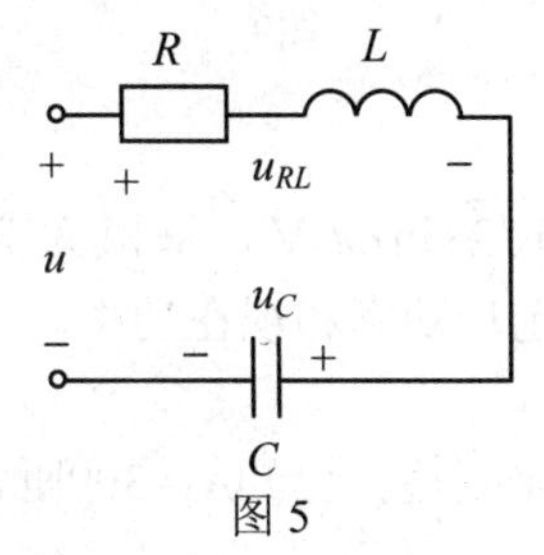

图 5

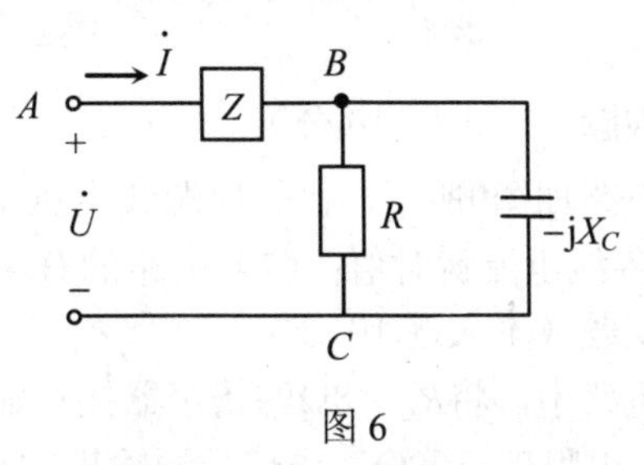

图 6

11．某周期为0.02s的非正弦电流，其5次谐波频率f_5为（　　）。

(a) 10Hz　　(b) 250Hz　　(c) 50Hz

12．在图6所示正弦电路中，$R=X_C=5\Omega$，$U_{AB}=U_{BC}$，且电路处于谐振状态，则复阻抗Z为（　　）。

(a) $(2.5+j2.5)\Omega$　　(b) $(2.5-j2.5)\Omega$　　(c) $5\angle 45°\ \Omega$

二、非客观题（本大题 12 分）

在图7所示电路中，已知：$U_{S1}=30$V，$U_{S2}=20$V，$R_1=5\Omega$，$R_2=R_3=6\Omega$，$R_4=8\Omega$，求该电路中A，B两点的电压U_{AB}，并指出哪些元件是电源，求电源发出的功率。

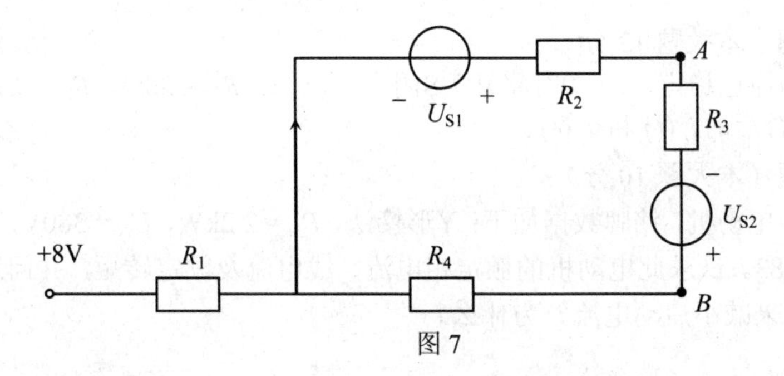

图 7

三、非客观题（本大题12分）

在图8所示电路中，已知R=30Ω，L=382mH，C=40μF，电源电压$u = 250\sqrt{2}\sin 314t$ V。求电流i，电压u_1，有功功率P和功率因数λ，并画出相量图($\dot{I}$，$\dot{U}$，$\dot{U}_1$)。

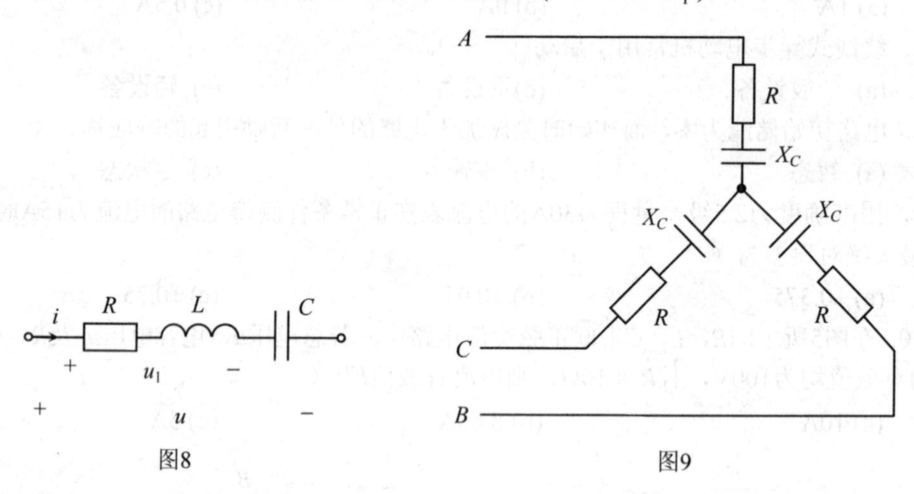

图8　　图9

四、非客观题（本大题10分）

三相对称电路如图9所示，已知电源线电压$u_{AB} = 380\sqrt{2}\sin\omega t$ V，每相负载$R = 3\Omega$，$X_C = 4\Omega$。求：（1）各线电流瞬时值；（2）电路的有功功率，无功功率和视在功率。

五、非客观题（本大题10分）

图10所示电路中，将$R_L = 8\Omega$的扬声器接在输出变压器副边，已知N_1=300匝，N_2=100匝，信号源U_S=6V，内阻R_0=100Ω。求信号源输出的功率。

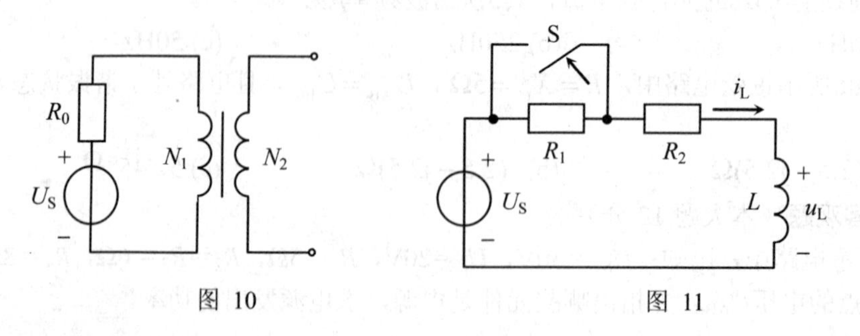

图 10　　图 11

六、非客观题（本大题12分）

图11所示电路原已稳定，$t = 0$时将开关S闭合。已知：$R_1 = 20\Omega$，$R_2 = 10\Omega$，$L = 0.3$H，U_S=120V。求S闭合后的$i_L(t)$和$u_L(t)$。

七、非客观题（本大题10分）

一台三相异步电动机，铭牌数据如下：Y形接法，$P_N = 2.2$kW，$U_N = 380$V，$n_N = 2970$r/min，$\eta_N = 82\%$，$\lambda_N = 0.83$。试求此电动机的额定相电流、线电流及额定转矩，并问这台电动机能否采用Y-Δ启动方法来减小启动电流？为什么？

八、实验题（本大题 10 分）

电路示于图12。

（1）连接完成实现正反转的主回路；

（2）指出电路中有哪些保护；

（3）控制回路中缺少什么环节？请回答并改正之。

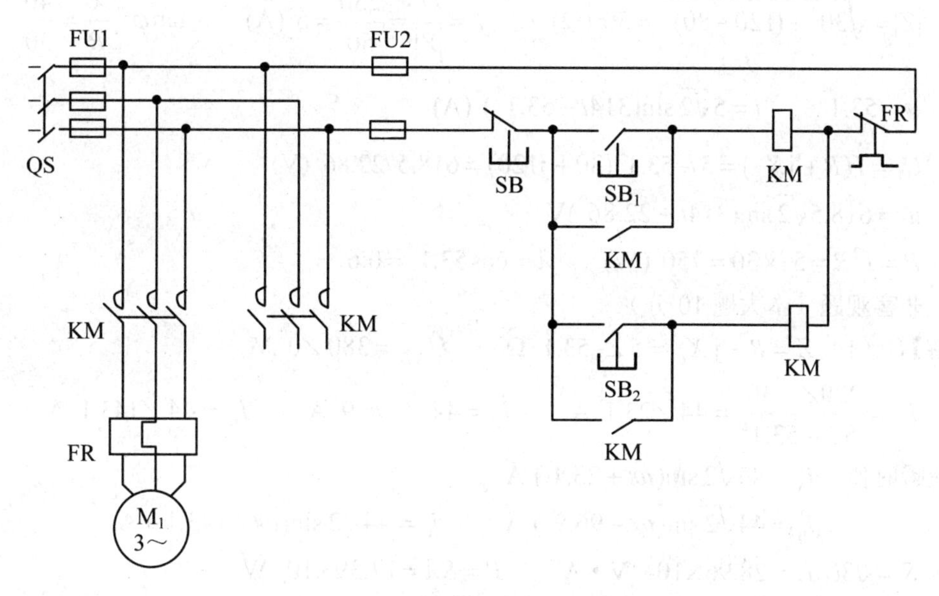

图 12

《电工技术》试卷5答案及分析

一、**单项选择题**（本大题分 12 小题，每小题 2 分，共 24 分）

题号	1	2	3	4	5	6	7	8	9	10	11	12
答案	b	c	a	b	a	b	b	c	c	b	b	a

二、**非客观题**（本大题 12 分）

【解】R_1支路没有电流流过，回路电流：

$$I=\frac{U_{S1}+U_{S2}}{R_2+R_3+R_4}=\frac{30+20}{6+6+8}=2.5\,(\mathrm{A})$$

A、B两点的电压： $U_{AB}=IR_3-U_{S2}=2.5\times6-20=-5\,(\mathrm{V})$

U_{S1}，U_{S2}是电源，发出功率为：

$$P = U_{S1}I + U_{S2}I = 50 \times 2.5 = 75\ (\text{W})$$

三、非客观题（本大题 12 分）

【解】

$$X_L = \omega L = 314 \times 0.382 = 120\ (\Omega) \qquad X_C = \frac{1}{\omega C} = \frac{10^6}{314 \times 40} = 80\ (\Omega)$$

$$|Z| = \sqrt{30^2 + (120-80)^2} = 50\ (\Omega) \qquad I = \frac{U}{|Z|} = \frac{250}{50} = 5\ (\text{A}) \qquad \tan\varphi = \frac{X}{R} = \frac{40}{30}$$

$$\varphi = 53.1^\circ \qquad i = 5\sqrt{2}\sin(314t - 53.1^\circ)\ (\text{A})$$

$$\dot{U}_1 = \dot{I}(R + \text{j}X_L) = 5\angle{-53.1^\circ}(30 + \text{j}120) = 618.5\angle{22.86^\circ}\ (\text{V})$$

$$u_1 = 618.5\sqrt{2}\sin(314t + 22.86^\circ)\text{V}$$

$$P = I^2R = 5^2 \times 30 = 750\ (\text{W}) \qquad \lambda = \cos 53.1^\circ = 0.6$$

四、非客观题（本大题 10 分）

【解】（1）$Z = R - \text{j}X_C = 5\angle{-53.1^\circ}\ \Omega \qquad \dot{U}_{AB} = 380\angle 0^\circ\ \text{V}$

$$\dot{I}_A = \frac{220\angle{-30^\circ}}{5\angle{-53.1^\circ}} = 44\angle 23.1^\circ\ \text{A} \qquad \dot{I}_B = 44\angle{-96.9^\circ}\ \text{A} \qquad \dot{I}_C = 44\angle 143.1^\circ\ \text{A}$$

各线电流瞬时值 $i_A = 44\sqrt{2}\sin(\omega t + 23.1^\circ)\ \text{A}$

$$i_B = 44\sqrt{2}\sin(\omega t - 96.9^\circ)\ \text{A} \qquad i_C = 44\sqrt{2}\sin(\omega t + 143.1^\circ)\ \text{A}$$

（2）$S = \sqrt{3}U_l I_l = 28.96 \times 10^3\ \text{V·A} \qquad P = S\lambda = 17.39 \times 10^3\ \text{W}$

$$Q = S\sin\varphi = -23.16 \times 10^3\ \text{Var}$$

五、非客观题（本大题 10 分）

【解】$K = \frac{N_1}{N_2} = 3$，R_L电阻折算到原边的等效电阻为R'_L，$R'_L = K^2R_L = 72\ \Omega$，信号源输出功率

$$P = I^2R'_L = \left(\frac{U_S}{R_0 + R'_L}\right)^2 R'_L = 0.088\ \text{W}$$

六、非客观题（本大题 12 分）

【解】$i_L(0_+) = i_L(0_-) = \frac{U_S}{R_1 + R_2} = 4\ \text{A}$

$$i_L(\infty) = \frac{U_S}{R_2} = 12\ \text{A} \qquad \tau = \frac{L}{R_2} = \frac{3}{100}\ \text{s} \qquad u_L(t) = L\frac{\text{d}i}{\text{d}t} = 80\text{e}^{-\frac{100}{3}t}\ \text{V}$$

$$i_L(t) = 12 - 8\text{e}^{-\frac{100}{3}t}\ \text{A}$$

七、非客观题（本大题 10 分）

【解】 电动机Y接，$I_l = I_p = I_N = \frac{P_N}{\eta_N\sqrt{3}U_N\lambda_N} = 4.91\ \text{A}$

$T_N = 9\ 550\frac{P_N}{n_N} = 7.07\ \text{N}\cdot\text{m}$，因为电动机在额定运行时的定子绕组连接方式为Y接法，所以不能采用Y-Δ启动法降低启动电流。

八、非客观题（本大题 10 分）

【解】 （1）正反转主回路连接如下图（见图1）所示。

（2）电路中有短路保护，过载保护，零压保护。

（3）自锁环节不正确，还缺少互锁环节。正确控制电路如下图（见图1）所示。

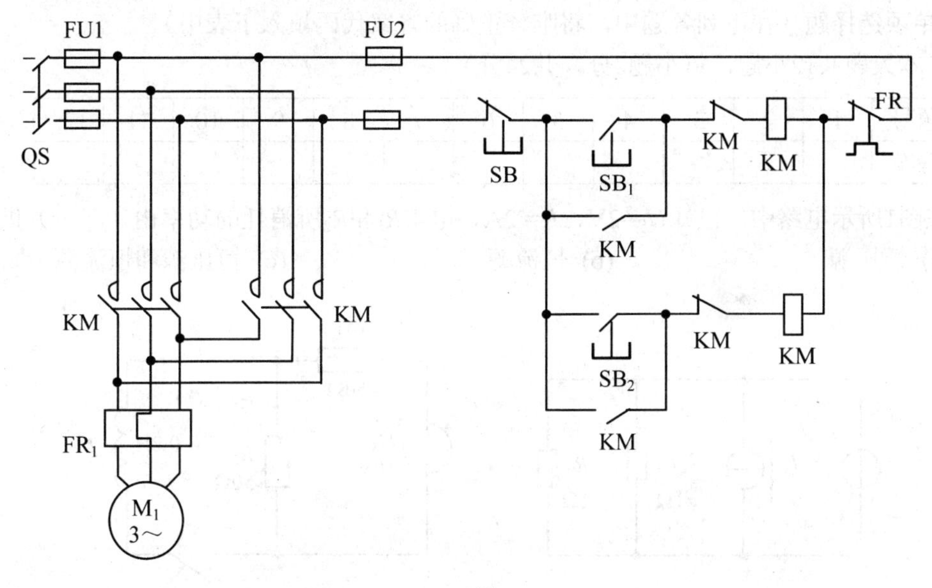

图 1

新编《电工技术》试卷1

（100分钟）

一、单项选择题（在下列各题中，将唯一正确的答案代码填入下表中）

（本大题共12小题，每小题2分，共24分）

题号	1	2	3	4	5	6	7	8	9	10	11	12
答案												

1．在图1所示电路中，已知U_S=2V，I_S= 2A，电阻R_1和R_2所消耗的功率由（　　）供给。

(a) 恒压源　　(b) 恒流源　　(c) 恒压源和恒流源

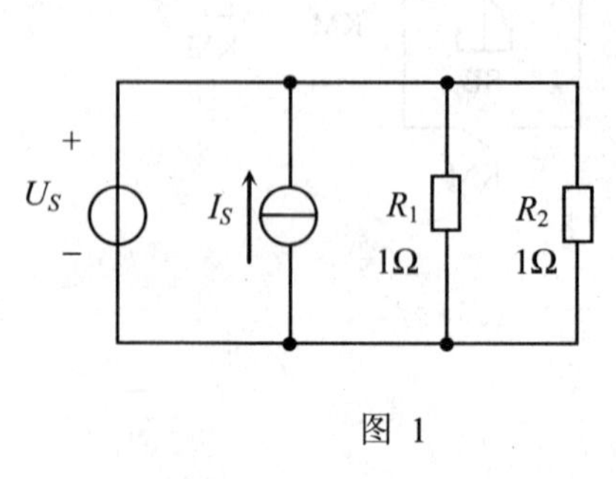

图 1

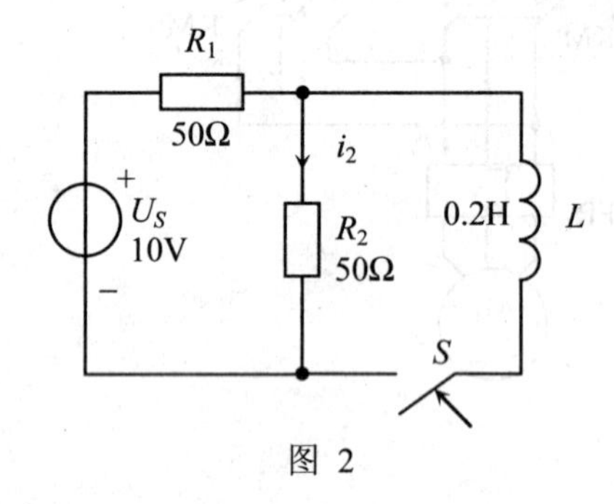

图 2

2．在图2所示电路中，开关闭合前电感未储能，在$t = 0$开关闭合瞬间，则$i_2(0_+) =$（　　）。

(a) 0.1 A　　(b) 0.05 A　　(c) 0A

3．三相异步电动机的负载增加时，若定子端电压不变，则定子电流将（　　）。

(a) 增大　　(b) 减小　　(c) 与负载成反比变化

4．某RC电路的全响应是$u_c(t) = 6–4e^{-25t}$ V，则该RC电路的零输入响应为（　　）。

(a) $6–4e^{-25t}$ V　　(b) $6(1– e^{-25t})$ V　　(c) $2e^{-25t}$ V

5．电动机正反转控制电路中，没有互锁（联锁）环节会发生（　　）。

(a) 三相电源开路　　(b)三相电源短路　　(c) 电动机烧坏

6．绕线式三相异步电动机在负载不变的情况下，增加转子电阻可以使其转速（　　）。

(a) 增高　　(b) 稳定不变　　(c) 降低

7．在电动机的继电器接触器控制电路中，零压保护功能是由(　　)实现的。

(a) 接触器　　(b) 继电器　　(c) 熔断器

8．在图3所示电路中，$R = X_L= X_C = 1$ Ω，则电压表的读数为（　　）。

(a) 0V　　(b) 1V　　(c) 2V

9．已知图4中（a）的$U_{S1} = 24$ V，$I_{S1} = 2$ A。用图（b）所示的等效理想电流源代替图（a）

所示的电路，该等效电流源的参数为（　　）。

(a) 2 6 A　　
(b) 2 A　　(c) −2A

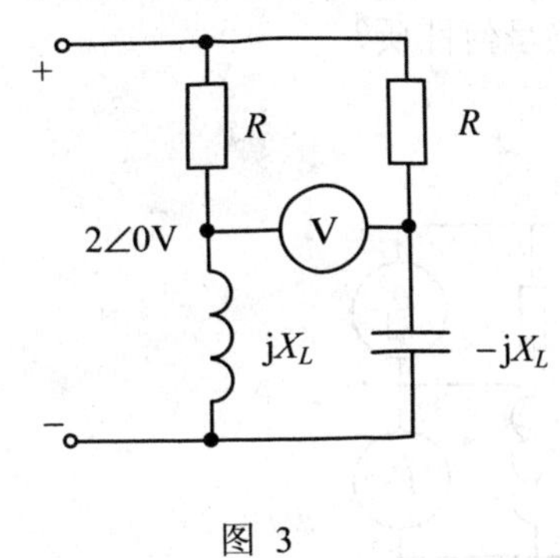

图 3

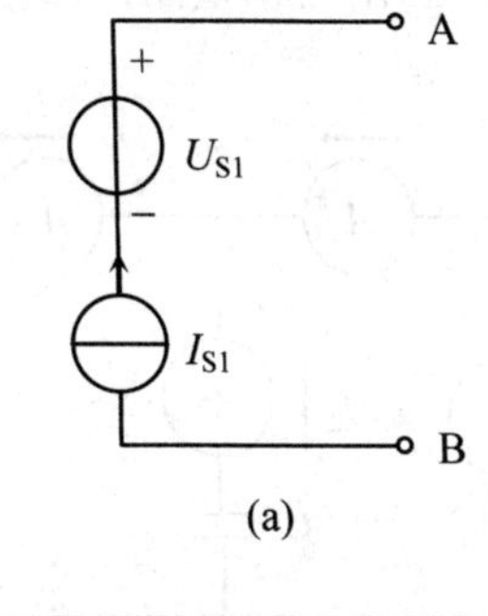

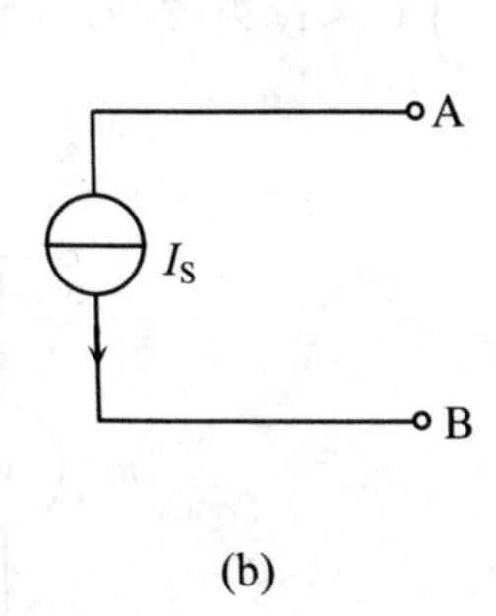

图 4

10．在图5所示正弦交流电路中，$R = X_L = 20\,\Omega$，欲使电路的功率因数$\lambda = 1$，则X_C为（　　）。

(a) 20 Ω　　(b) 40Ω　　(c) 14.14 Ω

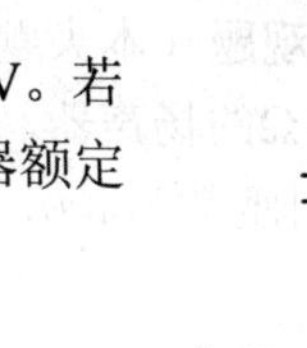

图 5

11．有一单相照明变压器，容量为4kV·A，电压为4000/220V。若在二次绕组上接100W 220V且功率因数为0.85的日光灯，在变压器额定情况下运行时，这种日光灯可接（　　）个？

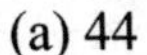
(a) 44　　(b) 40　　(c) 34

12．三相负载作星形联接或角形联接的电路中，使用三相总功率$P = \sqrt{3}U_l I_l \cos\varphi$ 公式的条件是（　　）。

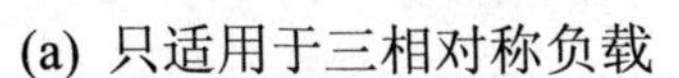
(a) 只适用于三相对称负载

(b) 只适用于有中线的三相负载

(c) 无论三相负载对称与否均适用

二、非客观题（本大题 10 分）

在图 6 所示电路中，已知：$U_S = 24\text{V}$，$I_S = 4\text{A}$，$R_1 = 6\Omega$，$R_2 = 3\Omega$，$R_3 = 4\Omega$，$R_4 = 2\Omega$。用戴维宁定理求电流 I。

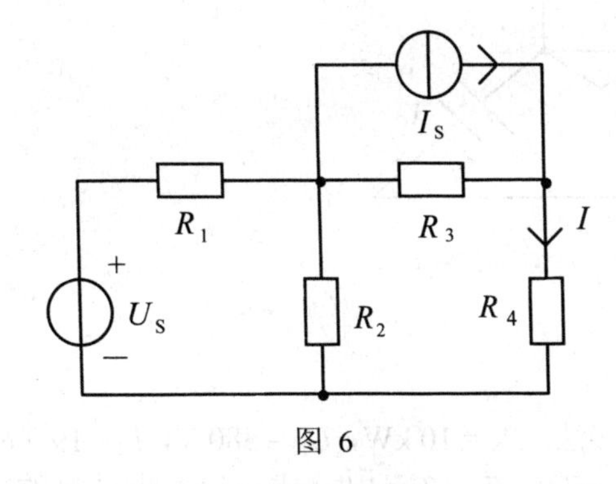

图 6

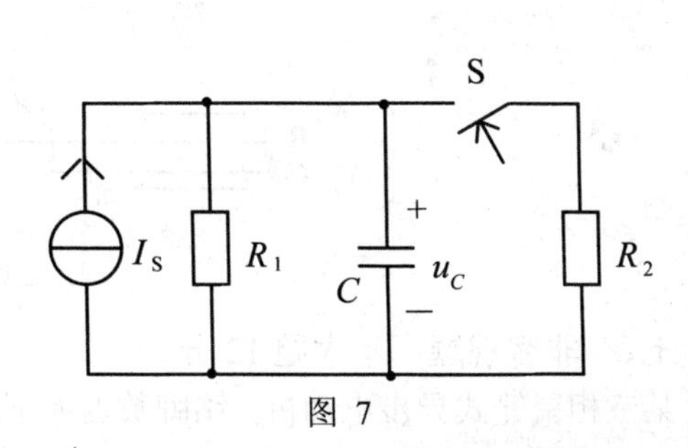

图 7

三、非客观题（本大题 10 分）

图 7 所示电路原已稳定，$t = 0$ 时将开关 S 闭合。已知：$I_S = 9\text{ mA}$，$R_1 = 6\text{ k}\Omega$，$R_2 = 3\text{ k}\Omega$，$C = 2\,\mu\text{F}$。求开关 S 闭合后的电压 $u_C(t)$，$i(t)$。

四、非客观题（12 分）

已知图8所示电路中，$u=220\sqrt{2}\sin 314t$ V，$i_1 = 22\sin(314t-45°)$A，$i_2= 11\sqrt{2}\sin(314t+90°)$A。求：（1）各仪表读数；（2）画出其相量图；（3）电路呈何性质？

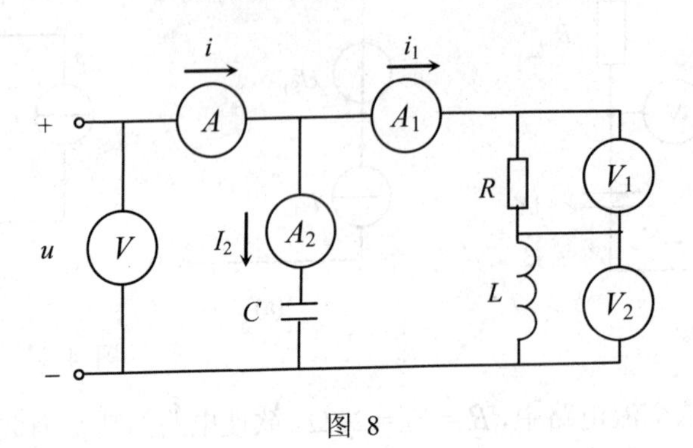

图 8

五、非客观题（本大题 8 分）

电阻值为4 Ω的扬声器，通过变压器接到E=12 V，R_0 = 150 Ω的信号源上。设变压器原绕组匝数为400，副绕组匝数为80。求：（1）变压器原边等效电阻R'_L；（2）扬声器消耗的功率。

六、非客观题（本大题12分）

图9所示电路中，三相电源为星形连接，电源相电压为220V，各相负载阻抗的模均为20Ω，设$\dot{U}_A$ =220∠0°V，要求：

（1）试求各相电流i_A、i_B、i_C和中线电流i_N，并画出其相量图。

（2）计算三相有功功率。

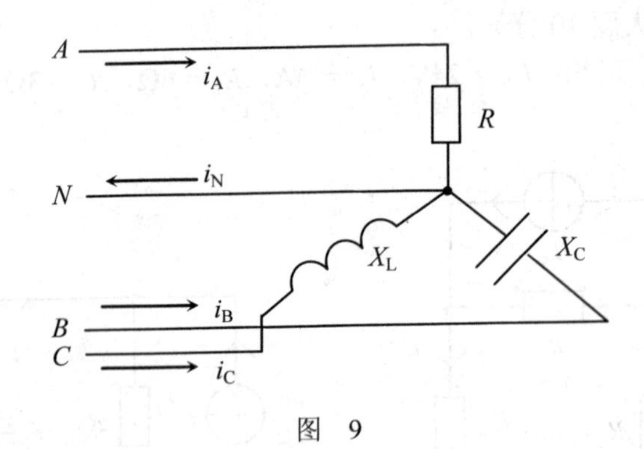

图 9

七、非客观题（本大题 12 分）

某三相鼠笼式异步电动机，铭牌数据如下：Δ形接法，P_N = 10 kW，U_N = 380 V，I_N = 19.9 A，n_N = 1 450 r / min，$\cos\varphi_N$ = 0.87，f = 50 Hz，I_{st} / I_N =7.0，T_{st} / T_N=1.8。求：（1）电动机的额定转差率S_N；（2）额定负载运行时的效率η_N；（3）若该电机采用Y-△降压启动，启动电流I_{stY}和启动转矩T_{stY}分别为多少？（4）若该电机在0.9 U_N下启动，负载转矩为110N·m，能

否启动？

八、非客观题（本大题 12 分）

画出三相鼠笼式电动机实现正反转的电路图（主电路、控制电路）。已知接触器线圈的额定电压220V。要求：

（1）保证电动机能够安全、可靠地连续运行。

（2）操作方便（即电动机在正转时，按下反转按钮，可直接进入反转）。

（3）指出主电路中起保护作用的元件，以及它们分别起了哪种保护？（用文字说明）

新编《电工技术》试卷1标准答案及评分标准

一、单相选择题（本大题共 12 小题，每小题 2 分，共 24 分）

题号	1	2	3	4	5	6	7	8	9	10	11	12
答案	c	a	a	c	b	c	a	c	c	b	c	a

二、非客观题（本大题 10 分）

$U_0=R_3I_S+\dfrac{R_2}{R_1+R_2}\times U_S=24\text{V}$ （5分）

$R_0=R_3+R_1//R_2=6\,\Omega$ （3分）

$I=\dfrac{U_0}{R_0+R_4}=3\text{A}$ （2分）

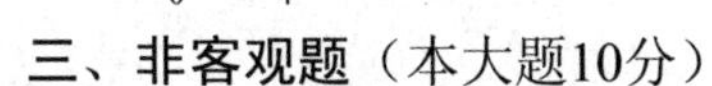

三、非客观题（本大题10分）

$u_C(0_+)=u_C(0_-)=I_SR_1=54\text{ V}\qquad \text{i}(0_+)=\dfrac{u_c(0_+)}{R_2}=\dfrac{54}{3}=18\text{ (mA)}$ （2分）

$u_C(\infty)=I_S\dfrac{R_1R_2}{R_1+R_2}=18\text{ V}\qquad \text{i}(\infty)=\dfrac{\text{R}_1}{R_1+R_2}I_S=\dfrac{6}{9}\times 9=6\text{ (mA)}$ （2分）

$\tau=\dfrac{R_1R_2}{R_1+R_2}C=4\times10^{-3}\text{ s}$ （2分）

$u_C(t)=u_C(\infty)+[u_C(0_+)-u_C(\infty)]\text{e}^{-\frac{t}{\tau}}=18+36\text{e}^{-250t}\text{ V}$ （2分）

$i\,(t)=\text{i}(\infty)+[\text{i}(0_+)-\text{i}(\infty)\ ]\text{e}^{-\frac{t}{\tau}}=6+12\,\text{e}^{-250t}\text{ (mA)}$ 2（分）

四、非客观题（本大题 12 分）

【解】

（1）Ⓥ的读数220V，A_1的读数的读数$11\sqrt{2}$A，A_1的读数11A。

设：$\dot{U}=220\angle 0°\text{V}$

$\dot{I}=\dot{I}_1+\dot{I}_2=11\sqrt{2}\angle\text{-}45°+11\angle 90°=11\angle 0°\text{ A}$

Ⓐ的读数11 A。

因i_1滞后u45°，故$R=X_L$

$U=I_1\cdot\sqrt{R^2+X_L^2}$

$R=X_L=10\,\Omega$

$U_R=I_1\cdot R=110\sqrt{2}$ V

$U_L=I_1\cdot X_L=110\sqrt{2}$ V

V_1的读数是$110\sqrt{2}$V，V_2的读数是$110\sqrt{2}$V。 （6分）

（2）设$\dot{U}$为参考相量

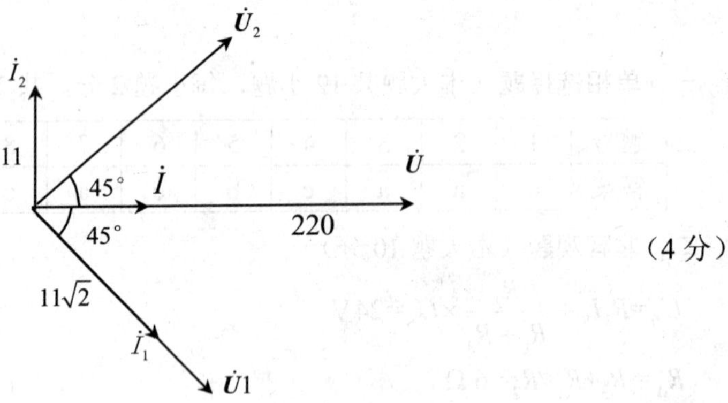

（4分）

（3）$\dot{U}$与$\dot{I}$相同，电路呈阻性。 （2分）

五、非客观题（本大题 8 分）

$$R_L'=K^2R_L=\left(\frac{N_1}{N_2}\right)^2R_L=\left(\frac{400}{80}\right)^2\times4=100\,(\Omega)$$ （4分）

$$I_1=\frac{E}{R_0+R_L'}=\frac{12}{150+100}=0.048\,(\text{A})$$

$$P_2=I_2^2R_L=(I_1K)^2R_L=(0.048\times5)^2\times4=0.23\,(\text{W})$$ （4分）

六、非客观题（本大题 12 分）

（1）$\dot{U}_B=220\angle-120°\text{ V},\dot{U}_C=220\angle120°\text{ V}$

$$\dot{I}_A=\frac{\dot{U}_A}{R}=\frac{220\angle0°}{20}=11\angle0°\,(\text{A})$$

$$\dot{I}_B=\frac{\dot{U}_B}{-\text{j}X_C}=\frac{220\angle-120°}{20\angle-90°}=11\angle-30°\,(\text{A})$$ （3分）

$$\dot{I}_C=\frac{\dot{U}_C}{\text{j}X_L}=\frac{220\angle120°}{20\angle90°}=11\angle30°\,(\text{A})$$

瞬时值为： $i_A = 11\sqrt{2}\sin\omega t$ A， （1分）

$i_B = 11\sqrt{2}\sin(\omega t - 30°)$ A （1分）

$i_C = 11\sqrt{2}\sin(\omega t + 30°)$ A （1分）

中线电流为： I_N=11+2×11cos30°=30.1 (A) （2分）

(2) $P=I^2R=11^2\times20=2420$ (W) （2分）

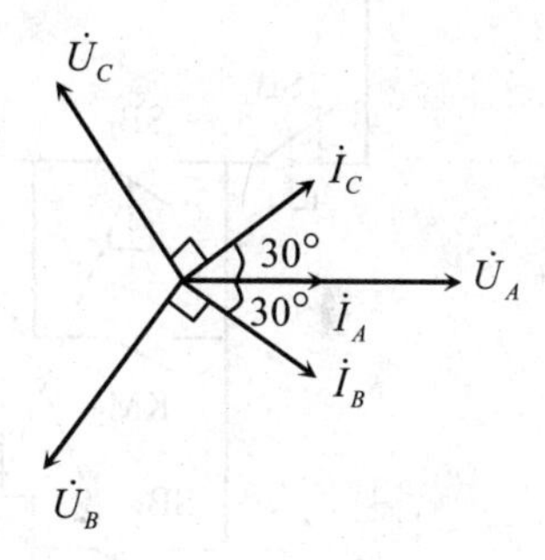

（2分）

七、非客观题（本大题12分）

【解】 （1）已知 $n_N = 1\,450$ r / min 则 $n_0 = 1\,500$ r / min

$$s_N = \frac{n_0 - n_N}{n_0} = \frac{1500-1450}{1500} = 0.033$$ （2分）

(2) $$\eta_N = \frac{P_N}{\sqrt{3}U_N I_N \lambda_N \mathrm{con}\,\varphi_N} = 0.88$$ （2分）

(3) $$T_N = 9550\frac{P_N}{n_N} = 9550\frac{10}{1450} = 65.86 \ (\mathrm{N\cdot m})$$ （2分）

$$T_{st} = 1.8T_N = 1.8\times65.86 = 118.6 \ (\mathrm{N\cdot m})$$

$$T_{stY} = \frac{1}{3}T_{st} = \frac{1}{3}\times118.6 = 39.5 \ (\mathrm{N\cdot m})$$ （2分）

$$I_{st} = 7I_N = 7\times19.9 = 139.3\,(\mathrm{A})$$

$$I_{stY} = \frac{1}{3}I_{st} = \frac{1}{3}\times139.3 = 46.4\,(\mathrm{A})$$ （2分）

(4) 电机在$0.9U_N$下起动

$$T_{st}' = 0.9^2T_{st} = 0.81\times118.6 = 96\,(\mathrm{N\cdot m}) < 110\ \mathrm{N\cdot m}$$

所以电机不能起动 （2分）

八、非客观题（本大题 12 分）

画出三相笼型电动机正反转的主电路和控制电路：

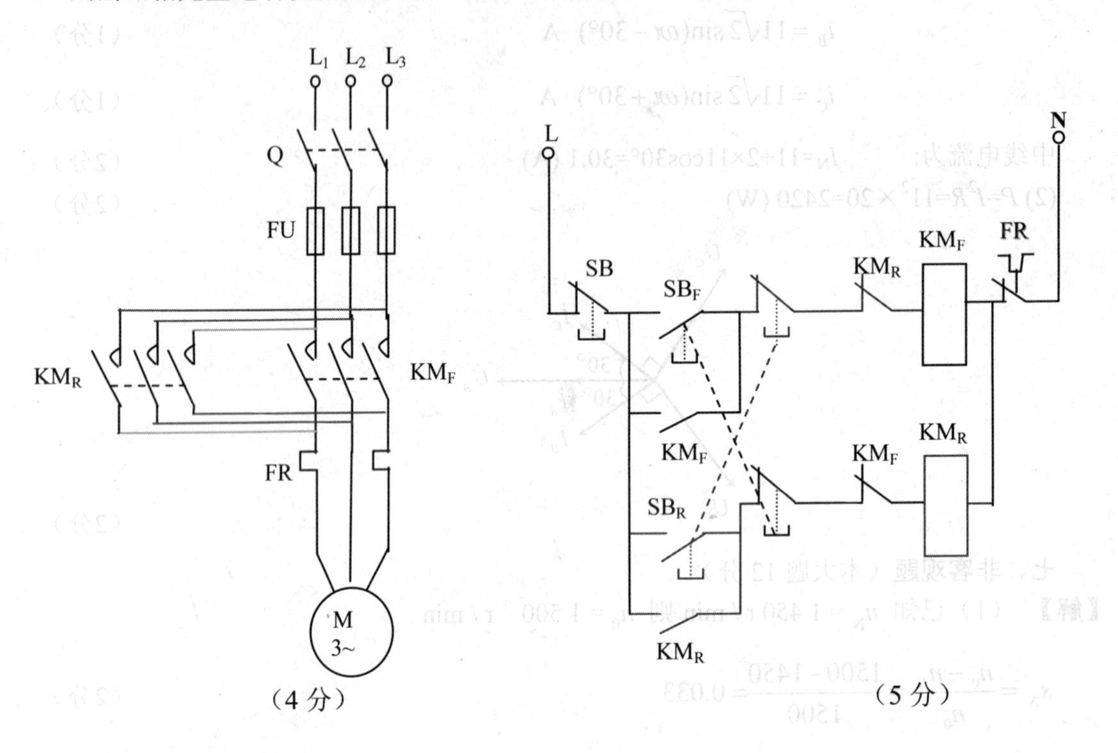

保护环节：熔断器FU——短路保护

热继电器FR——过载保护

接触器的常开触点兼有——零压、欠压保护　　（3分）

新编《电工技术》试卷2

（100分钟）

一、单项选择题（在下列各题中，将唯一正确的答案代码填入下表中）

（本大题共12小题，每小题2分，共24分）

题号	1	2	3	4	5	6	7	8	9	10	11	12
答案												

1．图1中，已知$I_1=0.01\mu\text{A}$，$I_2=0.3\mu\text{A}$，$I_3=9.61\mu\text{A}$，电流$I_4=$（　　）。

(a) 0.31μA　　(b) 9.3μA　　(c) 9.6μA

2．图2中方框1和方框2代表电源或负载。电压、电流参考方向如图所示，已知U=220V，$I=-1$A，判断方框1和方框2属性（　　）。

(a) 1：负载 2：电源　　(b) 1：电源 2：负载　　(c) 1：负载　2：负载

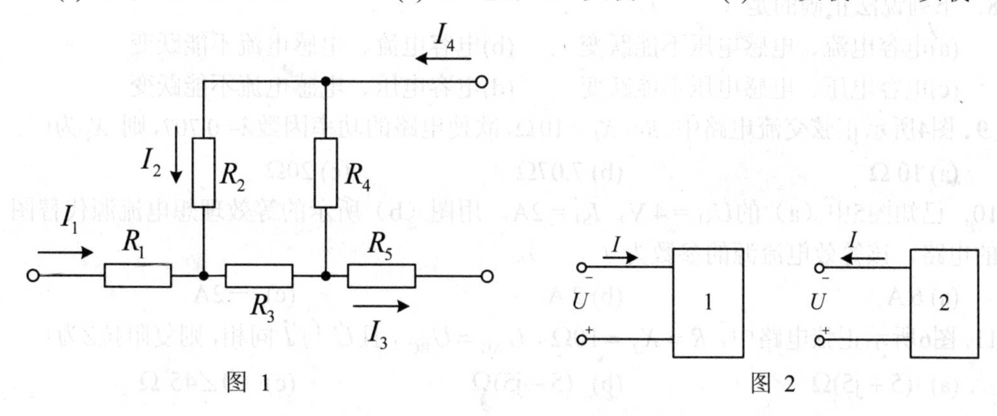

图 1　　　　图 2

3．在图3所示电路中，当U_S单独作用时，电阻R_L中的电流$I_L=1.5$ A，那么当U_S 和I_S 共同作用时，I_L 是（　　）。

(a) 1.5 A　　(b) 2 A　　(c) 3 A

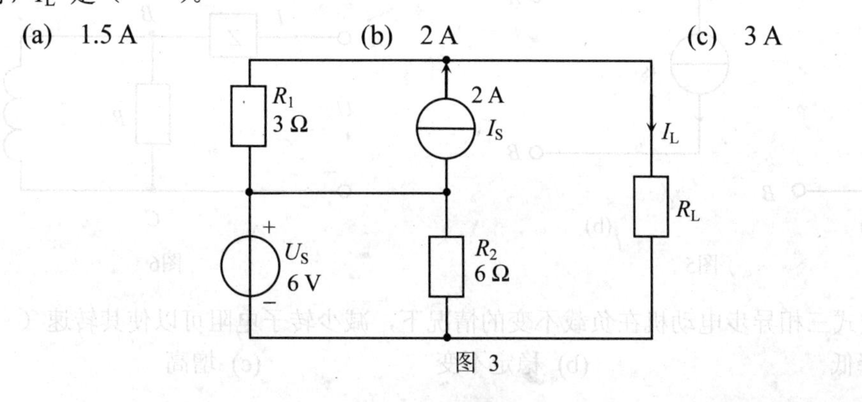

图 3

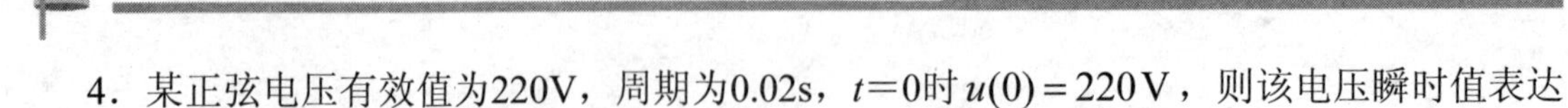

4．某正弦电压有效值为220V，周期为0.02s，$t=0$时$u(0)=220\text{V}$，则该电压瞬时值表达式为（　　）。

(a) $u=311\sin(100\pi t+45°)$　　(b) $u=311\sin(100\pi t-45°)$

(c) $u=220\sin(100\pi t-45°)$　　(d) $u=311\sin(50\pi t+45°)$

5．两个完全相同的交流铁心线圈，分别工作在电压相同而频率不同（　　）的两电源下，此时线圈的电流I_1和I_2的关系是$I_1<I_2$。

(a) $f_1>f_2$　　(b) $f_1>f_2$　　(c) $f_1=f_2$

6．下列说法不正确的是（　　）。

(a)人体电阻越大，触电后伤害越小

(b)在潮湿的场合，安全电压小于36V

(c)电流的频率越高，对人体的伤害越大

(d)电流通过人体时间越长，对人体伤害越大

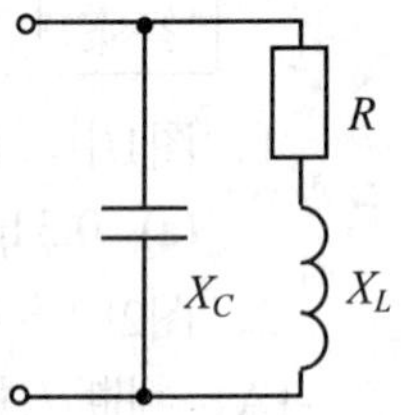

7．在电动机的继电器接触器控制电路中，零压保护的功能是（　　）。

(a) 防止电源电压降低烧坏电动机

(b) 防止停电后再恢复供电时电动机自行启动

(c)实现短路保护

图 4

8．下列说法正确的是（　　）。

(a)电容电流、电感电压不能跃变　　(b)电容电流、电感电流不能跃变

(c)电容电压、电感电压不能跃变　　(d)电容电压、电感电流不能跃变

9．图4所示正弦交流电路中，$R=X_L=10\,\Omega$，欲使电路的功率因数$\lambda=0.707$，则X_C为（　　）。

(a) $10\,\Omega$　　(b) 7.07Ω　　(c) 20Ω

10．已知图5中（a）的$U_{S1}=4\text{ V}$，$I_{S1}=2\text{A}$。用图（b）所示的等效理想电流源代替图（a）所示的电路，该等效电流源的参数为（　　）。

(a) 6 A　　(b) 2 A　　(c) －2A

11．图6所示正弦电路中，$R=X_L=10\Omega$，$U_{AB}=U_{BC}$，且$\dot{U}$与$\dot{I}$同相，则复阻抗Z为（　　）。

(a) $(5+\text{j}5)\Omega$　　(b) $(5-\text{j}5)\Omega$　　(c) $10\angle45°\,\Omega$

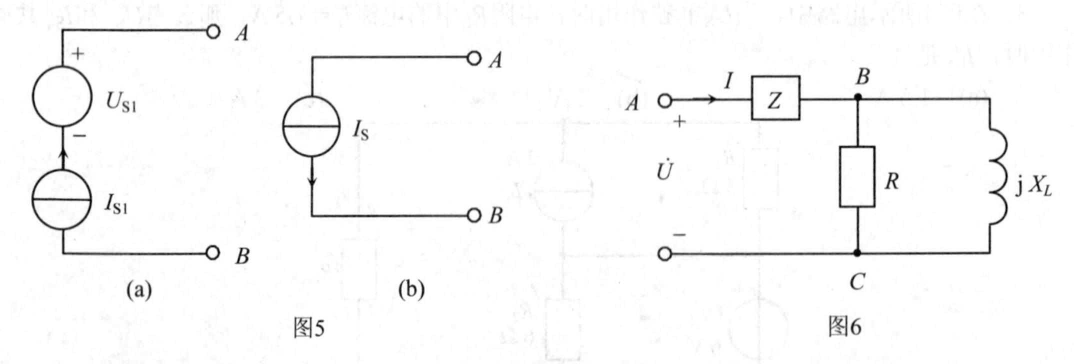

图5　　图6

12．绕线式三相异步电动机在负载不变的情况下，减少转子电阻可以使其转速（　　）。

(a) 降低　　(b) 稳定不变　　(c) 增高

二 非客观题（本大题 12 分）

图7所示电路中，已知：$R_1 = 40\ \Omega$，$R_2 = 25\ \Omega$，$R_3 = 8\ \Omega$，$R_L = 12\ \Omega$，$U = 16$ V，$I_S = 1$ A 。利用戴维宁定理计算流过电阻R_L上的电流I_L 。

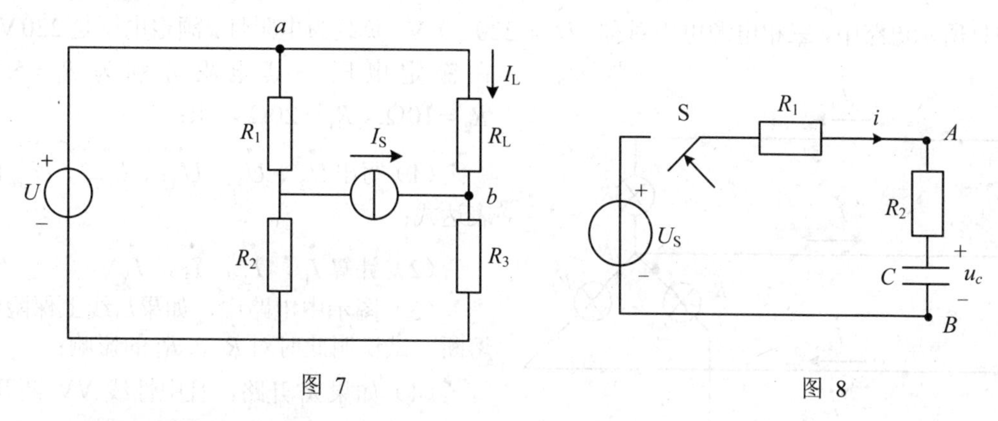

图 7　　　　　　图 8

三、非客观题（本大题10分）

图8所示电路原已稳定，已知：$R_1 = R_2 = 10$ kΩ，$C = 10\ \mu$F，$U_S = 10$ V，且 $u_C(0_-) = 0$，$t = 0$ 时将开关S闭合。求S闭合后的 $i(t)$ 和 $u_{AB}(t)$ 。

四、非客观题（本大题 12 分）

在图9所示R、L、C串联正弦交流电路中，电压表V_1，V_2和V的读数分别为6V，2V，10 V。求：(1)电压表V_3，V_4的读数；(2)若$I = 0.1$ A（I为电路总电流i的有效值），求电路的等效复阻抗Z；(3)该电路呈何性质？

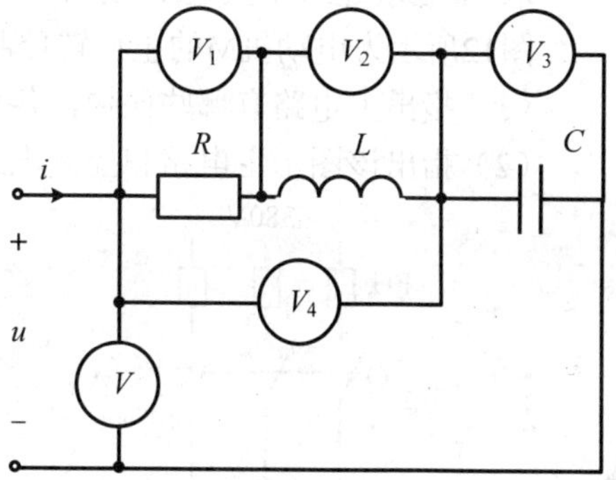

图 9

五、非客观题（本大题 12 分）

某三相鼠笼式异步电动机，铭牌数据如下：Δ形接法，$P_N = 10$ kW，$U_N = 380$ V，$I_N = 19.9$ A，$n_N = 1\,450$ r / min，$\lambda_N = 0.87$，$f = 50$ Hz。求：

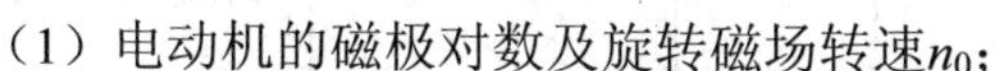

（1）电动机的磁极对数及旋转磁场转速n_0;

（2）额定负载运行时的效率η_N ;

（3）已知T_{st} / T_N =1.8，电动机在0.9 U_N下启动，负载转矩为110N·m，能否启动？

（4）电源线电压是380V的情况下，能否采用Y－Δ方法启动；

（5）该电动机能否采用转子串电阻的方法调速？并说明理由。

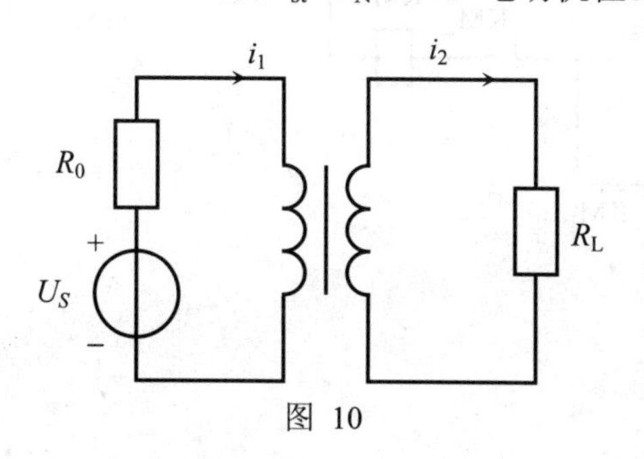

图 10

六 非客观题（本大题 10 分）

电路如题图10所示，一个交流信号源U_S =38.4 V，内阻 R_0=1 280 Ω，对电阻R_L=20Ω的负载供电，为使该负载获得最大功率。求：

（1）应采用电压变比为多少的输出变压器？

（2）变压器原副边电压、电流各为多少？（最大功率条件 $R_L' = R_0$）

七 非客观题（本大题 10 分）

图11所示电路中，三相电源电压对称，$\dot{U}_1 = 220\angle 0^\circ$ V。负载为电阻灯，额定电压是220 V，在额定电压下其电阻分别为 $R_1 = 5\Omega$，$R_2 = 10\Omega$，$R_3 = 20\Omega$。求：

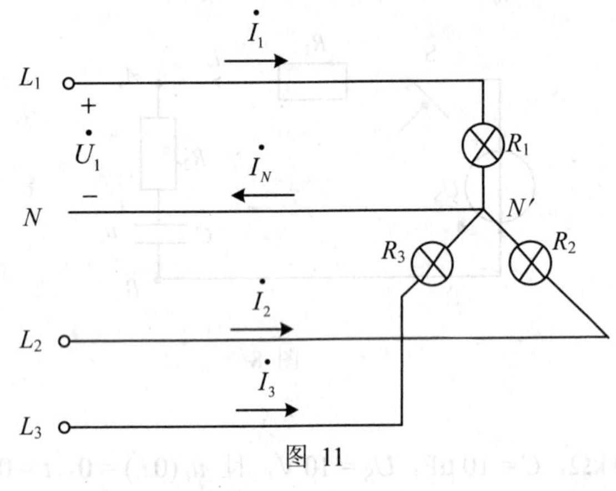

图 11

（1）写出 $\dot{U}_2$、$\dot{U}_3$、$\dot{U}_{12}$、$\dot{U}_{23}$、$\dot{U}_{31}$ 的表达式；

（2）计算 $\dot{I}_1$，$\dot{I}_2$，$\dot{I}_3$，$\dot{I}_N$；

（3）图示中电路中，如果L_1线上保险丝熔断，试说明此时对 R_2、R_3 的影响；

（4）如果 R_1 开路，且中性线 NN' 断开，试说明此时对 R_2、R_3 的影响。

注：(3)、(4) 无需计算，文字说明即可。

八 非客观题（本大题 10 分）

图12所示为电动机M的正反转控制电路。试说明：

（1）指出主电路有哪些保护，各种保护对应的元件是哪些？

（2）指出该图示主电路和控制电路中的错误。

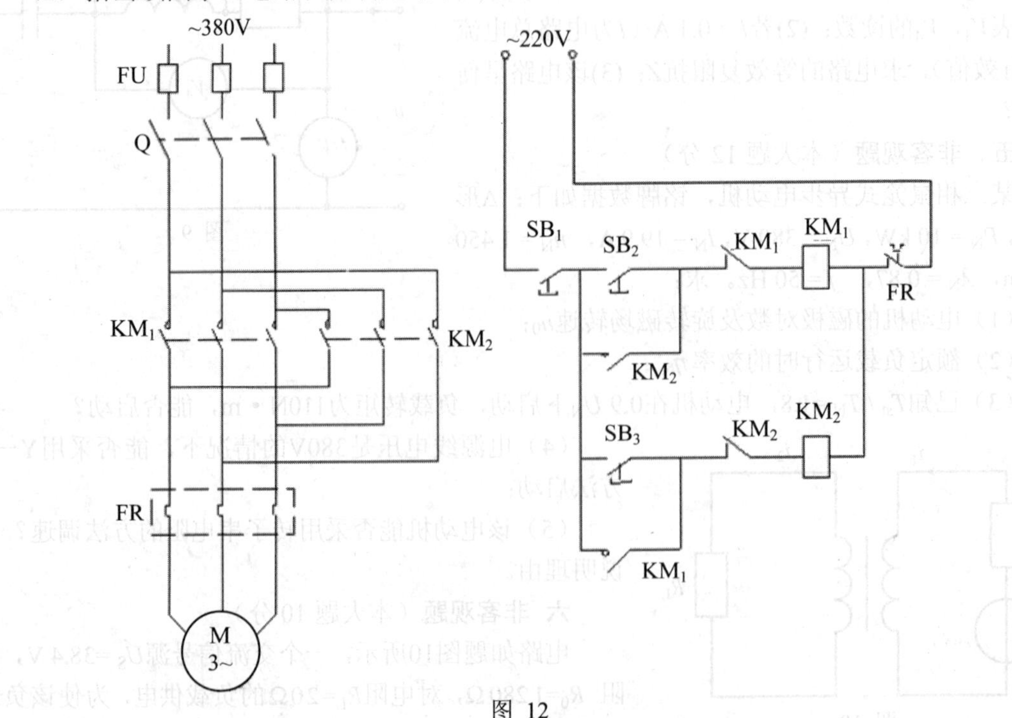

图 12

新编《电工技术》试卷 2 标准答案及评分标准

一、单相选择题（本大题共 12 小题，每小题 2 分，共 24 分）

题号	1	2	3	4	5	6	7	8	9	10	11	12
答案	c	a	c	a	b	c	b	d	a	c	b	c

二、非客观题（本大题 12 分）

解：（1）将电阻R_L支路断开求等效电源的电动势E，即开路电压U_{ab0}。

将R_L支路断开以后，通过电阻R_3的电流即是I_S，所以对大回路利用KVL得到：

$$U = U_{ab0} + I_S \times R_3 \quad (4分)$$

将已知物理量的数值代入得：$U_{ab0} = 16 - 1 \times 8 = 8V$ （2分）

（2）将电阻R_L支路断开求等效电源得内阻R_0，由于等效电路里面的恒压源相当于短路，所以：

$$R_0 = R_3 = 8\ \Omega \quad (4分)$$

（3）求电阻R_L上的电流I_L：

$$I_L = \frac{E}{R_L + R_0} = \frac{8}{12+8} = 0.4\ \text{A} \quad (2分)$$

三、非客观题（本大题 10 分）

【解】 $u_C = U_S + Ae^{pt}$ 　　其中，$p = -\dfrac{1}{(R_1+R_2)C} = -5$ （2分）

当 $t = 0_+$时：$u_C(0_+) = u_C(0_-) = 0$，　$A = -U_S$ （2 分）

$$u_C(t) = U_S(1-e^{-5t}) = 10(1-e^{-5t})\ \text{V} \quad (2分)$$

$$i(t) = C\frac{du_C}{dt} = 0.5e^{-5t}\ \text{mA} \quad (2分)$$

$$u_{AB}(t) = i(t)R_2 + u_C(t) = 10 - 5e^{-5t}\ \text{V} \quad (2分)$$

四、非客观题（本大题 12 分）

【解】（1）$U_4 = \sqrt{U_1^2 + U_2^2} = 6.32\,\text{V}$，　V_4 读数为 6.32 V （3分）

$$U = \sqrt{U_1^2 + (U_2 - U_3)^2} \qquad (U_2 - U_3)^2 = U^2 - U_1^2 = 64$$

$U_2 - U_3 = \pm 8$，取 $U_3 = 2 + 8 = 10\ (\text{V})$，即$V_3$ 读数为10 V。 （3分）

（2）$|Z| = \dfrac{U}{I} = \dfrac{10}{0.1} = 100\ (\Omega)$ 　　$\varphi = \arctan\dfrac{U_2 - U_3}{U_1} = \arctan\dfrac{-8}{10} = -53.1^\circ$

$$Z = \left[100\cos 53.1^\circ + j100\sin(-53.1^\circ)\right]\Omega = (78 - j62.5)\Omega \quad (4分)$$

（3）由复阻抗可知，虚部为负值，电路呈电容性。 （2分）

五、非客观题（本大题 12 分）

【解】（1）已知 $n_N = 1\ 450\ r/min$ 则 $n_1 = 1\ 500\ r/min$ $p = \frac{60f}{n_1} = 2$ (对) （1分）

（2） $\eta_N = \frac{P_N}{\sqrt{3}U_N I_N \lambda_N} = 0.88$ （1分）

（3） $T_{st} = 1.8T_N = 1.8 \times 9\ 550\frac{P_N}{n_N} = 118.6N{\cdot}m$ （2分）

电动机在$0.9U_N$下启动，$T_{st}(0.9U_N) = T_{ST} \times 0.81 = 96\ N{\cdot}m < 110\ N{\cdot}m$

所以不能启动。（4分）

（4）电源线电压为380 V时，可以采用Y－Δ方法启动。（2分）

（5）不可以采用转子串电阻方法调速，这种方法不适用与鼠笼式电动机。（2分）

六、非客观题（本大题 10 分）

【解】 为使该负载获得最大功率，则 $R_L' = R_0, K^2 \times R_L = R_0, K = \sqrt{R_0 / R_L} = 8$ （4分）

$I_1 = U_S / (R_0 + R_L') = 0.015\ A$, $I_2 = K \cdot I_1 = 0.12\ A$ （3分）

$U_1 = U_s - I_1 \times R_0 = 19.2\ V$，$U_2 = \frac{1}{K} \times U_1 = 2.4\ V$ （3分）

七、非客观题（本大题 10 分）

【解】（1）$\dot{U}_2 = 220\angle -120^\circ$ $\dot{U}_3 = 220\angle 120^\circ$

$\dot{U}_{12} = 220\sqrt{3}\angle 30^\circ$ $\dot{U}_{23} = 220\sqrt{3}\angle -90^\circ$ $\dot{U}_{31} = 220\sqrt{3}\angle 150^\circ$ （2 分）

（2）$\dot{I}_1 = \frac{\dot{U}_1}{R_1} = 44\angle 0^\circ\ A$ $\dot{I}_2 = \frac{\dot{U}_2}{R_2} = 22\angle -120^\circ\ A$ $\dot{I}_3 = \frac{\dot{U}_3}{R_3} = 11\angle 120^\circ\ A$ （3分）

$\dot{I}_N = \dot{I}_1 + \dot{I}_2 + \dot{I}_3 = (27.5 - j9.45)\ A = 29.1\angle -19^\circ\ A$ （2分）

（3）L_1线上的保险丝熔断，R_2、R_3不受影。（1分）

（4）R_2、R_3串联在380V线电压下，R_3亮，R_2暗。（2分）

八、非客观题（本大题 10 分）

【解】（1）有三处保护：短路保护 FU （1分）

过载保护 FR （1分）

欠压（零压）保护 KM （1分）

（2）主回路有两处错误：①FU应该在Q下面；（1分）

②应该互换两根线而不是图上的三根。（2 分）

控制回路有三处错误：①SB1应为常闭触点；（1分）

②自锁错误；（1分）

③互锁（联锁）错误。（2分）

下　篇

电工实习

第 10 章　电工实习指导

10.1　电工实习目的及方式

由于工业的发展和科技的进步，使得工业生产向着自动化和智能化的方向快速发展，这就要求高等学校非电类工科学生在学习电工技术时，不仅要掌握单一电气设备的性能及应用，而且要加强对工业生产自动化系统的了解，并增强电工知识的综合应用能力。为了达到这一目标，使学生在学习了电工技术课程后，建立起系统控制的基本概念，进而以系统的观念分析和解决问题，则必须让他们面对真实系统，经历一个从了解分析、拆解、重组到重新设计的全面而具体的实践过程。电工实习正是为这种需要而开设的。

电工实习在校内实习基地中进行，基地不但提供了比工业现场更为安全的实习环境，而且提供了全套可构成完整系统的单体设备。为跟踪工业发展水平，使学生们可以学以致用，特选目前工业现场广泛使用的可编程序控制器系统做为实习之用。学生在教师的指导和监护下，通过独立完成系统组建、系统操作和系统设计等实习任务，提高技术综合和实践创新能力，为自身的全面发展打下良好基础。

10.2　电工实习须知

一、电工实习要求

（1）每次实习课前，必需认真阅读实习任务书，明确实习任务与要求，并结合实习项目，复习有关知识。

（2）学生应在实习前按要求写出预习报告，预习不合格者，不得参加实习。

（3）实习课开始，应认真听取指导教师对实习项目的介绍。

（4）必须严格按设备操作书的要求去使用设备，注意人身及设备安全，不要盲目操作。

（5）实习项目完成后，要按要求写出实习报告。

本实习的有关参考书目如下：

（1）《可编程控制器原理与应用》（顾战松，陈铁年编）；

（2）《小型可编程控制器实用技术》（上海大学工学院　王兆义主编）；

（3）《可编程控制器原理与应用》（钟肇新，彭侃编译）；

（4）《可编程控制器及常用控制电器》（何友华主编）；

(5)《呆编程序控制器——原理·方法·网络(第2版)》(徐世许，朱妙其，王毓顺主编。中国科学技术大学出版社，2008年9月第2版)。

二、实习基地规则

(1)进入实习基地后按指定的实验台就位，未经许可，不得擅自挪换仪器设备。

(2)要爱护仪器设备及其他公物，凡违反操作规程，不听从教师指导而损坏者，按规定赔偿。

(3)未经指导教师许可，不得做规定以外的实验项目。

(4)要保持实习室的整洁和安静，不准大声喧哗，不准随地吐痰，不准乱丢纸屑及杂物。

(5)每天安排卫生值日，实习完毕，应整理好仪器设备，保持台面清洁。

三、电工实习任务书

实习分为两个阶段：第一阶段的主要任务是了解工业控制系统的组成及运行过程、掌握可编程序控制器及其他设备的使用方法；第二阶段的主要任务是掌握由可编程序控制器构成的控制系统的设计规则，完成一个可编程序控制器控制系统的完整设计。

为全面考察学生的实习情况，要求在完成项目实际操作的同时，写两份实习报告，即一份预习报告和一份总结报告，报告具体要求如下：

1．预习报告的要求

(1)简要介绍可编程序控制器的基本构成情况。

(2)描述由可编程序控制器控制的工业生产系统的结构。

(3)简述使用实习基地提供的设备搭建系统，并进行系统操作的基本操作规程。

(4)写出所给系统的控制软件(梯形图、语句表)，以及可编程序控制器外围设备的连接表(I/O 分配表)。

2．总结报告的要求

(1)综述由可编程序控制器控制的工业生产系统的设计。

(2)根据系统要求，按设计规范，完成一个由可编程序控制器控制的工业生产系统的设计报告。

(3)实习体会(包括感想、收获以及对实习工作的建议)。

第 11 章 理 论 指 导

为使学生能充分利用基地提供的条件，圆满完成实习任务。除了在实习过程中进行个别指导外，还要对相关理论知识进行系统介绍，即给以必要的系统性的理论指导。理论指导的总体思路为：通过对工业控制系统的形成与实际应用的介绍，阐明工业控制系统的基本结构，进而系统讲解，由可编程序控制器构成的这种工业控制系统组成及应用。

11.1 工业系统概述

所谓工业系统通常指的是：人们为实现某一生产目的，将各种所需设备按一定的要求，有机地组合在一起，所形成的能按照生产指令运转的设备组合体。它主要由生产设备和控制设备两部分组成。其中生产设备就是加工生产原料的机械，如冶金行业的高炉和轧机；化工行业的加热炉和反应釜；食品加工行业的食品加工机和包装机等等。而这些生产设备的一举一动，均受控于由开关、按钮、继电器、电机、阀门、计算机等电气设备所组成的控制系统。要想了解整个工业系统的工作过程，就要了解控制系统的工作过程，而要想了解控制系统的工作过程，必须首先了解控制系统是如何形成的。

从广义上讲，整个工业生产过程就是一个能源转化和使用的过程，只有安全、合理、有效地控制能源的转化和使用，才能使工业生产正常进行。电能是工业生产中广泛使用的一种能源，可以用灯将其转为光能；用电阻丝将其转为热能；用电动机将其转为机械能。我们可以通过对输入电动机的电能进行控制，来控制电动机输入生产设备的机械能。这种控制中最基本的方式就是通断控制。其构成如图11.1所示。这是一种手动控制方式，电能通过电缆和闸刀开关Q送入电动机M。当闸刀开关闭合时，电动机通电旋转；当闸刀开关断开时，电动机断电停转。这种直接控制的方式对电动机和操作人员都是不安全的。于是就产生了一种用按钮控制接触器通断，用热继电器保护电动机的间接控制方式。其构成如图11.2所示。这是一种自动控制方式，操作人员通过按动启动按钮SB_1和停止按钮SB_2，使作为电动开关的接触器KM产生通和断的动作，来控制电动机M的旋转和停转。若电机过载运行时间过长，热继电器FR动作，切断控制电源，电机停转。这就形成了最基本的自动控制电路。一些像这样的基本的控制电路相互连接、组合，就形

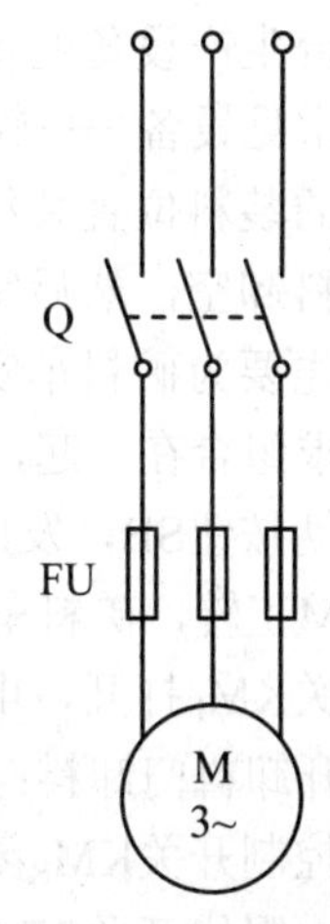

图 11.1 电动机直接控制电路

成了单个驱动设备的自动控制回路。

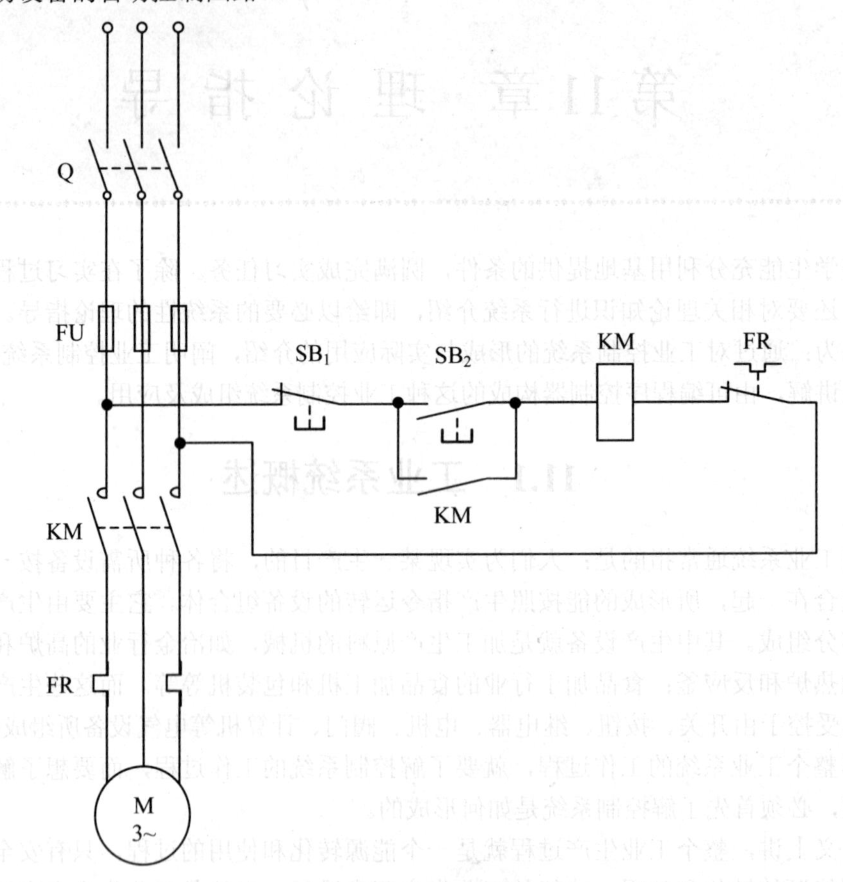

图 11.2　电动机起/停控制的电器控制图

而一台生产设备的正常运行，往往需要多个驱动设备的协调工作。以工业生产中原料输配系统的常见设备——输料斗车为例。其工作状况如图11.3所示，工作过程为：矿料车停在加料斗下方的装料位置装料，当装满料以后，将其运往卸料位置，到达后矿料车停止，其卸料门打开将料卸空，然后空车返回装料位置，等待下一次装料。为使矿料车的卸料过程能自动进行，首先要为矿料车安装控制和驱动设备，然后将这些设备的单体控制电路，按工作过程的动作要求组合在一起，就形成了矿料车自动卸料的控制系统。其组成如图11.4所示，操作人员按动启动按钮SB，发出系统启动信号，于是去卸料的控制开关KM_F闭合，驱动矿料车行进的电动机M正转，矿料车前行；当它行进到卸料位置时，限位开关ST_2就会发出就位信号，于是控制开关KM_F打开，电动机M停转，卸料定时器KT启动，卸料门控制开关KM_1闭合，矿料车停车，开卸料门卸料；卸料时间到了以后，卸料定时器KT动作，卸料门控制开关KM_1打开，去加料的控制开关KM_R闭合，电动机M反转，矿料车关闭卸料门，返回加料点；当它到达加料斗下方时，限位开关ST_1就会发出就位信号，于是控制开关KM_R打开，电动机M停转，矿料车停车，从而完成了一次自动卸料。这样，就产生了一种单台生产设备的控制系统。

整个工业生产系统又是由大量像自动卸料车一样的工艺设备，按照产品的生产工艺过程

组装而成。因此，工业生产的控制系统也一样，它也是由这些工艺设备的控制系统组合而成。工业生产过程会因其组合方式，以及设备控制参数的变化，而产生相应的改变。

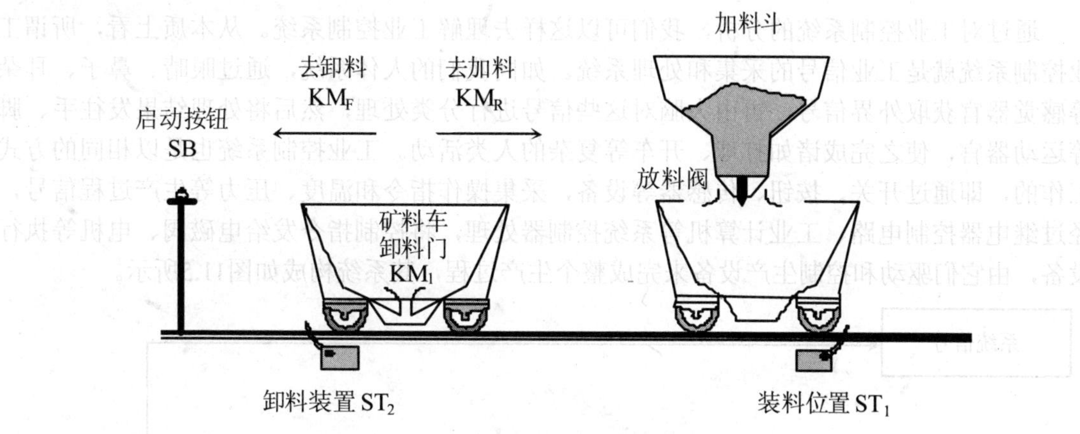

图 11.3 自动卸料车的工作示意图

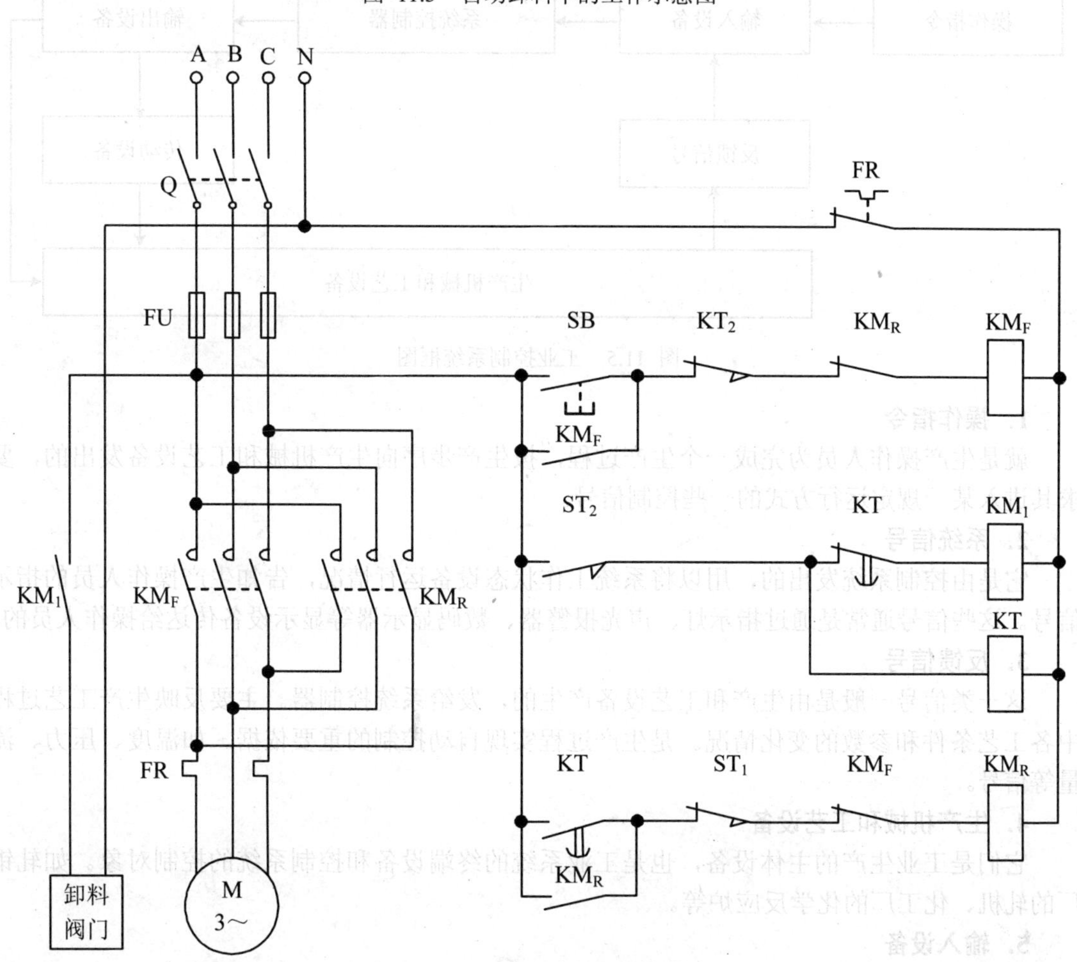

图 11.4 自动卸料车的电器控制图

11.2 工业系统的构成

通过对工业控制系统的分析，我们可以这样去理解工业控制系统。从本质上看，所谓工业控制系统就是工业信号的采集和处理系统。如同我们的人体系统，通过眼睛、鼻子、耳朵等感觉器官获取外界信号，再由大脑对这些信号进行分类处理，然后将处理结果发往手、脚等运动器官，使之完成诸如打球、开车等复杂的人类活动。工业控制系统也是以相同的方式工作的，即通过开关、按钮、传感器等设备，采集操作指令和温度、压力等生产过程信号，经过继电器控制电路、工业计算机等系统控制器处理，将控制指令发给电磁阀、电机等执行设备，由它们驱动和控制生产设备来完成整个生产过程，其系统构成如图11.5所示。

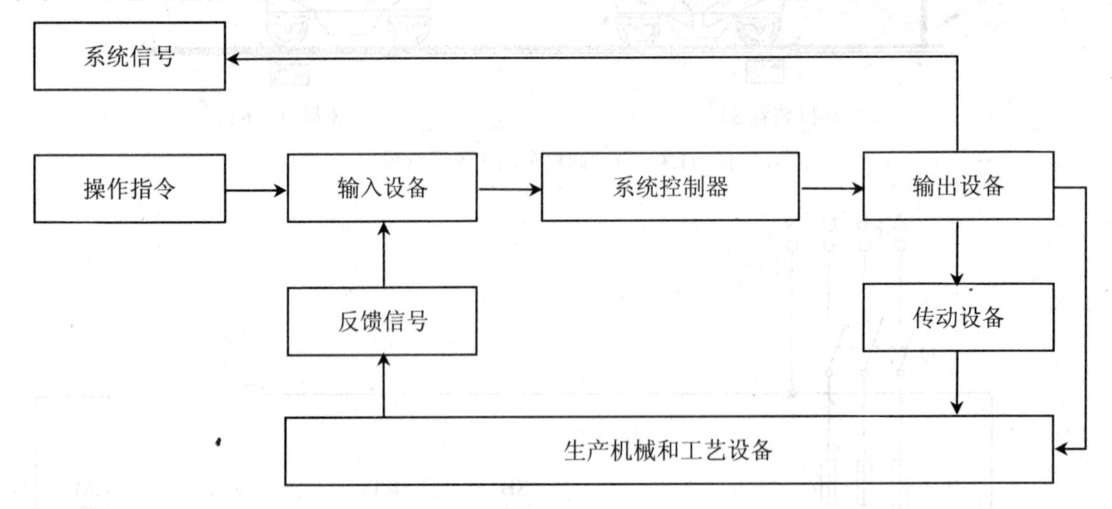

图 11.5　工业控制系统框图

1．操作指令

就是生产操作人员为完成一个生产过程，按生产步序向生产机械和工艺设备发出的，要求其进入某一规定运行方式的一些控制信号。

2．系统信号

它是由控制系统发出的，用以将系统工作状态设备运行情况，告知生产操作人员的指示信号。这些信号通常是通过指示灯、声光报警器、数码显示器等显示设备传达给操作人员的。

3．反馈信号

这一类信号一般是由生产和工艺设备产生的，发给系统控制器。主要反映生产工艺过程中各工艺条件和参数的变化情况。是生产过程实现自动控制的重要依据。如温度、压力、流量等信号。

4．生产机械和工艺设备

它们是工业生产的主体设备，也是工业系统的终端设备和控制系统的控制对象。如轧钢厂的轧机、化工厂的化学反应炉等。

5．输入设备

它是整个控制系统的控制信号的入口，其作用是将所有系统控制器无法识别的信号，变

换为可辨识的电信号。例如，按钮可将操作指令变为电脉冲，传感器可将温度、压力等非电的物理信号转换为电信号，等等。

6．输出设备

它是整个控制系统的控制指令的出口，其作用是将系统控制器产生的所有电信号，变换成生产或传动设备可以识别的控制指令。例如，电磁阀可将开关电信号转变为液压系统的驱动信号；电动执行器可将电信号的幅度变化转化为管道上电动阀门的开合度变化；诸如此类。

7．传动设备

顾名思义，就是工业系统动力传输设备的简称。它的作用是产生动力，并且按生产工艺要求控制生产设备的动力分配与传递。它包括动力产生设备（例如电动机）和动力传送设备（例如调速器）。

8．系统控制器

它是整个控制系统的核心，它对工业生产所起的作用，如同人的大脑对人体行为所起的作用一样。每一个系统控制器都是按照其所控制的工业系统的要求，根据生产工艺设计人员提出的工业生产方案或工艺流程，由专业的电气系统设计人员在综合工业现场情况后，专门设计的。它的构成可以是分立式的（如以继电器和电子线路组成的），也可以是集成式的（如以工业计算机或可编程序控制器构成的）。

综上所述，整个工业控制系统的核心设备是系统控制器，而每一个系统控制器无论是其构成方式，还是可实现的功能，都可能是各不相同的。由此可见，工业控制系统设计的重点就是如何设计一个理想的系统控制器。

11.3 PLC控制系统的形成

11.3.1 PLC的产生

可编程序控制器(Programmable Controller)是计算机家族中的一员，是为工业控制应用而设计制造的。早期的可编程序控制器称作可编程逻辑控制器(Programmable Logic Controller)，简称PLC，它主要是用来代替继电器实现逻辑控制。随着技术的发展这种装置的功能已经大大超过了逻辑控制的范围，因此，今天这种装置称作可编程序控制器，简称PC。但是为了避免与个人计算机(Personal Computer)的简称PC混淆，所以将可编程序控制器简称为PLC(以下均用简称PLC)。

20世纪60年代末期，由于电子计算机技术的发展，曾把小型电子计算机用作机械工作或生产过程的逻辑控制。计算机通过改变程序即软件，更改控制，这比更改硬件接线方便得多了。但它也存在如下一些缺陷：

（1）编程复杂，要求有较高水平的编程与操作人员。

（2）需要配备相应的外部接口。

（3）对工作的环境条件要求较高。

（4）功能“过剩”，机器资源未能充分利用。

（5）造价昂贵。

美国通用汽车公司(GM)为适应汽车工业发展的需要，于1968年提出设计新型电控制器的要求，并提出10点招标指标：

（1）编程简单，可在现场修改程序。

（2）维护方便，最好是插件式。

（3）可靠性高于继电器控制柜。

（4）体积小于继电器控制柜。

（5）可将数据直接送入管理计算机。

（6）在成本上可与继电器控制器竞争。

（7）输入可以是交流 115V。

（8）输出为交流 115V，2A 以上，能直接驱动电磁阀。

（9）在扩展时，原有系统只需很小变更。

（10）用户程序存储器容量至少能扩展到 4K。

这就是著名的GMl0条。如果说种种电控制器、电子计算机技术的发展是PLC出现的物质基础，那么GMl0条则是PLC出现的直接原因。

PLC是基于电子计算机，且适用于工业现场工作的电控制器。它源于继电控制装置，但它不像继电装置那样，通过电路的物理过程实现控制，而主要靠运行存储于PLC内存中的程序，进行入出信息变换实现控制。

PLC是基于电子计算机，但并不等同于普通计算机。普通计算机进行入出信息变换，大都只考虑信息本身，信息的入出，只要人机界面好就可以了。而PLC则还要考虑信息入出的可靠性、实时性，以及信息的使用等问题。特别要考虑怎么适应于工业环境，如便于安装、抗干扰等问题。

国际电工委员会(IEC)颁布的PLC标准中对其作出明确定义：

“可编程序控制器是一种数字运算操作的电子系统，专为在工业环境下应用而设计，它采用一类可编程的存储器，用于其内部存储程序，执行逻辑运算、顺序控制、定时、计数与算术操作等面向用户的指令，并通过数字或模拟式输入／输出控制各种类型的机械或生产过程。可编程序控制器及其有关外部设备，都按易与工业控制系统联成一个整体，易于扩充其功能的原则设计。”

总之，可编程序控制器是专为工业环境应用而设计制造的计算机，它具有丰富的输入／输出接口，并且具有较强的驱动能力。但是可编程序控制器产品并不针对某一具体工业应用，在实际应用时，其硬件需根据实际需要进行选用配置，其软件则需根据控制要求进行设计编制。

11.3.2 PLC的基本原理

一、PLC实现控制的要点

入出信息变换、可靠物理实现，可以说是PLC实现控制的两个基本要点。

入出信息变换靠运行存储于PLC内存中的程序实现。PLC程序既有生产厂家的系统程序，

又有用户自行开发的应用(用户)程序。系统程序提供运行平台，同时，还为PLC程序可靠运行及信号与信息转换进行必要的公共处理。用户程序由用户按控制要求设计。什么样的控制要求，就应有什么样的用户程序。

可靠物理实现主要靠输入(INPUT)及输出(OUTPUT)电路。PLC的I / O电路，都是专门设计的。输入电路要对输入信号进行滤波，以去掉高频干扰。而且与内部计算机电路有电隔离，靠光电耦合元件建立联系。输出电路内外也是电隔离的，靠电耦合元件或输出继电器建立联系。输出电路还要进行功率放大，使之能带动一般的工业控制元器件，如电磁阀、接触器等。

PLC有多个I / O电路，即每一输入点或输出点都要有一个(INPUT)或(OUTPUT)电路。因此，PLC有多少I / O点，一般也就有多少个I / O电路。但由于它们都是由高度集成化的电路组成的，所以，所占体积并不大。

输入电路时刻监视着输入情况，并将其暂存于输入锁存器中，每一个输入点都有一个对应的存储其信息的锁存器。

输出电路要把输出锁存器的信息传送给输出点。输出锁存器与输出点也是一一对应的。

这里的输入锁存器及输出锁存器实际就是PLC处理器I / O口的端口寄存器。它们与计算机内存交换信息通过计算机总线，并主要由运行系统程序实现。把输入锁存器的信息读到PLC的内存中，称为输入采样。PLC内存有专门开辟的存放输入信息的映射区，即输入状态寄存器区。这个区的每一对应位(bit)习惯上称之为输入继电器，或称软接点。这些位置成1，表示接点通，置成0为接点断。由于它的状态是由输入采样得到的，所以，它反映的就是输入状态。

输出锁存器与PLC内存中输出映射区的输出状态寄存器是对应的。一个输出锁存器也有一个内存位(bit)与其对应，这个位称为输出继电器，或称输出线圈。靠运行系统程序，输出继电器的状态映射到输出锁存器。这个映射也称输出刷新。输出刷新主要也是靠运行系统程序实现的。用户所要编的程序，只是实现内存中输入映射区到输出映射区的变换，特别是如何根据输入的时序变换出符合要求的输出时序。

二、PLC的工作原理

简单的说，PLC实现控制的过程一般是：输入采样→程序执行→输出刷新→再输入采样→再程序执行→再输出刷新……永不停止地循环反复的进行着。首先，输入锁存器将输入端子的状态锁存，系统程序执行输入采样过程，机器自动将输入锁存器的内容存入输入状态寄存器；然后，当用户程序运行时，机器按程序需要读入输入 / 输出状态寄存器的内容，程序运行结果写入输出状态寄存器；最后，系统程序执行输出刷新过程，机器自动将输出状态寄存器的内容存入输出锁存器，输出锁存器再将此结果传到输出端子；即完成一个工作周期。其过程如图11.6所示。

概括地讲，PLC的工作方式是一个不断循环的顺序扫描过程。每一次扫描所用的时间称为扫描时间，也可称为扫描周期或工作周期。

顺序扫描工作方式简单直观，便于程序设计和PLC自身的检查。具体体现在：PLC扫描到的功能经解算后，其结果马上就可被后面将要扫描到的功能所利用；可以在PLC内设定一个监视定时器，用来监视每次扫描的时间是否超过额定值，避免由于PLC内部CPU故障使程序执行进入死循环。

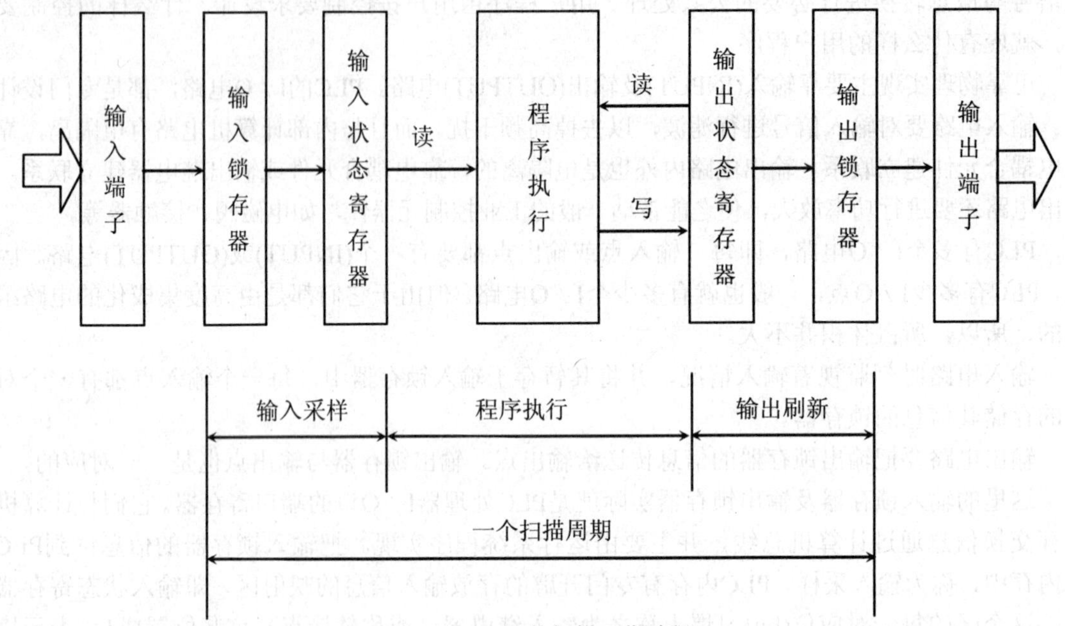

图 11.6　PLC的扫描工作过程

扫描顺序可以是固定的，也可以是可变的。一般小型PLC采用固定的扫描顺序，大中型PLC采用可变的扫描顺序。这是因为大中型PLC处理的I／O点数多，其中有些点可能不必要每次都扫描，一次扫描时对某一些I／O点进行，下次扫描时又对另一些I／O点进行，即分时分批地进行顺序扫描。这样做可以缩短扫描周期，提高实时控制中响应的速度。

11.3.3　PLC的结构与特点

PLC的整机是由主机和外围设备组成。主机包括电源、CPU、存储器、I／O系统和通讯及其他外围设备接口；外围设备包括编程器、扩展功能接口、外挂存储器、打印机、网络通讯设备。其硬件组成如图11.7所示。

PLC按结构分，可分为箱体式及模块式两大类。微型机、小型机多为箱体式的，但从发展趋势看，小型机也逐渐发展成模块式的了。如三菱公司的F系列和FX系列都是箱体式，现在的A系列和Q系列则为模块式的。

箱体式的PLC把电源、CPU、内存、I／O系统都集成在一个小箱体内。一个主机箱体就是一台完整的PLC，就可用以实现控制。控制点数不符需要，可再接扩展箱体，由主箱体及若干扩展箱体组成较大的系统，以实现对较多点数的控制。

模块式的PLC是按功能分成若干模块，例如，CPU模块、输入模块、输出模块、电源模块等等。大型机的模块功能大多趋于单一化，因而模块的种类也相对多些。目前一些中型机的模块功能也逐渐趋于单一，种类也在增多。例如，SIMENS公司S7系列的PLC，除了CPU、电源和基本数字量输入／输出模块外，还有模拟量输入／输出模块，以及具有计数、测量、

定位控制、凸轮控制、闭环控制等专一功能的功能模块和供PLC之间、PLC与网络之间通讯用的专用通讯模块。

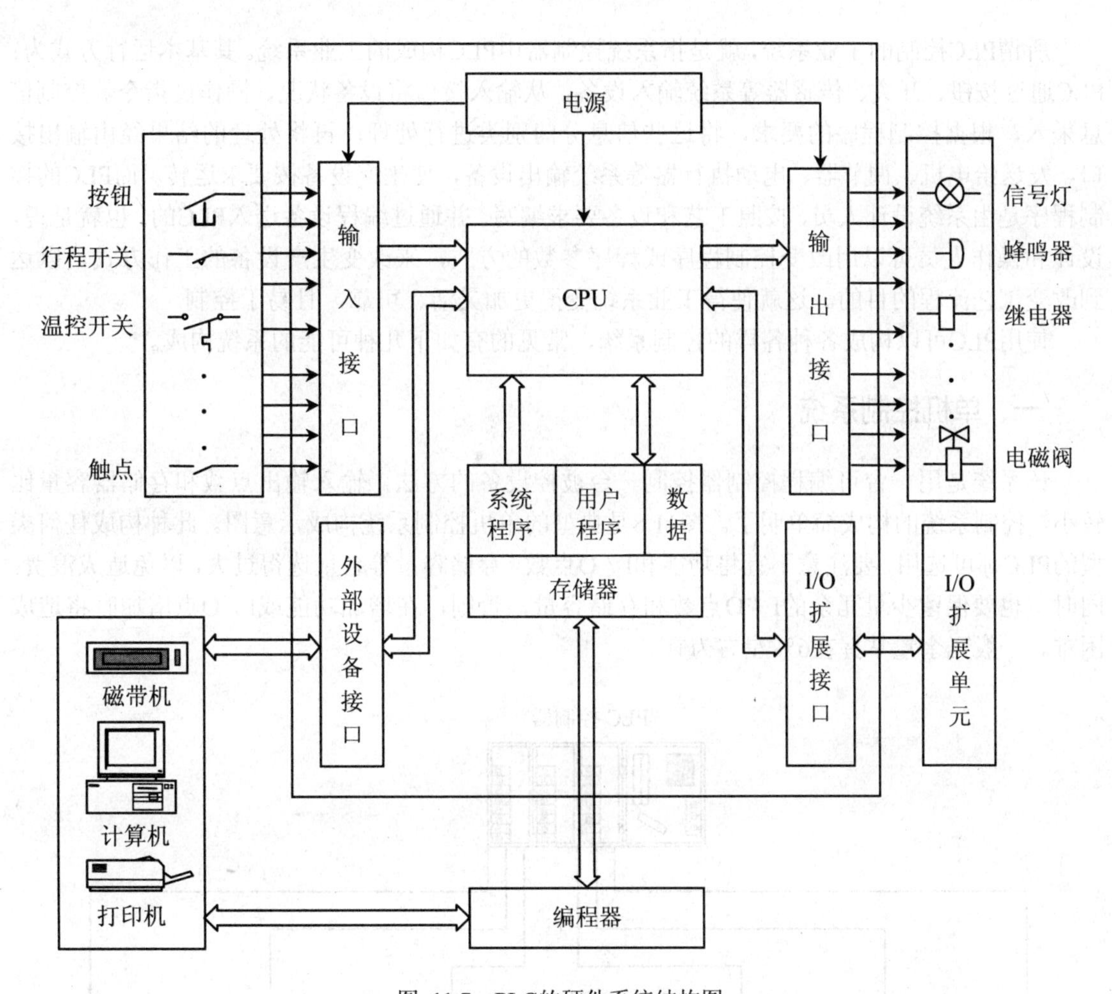

图 11.7 PLC的硬件系统结构图

一般来说，箱体式PLC的系统集成度高，结构较为紧凑，常用在一些控制较为简单的中、小型工业系统中，如机床、电梯、食品包装机等的顺序控制。由于它有易于编程，系统组成方便，且价格便宜的特点，被广泛应用于小型工业系统自动化改造和机械设备的程序化控制。其使用方法正在被越来越多的，非电专业的工程技术人员所掌握。但是，箱体式PLC也有不足之处，如功能较为简单，控制水平较低，系统构成不灵活等。

模块式的PLC的系统构成灵活，功能多样化，常用在一些控制较为复杂的工业系统，如冶金、化工等行业的生产流水线的自动控制。由于它有系统组成灵活，控制功能全面，组合功能强的特点。主要应用于工业生产自动化，以及生产工艺流程的综合控制。但模块式的PLC的结构较为复杂，系统组成和应用程序的编制过于专业化，通常只有专业的电气人员才能用好它。

综上所述，两种形式的PLC都各有所长，可根据系统情况和应用条件的变化，灵活选用。

11.3.4 PLC控制的工业系统

所谓PLC控制的工业系统，就是指系统控制器由PLC构成的工业系统。其基本运行方式为：PLC通过按钮、开关、传感器等系统输入设备，从输入接口将设备状况、操作员指令等控制信息采入，根据控制程序的要求，将这些信息分门别类进行处理，再将处理的结果经由输出接口，发送给电机、调节器、电动执行器等系统输出设备，使生产设备按要求运转。而PLC的控制程序是由系统设计人员，按照工艺和设备要求编写，并通过编程设备送入PLC的。也就是说，设计和操作人员可以用改变控制程序或程序参数的方式，来改变生产设备的工作方式，以达到改变工艺流程的目的。这就使得工业系统变得更加灵活、可靠，且易于控制。

使用PLC可以构成各种各样的控制系统，常见的有如下几种可能的系统构成。

一、单机控制系统

该系统是用一台可编程控制器控制一台被控设备的方法，输入输出点数和存储器容量比较小，控制系统的构成简单明了。图11.8是典型的单机控制系统构成示意图。此种构成任何类型的PLC都可选用，要注意不宜将功能和I / O点数、存储容量等余量选得过大，以免造成浪费。同时，也要保留少量冗余的I / O点数和存储容量，否则，在增加功能或I / O点增加时将造成困难。一般冗余量掌握在6%左右为宜。

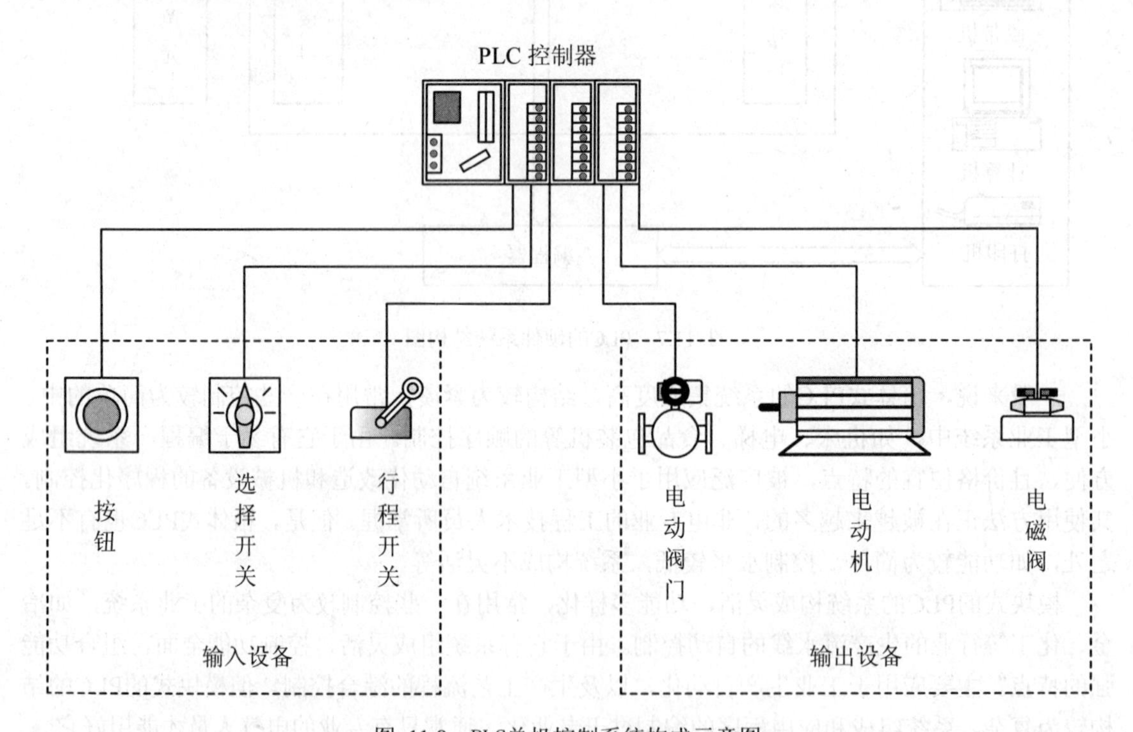

图 11.8 PLC单机控制系统构成示意图

二、集中控制系统

集中控制系统用一台PLC控制多台被控设备。该控制系统多用于各控制对象所处的地理位置比较接近，且相互之间的动作有一定的联系的场合。如果各控制对象地理位置比较远，而且大多数的输入输出线都要引入控制器，这时需要大量的电缆线，施工量和系统成本增大。图11.9所示为集中控制系统的示意图，显然它比图11.8的单机控制要经济得多。但值得注意的是：当某一个控制对象的控制程序需要改变时，必须停运控制器，其他的控制对象也必须停止运行，这是集中控制系统的最大缺点。因此，该控制系统适用于多台设备组成的流水线，当一台设备停运时，整个生产线都必须停运，从经济性考虑是有利的。采用此种构成时，必须注意将I / O点数和存储容量选择余量大些，以便于增加控制对象。

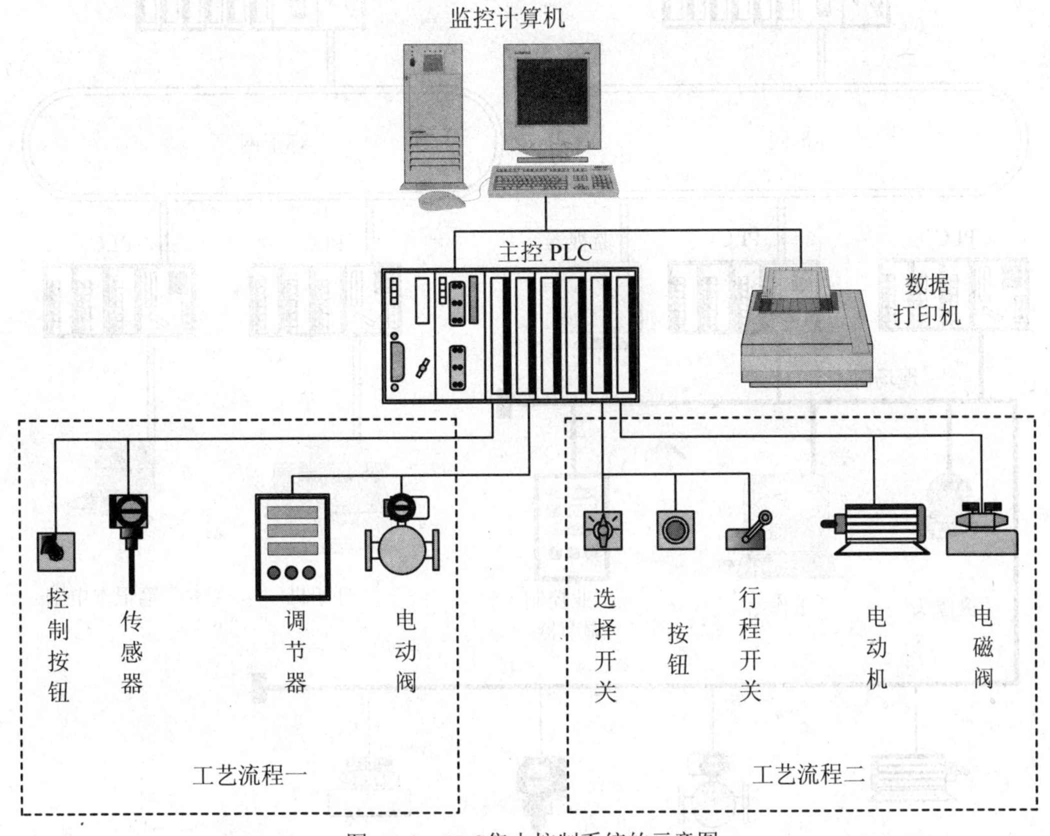

图 11.9 PLC集中控制系统的示意图

三、分布式控制系统

分布式控制系统的构成如图11.10所示。

在分布式控制系统中，将每一个控制对象设置一台PLC，各控制器之间可以通过信号传递进行内部联锁、响应或发令等，或由上位机通过数据通信总线进行通信。

分布式控制系统多用于多台机械生产线的控制，各生产线间有数据连接。由于各控制对象都有自己的控制器，当某一台控制器停运时，不需要停运其他的控制器。

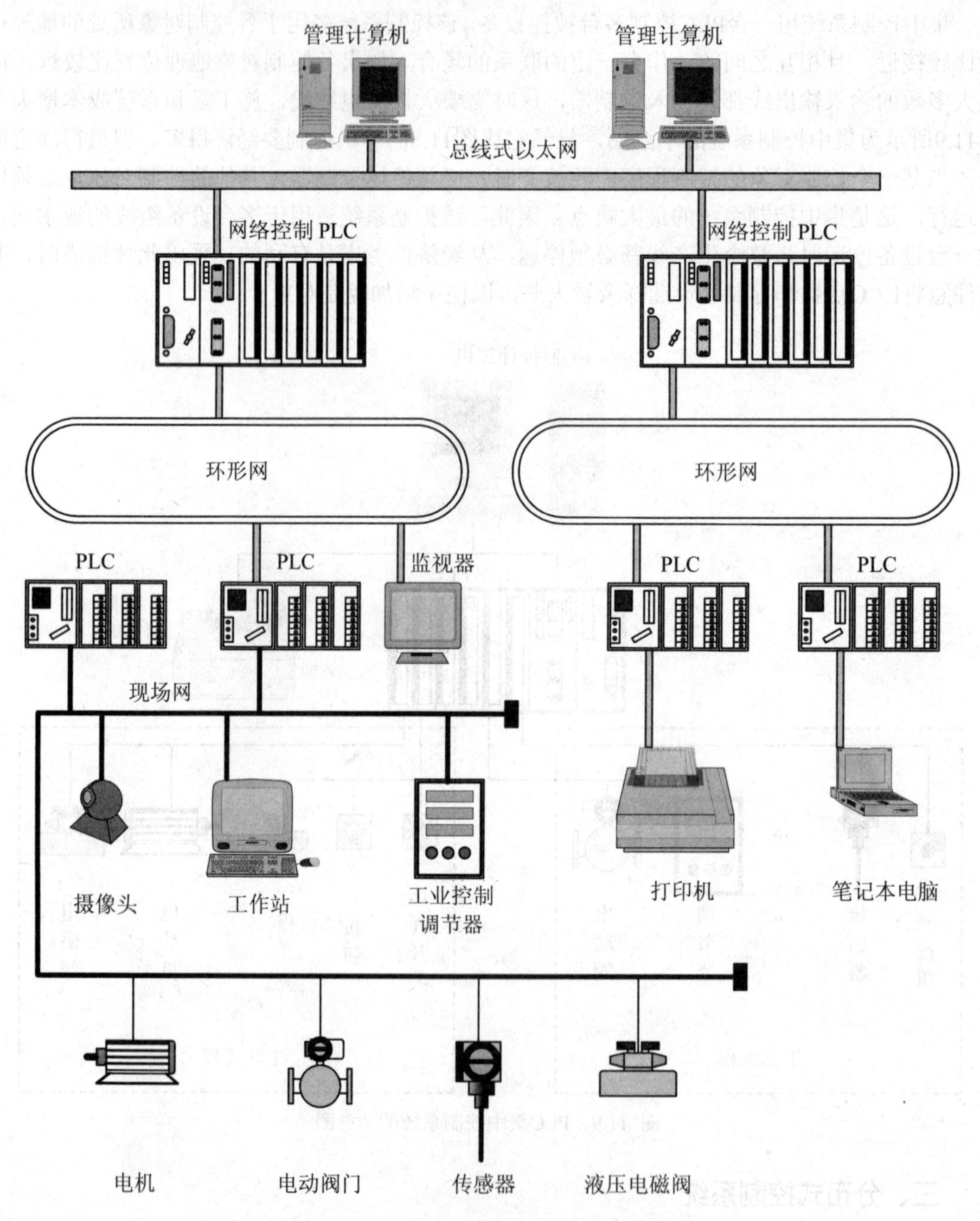

图 11.10 PLC分布式控制系统的构成图

与集中控制系统具有相同的I / O点时，虽然分布式控制系统多用了一台或几台控制器，导致价格偏高，但是从维护、试运转、或增设控制对象等方面看，其灵活性要大得多。

11.3.5 PLC控制系统的设计方法

用户在使用PLC进行实际系统的设计过程中，会自觉地或不自觉地遵循了一定的方法及步骤，有的按自我习惯方法、有的按普通计算机应用设计方法，应该说，普通计算机应用设计方法在PLC的应用设计中也能运用，但由于PLC是一种特殊的计算机，其体系结构、运行方式、编程语言等有别于普通计算机，因此在设计方法及步骤上有其特殊性。虽然不能要求必须先做什么后做什么及应该怎么做，但必须遵循许多共同的规则，使PLC系统的设计方法及步骤符合科学化、形成工程化、趋于标准化。

本节将介绍整个PLC控制系统的一般设计方法及步骤。

一、设计原则及内容

1．设计原则

PLC控制系统设计时应遵循的原则是：

（1）完全满足被控对象的工艺要求。

（2）在满足控制要求、技术指标的前提下，尽可能使 PLC 控制系统简单、经济。

（3）确保整个控制系统安全、可靠。

（4）为了适应生产控制柔性的需要，在设计时，控制系统的容量、功能等应有适当的裕度，以利调整、扩充。

2．设计内容

（1）根据被控对象的特性、使用者的要求，拟定 PLC 控制系统的设计指标、技术条件。并用设计任务书的形式将它们加以确定，这是整个 PLC 控制系统设计的依据。

（2）选择开关种类、传感器类型及一次仪表、电气传动形式、继电器线圈容量、电磁阀等执行机构(请参考有关产品资料)。

（3）选择 PLC 的型号及程序容量，确定各种模块的类型和数量等。

（4）绘制 PLC 的输入输出端子的接线图，并形成相应文档。

（5）设计 PLC 控制系统的梯形图并编程。

（6）程序调试，最后根据设计任务书进行测试并提交测试报告。

（7）如果需要的话，还需设计操作台、电气柜、模拟显示盘和非标准电器元部件。

（8）编写设计说明书和使用说明书等设计文档。

二、总体设计过程

PLC控制系统总体设计步骤如下：

（1）深入、详细了解和分析被控对象的工艺条件和控制要求。

（2）根据被控对象对 PLC 控制系统的技术指标，确定所需输入输出信号的点数，选配适当类型的 PLC。

（3）分配 PLC 的输入输出端子，绘出接线图并接线施工，完成硬件设计。

（4）根据生产工艺要求，绘出工序循环图，对较复杂的控制系统，如有必要可再绘出详细的顺序控制系统流程图（SFC）。

（5）根据工序循环图表或顺序控制系统流程图设计出梯形图。
（6）根据梯形图用相应的指令编程，完成软件设计。
（7）用编程器或计算机输入程序，并将之传送到PLC的程序存储器中。
（8）调试程序，先进行模拟调试，然后再进行系统调试。
（9）测试程序并提交测试报告。
（10）编写有关文档，完成整个PLC控制系统的设计。
具体设计步骤如图11.11所示。

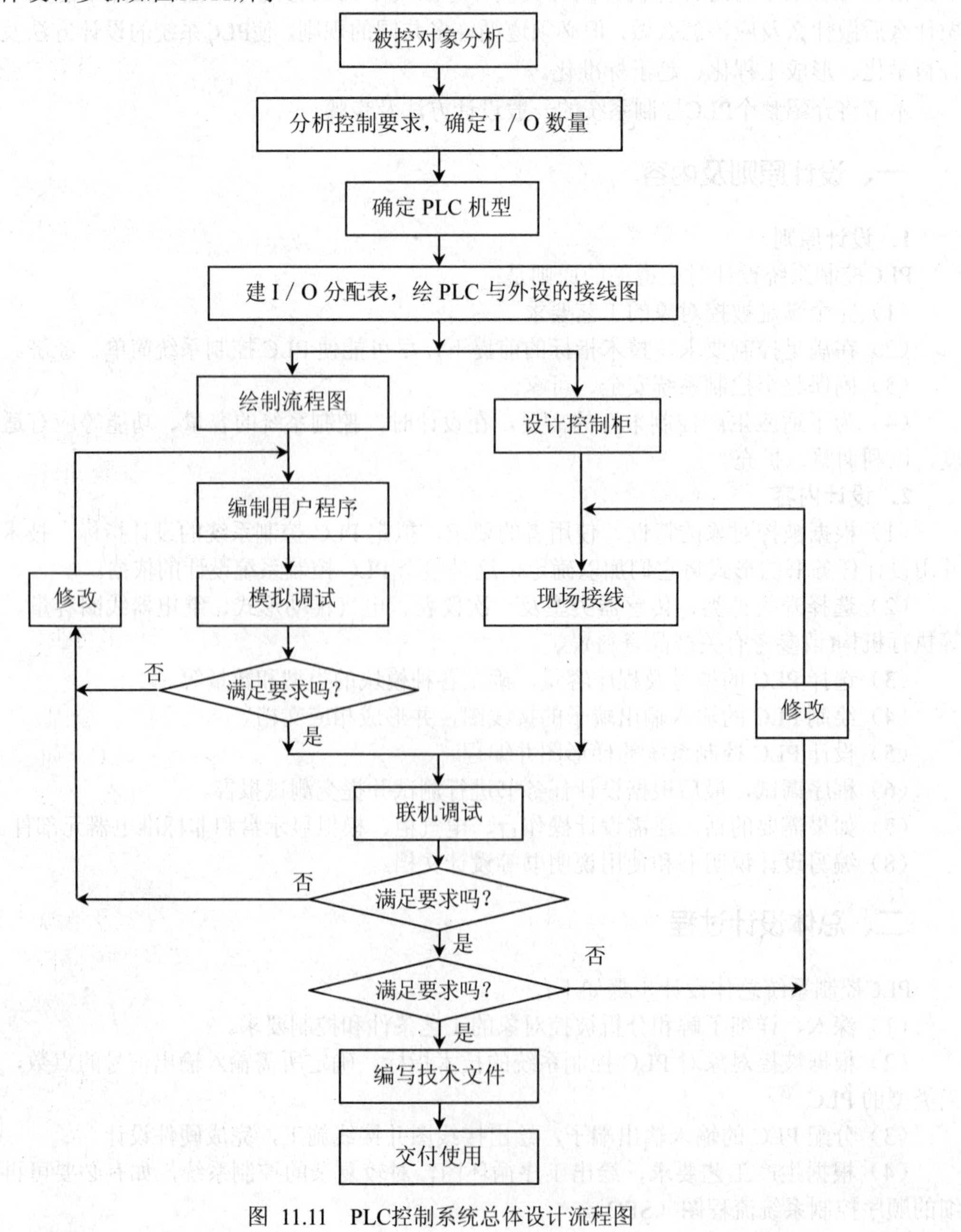

图 11.11　PLC控制系统总体设计流程图

三、设计注意事项

从上面的分析可以看出，PLC 控制系统设计要着重注意两个问题：一是 PLC 的硬件配置；二是 PLC 的程序编制。

（一）PLC 的硬件配置

PLC 的硬件配置，大体有如下几种：

1．基本配置

这种配置控制规模小，但所用的模块也少。对箱体式 PLC，则仅用一个 CPU 箱体。CPU 箱体含有电源、内装 CPU 板、I / O 板及接线器、显示面板、内存块等，是一台完整的 PLC，送入程序，通电后即可工作。

CPU 箱体依 CPU 性能分成若干型号，并依 I / O 点数，在型号下又有若干规格。基本配置就是选择一种合适的 CPU 箱体，来满足实际的要求。PLC 厂家箱体的型号及规格越多，也就越便于进行这种配置。

对模块式 PLC，基本配置选择的项目要多些。有：

（1）CPU 模块：它确定了可进行控制的规模、工作速度、内存容量等等。选得合适与否至关重要，是系统配置中首先要进行的。

（2）内存模块：它可在 CPU 规定的范围选择，以满足存储用户程序的容量及其他性能要求。电源模块：有的 PLC，它是与 CPU 模块合二而一的，有的是分开的。但这两者选的原则都相同，都是依 PLC 用的工作电源种类、规格，和是否为 I / O 模块提供工作及信号电源，以及容量需要作选择。电源模块多与其他模块相配套的，型号与规格不多，容易选择。

（3）I / O 模块：依 I / O 点数确定模块规格及数量。I / O 模块数量可多可少，但其最大数受 CPU 所能管理的基本配置的能力，即受最大的底板或机架槽数限制。

（4）底板或机架：基本配置仅用一个底板或机架，通称这种配置简单，原因就在于此。但底板多依槽数有不同规格。所以，还要依I / O模块数作不同选择。有的PLC，如OMRON公司的CQMl机，无底板，它的连接靠模块间接口实现。那样的PLC就没有什么底板或机架可选择了。

2．扩展配合

箱体式 PLC，除了 CPU 箱体，还有 I / O 箱体。I / O 箱体只有 I / O 板及电源，无 CPU、内存。I / O 箱体有不同的型号和规格。箱体式 PLC 扩展配置就是除 CPU 箱体外，再加选用相应的 I / O 箱体；以增大 PLC 控制规模。

模块式 PLC 的扩展配置有两种：一为当地扩展，另一为远程扩展。

当地扩展是用一些仅安装有 I / O 模块及为保证其工作的其他模块的底板或机架接入基本配置形成的，可使 PLC 的控制规模较可观地扩大。

远程扩展配置：这种配置所增加的机架可远离当地，近的几百米，远的可达数千米。远程配置可简化系统配线，而且还可扩大控制规模。

3．特殊配置

这里的特殊配置是指除进行常规的开关量控制之外，还能进行有关模拟量控制或其他作特殊使用的开关量控制的配置。这种配置要使用特殊I／O模块，有的厂家称为功能模块。这些模拟量可以是标准电流或电压信号，也可以是温度等；可以是仅能读或写这种量的模块，也可以是还能按一定算法，如P(比例)I(积分)D(微分)算法，实现控制的模块：可以是单路，也可以是多路等等。这种模块还配置有自身的CPU，能实现智能化，故有的也称其为智能模块。

有了特殊配置，可增强PLC的功能，使其能在AF(工厂自动化)系统中发挥更重要的作用。

4，冗余配置

冗余配置指的是除所需的模块之外，还附加有多余模块的配置。目的是提高系统的可靠性。能否进行冗余配置，可进行什么样的冗余配置，代表着一种PLC适应特殊需要的能力，是高性能PLC的一个体现。一般的PLC是不具备有这个性能的。

除了以上四种配置，PLC要不要组网，如何组网，也是在配置时要考虑的重要侧面。组网可使PLC与PLC，或与其他控制器，或与计算机进行数据交换，增强控制能力。所以，如果某一种PLC其控制规模不大，通过组网，这个不足也可得到弥补。

系统配置是对问题的综合，与对问题的分析不同，同样的题目，其答案可能是很多个。所以，系统配置的一个工作，就是要从多个答案中优选一个方案。

系统配置是使用 PLC 的第一步，也是重要的一步。配置得合适才可能更好地发挥 PLC 的作用，能取得较好经济效益。为此，PLC 的系统配置要在一定的理论指导下按步骤进行。

（二）PLC 的程序编制

这是使用 PLC 的另一个重要问题。进行 PLC 配置后，可按配置的清单采购 PLC，按配置的要求安装 PLC。这两项工作量都不大。安装 PLC 可能与设备控制柜的制作一起进行，那也只是其工作量的一小部分。大量的工作是编制 PLC 用户程序。因为 PLC 程序只能由用户编制，厂家不提供。而 PLC 若没有程序，则什么事情也不能干。

编制 PLC 程序也要按步骤进行。其基本步骤为：

1．弄清工艺

系统配置要弄清工艺，按工艺要求进行。程序编制则更应如此。

工艺要求主要应弄清两方面情况：一为传感器、执行机构的空间分布情况；另一为工艺进程情况。

• 空间情况

传感器、执行机构的空间分布在进行系统配置时，就应该大致了解清楚，否则也不能准确地做好配置。而程序设计则更应进一步弄清，否则 I／O 点的分配就不可能很合理。

• 进程情况

弄清工艺进程就是要弄清如下几个问题：工艺过程怎么开始，怎么一步步展开，输出怎样取决于输入，如果存在时序关系时，输出的时序又怎样取决于输入的时序，有哪些连锁关系等等。弄清这些问题才能着手设计算法，也才能进一步进行程序设计。

2．分配I／O

PLC安装后，每一个I／O模块上的每一个I／O点都有一定的编号。这是有规律的，不同厂家、不同型号的PLC有不同的规律。如OMRON公司的P型机(小型机)为固定分配的规律，它主机上的各I／O点，都明确注明其点号；还有为定位分配规律的，根据模块所在的机架号、槽位及点位编号。中型机多为这种编号，也还有为顺序分配规律的，它是按模块的顺序及各模块的点数取整成8或16依次编号，OMRON公司的大型机就是这么编号的，OMRON公司的CQMl机也是这么编号，只是它把I与O分开，分别按其顺序进行排列。I／O分配就是要建立起I／O点与输入信号及执行机构间的对应关系。有了这个关系，才可能进行PLC与传感器及执行机构间的接线，而且也为PLC编写程序提供基本的操作数。分配I／O要按一定原则进行。分配得合适，既节省接线，又方便编程，是编制程序之前必须做好的工作。

3．编写程序

首先要设计算法。算法确定后的思路，可用框图或一些自然语言表达。算法从工艺进程的分析中形成，是编写程序的基础与准备。

其次是划分模块。一般较复杂的用户程序都是先划分成若干模块，分模块编程，然后再予以合成。按模块编程便于移植一些已用过的程序，而且也便于调试。

最后为编写指令。要一条条进行，若为梯形图编程，则应一个图形符号、一个图形符号进行，最终要形成一个指令集，或完整的梯形图。

4．调试程序

编写PLC程序是很细致的工作，但差错总是难免的。而任何一点差错，即使是一小点，都可能导致PLC工作出现故障。所以，编写程序后，还要进行调试，纠正种种差错。

调试程序可通过计算机仿真进行。美国IPM公司的IPl612、IP3416等机，调试时就用该公司提供的仿真调试软件，进行仿真调试。仿真调试也叫脱机调试。

多数的程序调试是把程序送入PLC，在PLC试运行(输入、输出不接传感器及执行机构)时作调试。这也叫在线调试。

在线调试可使用简易编程器，先把程序送入 PLC，然后分模块或分指令一步步调。

在线调试也可使用计算机，由相应软件协助进行：先把程序录入计算机，再下载到PLC；然后使PLC运行，通过计算机画面了解PLC运行情况，观察其是否与设计意图符合；不符合，则找出原因：再修改程序，剔除毛病：再试，再看，再找，再改。一直到合乎设计意图。

经调试的程序还要实际试运行才能逐步完善。因为在调试程序时不可能把PLC与整个控制系统联机运行，那样做代价太高。万一程序设计不当，出了事故怎么办?调试程序主要靠观察PLC的入出关系，看其是否符合设计意图，如符合也就算是通过了。但合乎设计意图并不等于可用于实际，只有通过实际联机运行，并在试运行中不断克服设计的不足，才可使程序不断完善。

5．程序存储及定型

把程序送入PLC后，就要作存储。甚至开始编程时，编一部分就要存储一部分。随着程序调试通过及试运行过程的不断完善，还要不时地作存储。存储时，一般只留下后来的，删去过去的。程序不仅存于PLC的RAM中，也可存入磁盘或磁带中。经试行后的程序可作定型。办法是把它固化，写入ROM存储器。

其具体步骤如图11.12所示。

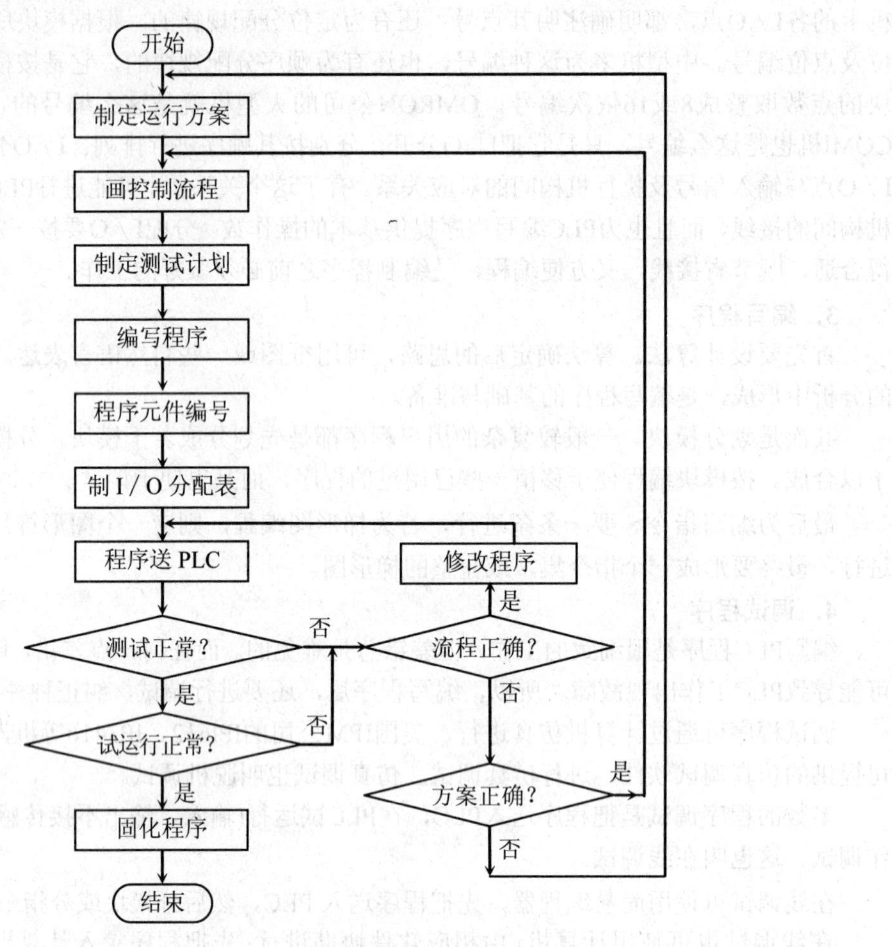

图 11.12　PLC程序编制流程图

第 12 章　实习设备使用说明

12.1　三菱FX_{2N}PLC简介

12.1.1　三菱FX_{2N}PLC硬件设备介绍

一、三菱FX2N主机结构

本型号PLC，就其结构而言，属于箱体式PLC。也就是说，它的工作电源、通讯接口、基本输出／输入接口，均集成在主机箱体内。只要将工作电源和外围设备的连接线，按要求接到主机的外端子上即可。其结构如图12.1所示。

由于PLC采用不同于一般计算机的编程语言——梯形图编制用户程序，因此必须采用专门的编程工具将用户程序写入PLC的用户程序存储器中，这种编程工具称作为编程器。一般来说，编程器分成二类：一类是便携式编程器；另一类是带CRT或大屏幕液晶显示的编程器。

便携式编程器具有体积小、重量轻、价格低等特点，广泛用于小型PLC的用户程序编制和各种PLC的现场调试和监控。例如，日本三菱公司的FX-20P型便携式编程器就是其中的一种，它主要用于该公司的FX系列PLC的用户程序编制和监控。

二、FX-20P型便携式编程器的一般情况

FX-20P型便携式编程器的硬件主要包括以下几个部件：

FX-20P-E型编程器：①FX-20P-RWM型写入器；②FX-20P-CAB型电缆；③手操器；

④FX-20P-ADP型电源适配器；⑤FX-20P-E-FKIT型接口；⑥用户程序卡；⑦系统程序卡。部分硬件示意图如图12.2所示。

FX-20P-E 型编程器的面板布置如图 12.3 所示。面板的上方是一个 16×4 个字符的液晶显示器。它的下面共有 35 个键，分成 7 行 5 列排列，第 1 行和第 5 列为 11 个功能键，其余的 24 个键分别为指令键和数字键。在编程器右侧面的上方有一个插座，将 FX-20P-CAB 电缆的一端插入该插座内，如图 12.3 所示，电缆的另一端插入 FX 系列 PLC 的 RS-422 插座内。FX-20P-E 型编程器内附有 8K 步的 RAM，当该编程器处在离线方式编程时，用户程序被存放在该 RAM 内。编程器内还附有高性能的电容器，编程器通电一小时后，即使编程器被断电，在该电容器的支持下，RAM 内的用户程序可以被保留三天。

FX-20P-E型编程器的顶部有一个插座，可以连接FX-20P-RWM型ROM写入器，如图12.2所示。它的底部插有系统程序存储器卡匣，当该编程器的系统程序更新时，只要更换系统程

序存储器即可。

在FX-20P-E型编程器与PLC不相连的情况下，需要使用该编程器编制用户程序时，可以使用FX-20P-ADP型电源适配器对编程器供电。另外，通过该适配器还能将编程器与计算机相连接。使用FX-20P-E-FKIT型接口，还可以使该编程器对F1和F2型PLC编程。

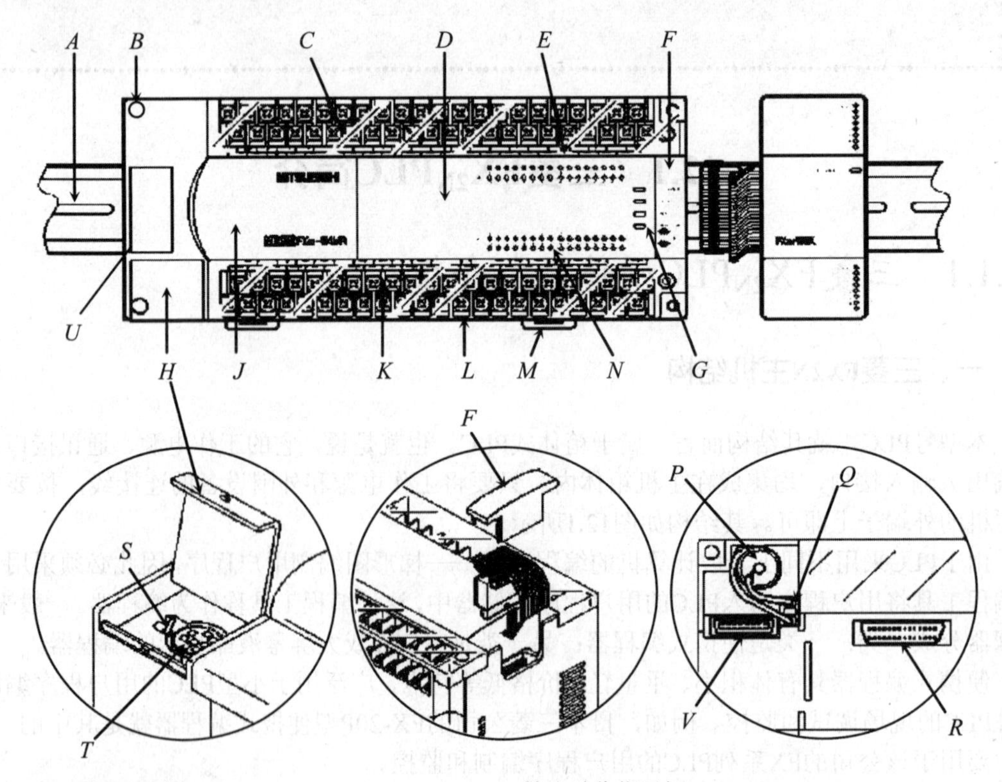

A: 35mm宽DIN导轨

B: 安装孔4个（$\phi4.5$）

C: 输入口装卸式端子台盖板

D: 输入装卸式端子台
（电源、辅助电源、输入信号用）

E: 输入指示灯

F: 扩展单元、扩展模块、特殊单元、
特殊模块、接线插座盖板

G: 动作指示灯

H: 外围设备接线插座、盖板

J: 面板盖

K: 输出口装卸式端子台盖板

L: 输出用的装卸式端子台

M: DIN导轨装卸用卡子

N: 输出动作指示灯

P: 锂电池(F2-40BL，标准装备)

Q: 锂电池连接插座

R: 另选存储器滤波器安装插座

S: 内置RUN / STOP开关

T: 编程设备，数据存储单元接线插座

U: 功能扩展板接口盖板

V: 功能扩展板安装插座

POWER：电源指示

RUN：运行指示灯

BATT．V：电池电压下降指示

PROG-E：出错指示闪烁（程序出错）

CPU-E：出错指示亮灯（CPU出错）

图 12.1 三菱FX_{2N} PLC主机的结构图

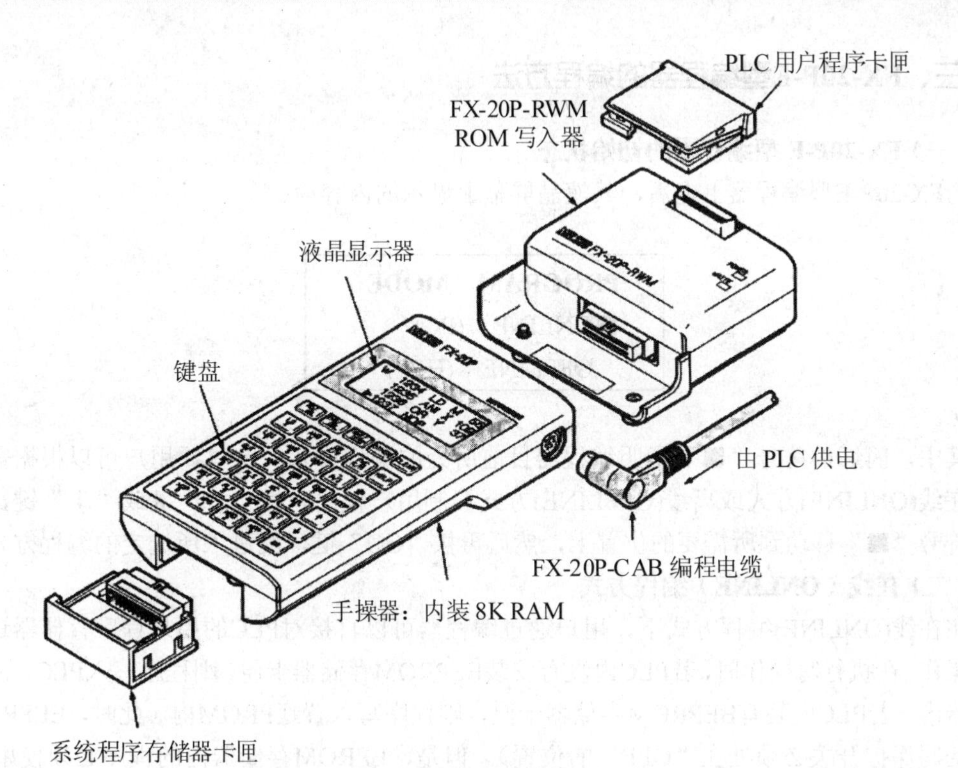

图 12.2　FX-20P型便携式编程器部分硬件示意图

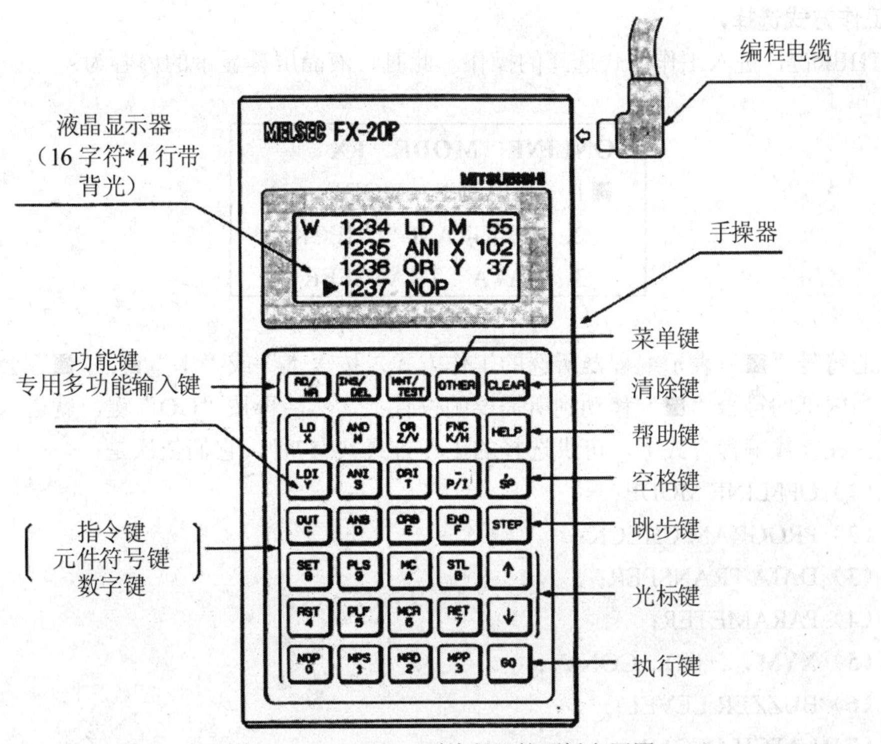

图 12.3　FX-20P-E型编程器的面板布置图

三、FX-20P-E型编程器的编程方法

（一）FX-20P-E 型编程器的初始状态

当FX-20P-E型编程器上电后，其液晶屏幕上显示的内容为：

```
PROGRAM   MODE
■ONLINE   (PC)
 OFFLINE   (HPP)
```

其中，闪烁的符号“■”指明编程器目前所处的编程方式。这时，用户可以根据需要，选择在线(ONLINE)方式或离线(OFFLINE)方式编制用户程序。按“↑”键或“↓”键，将闪烁的符号“■”移动到所需要的位置上，然后再按“GO”键，就进入所选定的编程方式。

（二）在线（ONLINE）编程方式

在在线(ONLINE)编程方式下，用户通过编程器可以直接对PLC的用户程序存储器进行读／写操作。在执行写操作时，若PLC内没有安装EEPROM存储器卡匣，则程序写入PLC，的RAM存储器内；若PLC内装有BEPROM存储器卡匣，则程序写入置辽PROM内（此时，EEPROM存储器的写保护开关必须处在“OFF”的位置）。但是，EPROM存储器内的程序必须使用FX—20P—RWM型ROM写入器才能被写入。

1．工作方式选择

按OTHER键，进入工作方式选择的操作。此时，液晶屏幕显示的内容为：

```
ONLINE   MODE   FX
■1. OFFLINE   MODE
 2. PROGRAM   CHECK
 3. DATA   TRANSFER
```

闪烁的符号“■”表示编程器所选的工作方式，按“↑”或“↓”键，“■”会向上或向下移动，当闪烁的符号“■”移动到所需要的位置上，然后再按“GO”键，就进入所选定的工作方式。在在线编程方式下，可供选择的工作方式共有7种，它们依次是：

（1）OFFLINE MODE；

（2）PROGRAM CHECK；

（3）DATA TRANSFER；

（4）PARAMETER；

（5）XYM．．NO．CONV．；

（6）BUZZER LEVEL；

（7）LATCH CLEAR

当选择OFFLIN EMODE时，编程器进入离线编程方式。

当选择PROGRAM CHECK时，对用户程序进行检查，若没有错误，则屏幕显示“NO ERROR”：若发现程序有错，则显示出错的语句步序及相应的出错代码。

当选择DATA TRANSFER时，若PLC内没安装其它的存储器卡匣，则屏幕显示“NO MEM．CASSETTE”，不进行程序的传送；若PLC内安装有其它的存储器卡匣，则根据安装的存储器种类，可以在PLC的RAM和外装的存储器之间进行程序和参数的传送。

当选择PARAMETER时，可以对PLC的用户程序存储器容量进行设置，还可以对PLC的各种具有失电保持的软设备的范围以及文件寄存器的数量进行设置。

当选择XYM．．NO．CONV．时，可以直接对用户程序中的X，Y或M的地址进行修改，包括END指令后面的程序中的上述位软设备。

当选择BUZZER LIEVEL时，可以对编程器的蜂鸣器的音量进行调节。

当选择LATCH CLEAR时，可以对PLC的各种具有失电保持的软设备进行复位。对文件寄存器的复位要视存储器类别而定，若用户程序存储器采用RAM构成，则可以对其进行复位；若用户程序存储器采用EEPROM构成，且其写保护开关处于OFF的位置，则可以对其进行复位，否则不能对其进行复位；不能对由EPROM构成的用户程序存储器内的文件寄存器进行复位。

2．液晶显示器和功能键

在编程时，液晶显示器显示屏上的各个位置分配如下：

R ▶	**100**	**LD**	**M8000**
	101	OUT	T5
			K120
	104	LD	T5

第一行第一列的字符代表编程器的工作方式。共有六个字母分别代表六种不同的工作方式，分述如下：

R：表示从用户程序存储器中读出程序。

W：表示用编程器编制用户程序，并且将程序装入PLC的用户程序存储器中去(在线工作方式)或装入编程器内的RAM中(离线工作方式)。

I：表示将编制的程序插入“▶”所指的语句步之前，并且将程序装入PLC的用户程序存储器中去。

D：表示将“▶”所指的语句步删除。

M：表示编程器处在监控工作状态，可以对PLC的开关量输入／输出、各位软设备的状态以及计时器和计数器的逻辑线圈状态进行监视，也可以对各字软设备内的数据进行监视以及对基本逻辑运算指令运行状态的监视。

T：表示编程器处在监控工作状态，可以对 PLC 的开关量输入／输出、各位软设备的状态以及计时器和计数器的逻辑线圈状态强制接通或强制关断，也可以对各字软设备内的数据进行修改。第二列的“▶”表示当前执行的语句步，第三列到第六列为语句步，第七列为空格，第八列到第十一列为指令的操作码，第十二列为操作数的类型，第十三列到第十六列为操作数的地址。另外，在**M**和**T**二种工作方式中，显示屏上各个位置的分配情况除了上述介绍的以外，还有其它的分配方法，这些在专门讨论**M**和**T**的两种工作方式中再作详细介绍。11个功能键在编程时的各自功能叙述如下。

“**RD / WR**”键为双重功能键，按第一下，编程器处在**R**工作方式：按第二下，编程器处在**W**工作方式，按第三下，又回到**R**工作方式，如此重复下去。

“**INS / DEL**”键也是双重功能键，按第一下，编程器处在**I**工作方式；按第二下，编程器处在**D**工作方式，按第三下，又回到**I**工作方式，如此重复下去。

“**MNT / TEST**”也是双重功能键，按第一下，编程器处在**M**工作方式；按第二下，编程器处在**T**工作方式，按第三下，又回到**M**工作方式，如此重复下去。

无论什么时候按下“**OTHER**”键，编程器立即转入7种工作方式的选择，即**OFFLINE MODE**或**ONLINE MODE**、**PROGRAM CHECK**、**DATA TRANSFER**等。

“**CLEAR**”键为清除键，在未按“**GO**”键之前，按下“**CLEAR**”键，刚刚键入的操作码或操作数被清除。另外，使用“**CLEAR**”键还可以清除屏幕上的错误内容或返回到先前的显示状态。

“**HELP**”键为辅助键，在编制用户程序时，如果对某条特殊功能指令的编程代码不清楚，则可以先按下**FNC**键，然后再按**HELP**键，这时，屏幕上会显示特殊功能指令的分类菜单，接着，再按下相应的数字键，就会显示出该类指令的全部编程代码。另外，在监控方式下，按**HELP**键，可以使字软设备内的数据在十进制和十六进制数之间进行切换。

“**SP**”键为空格键，在编制特殊功能指令的梯形图时，在键入编程代码后，紧接着必须先按“**SP**”键，然后才能键入操作数或常数。在监控工作方式下，若要监视位软设备的状态或字软设备内的数据，则需先按下“**SP**”键，然后再按该设备的地址，这时，屏幕上会显示出相应的状态或数据。

“**STEP**”键为步序键，如果需要显示某步语句，则可以先按“**STEP**”键，然后再按相应的数字键，显示器就会转而去显示该步语句的内容。

“↑”和“↓”键分别为“▶”的上移键和下移键。

“**GO**”键为执行键，在键入某语句后，再按下“**GO**”键，编程器就将该语句写入PLC的用户程序存储器中。另外，当将▶移动到所选择的工作方式时，按下此键，编程器就进入该工作方式。

3．对用户程序存储器进行初始化

若需要将用户程序存储器内的所有内容全部清除或将部分范围内的内容清除，则按“**RD / WR**”键，使编程器处在**W**工作方式下，然后按照下图（图12.4）所示的操作步骤依次按相应的键。

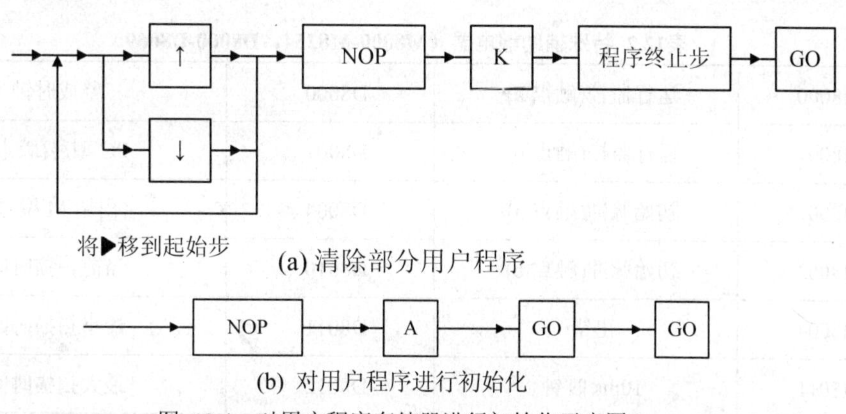

(a) 清除部分用户程序

NOP → A → GO → GO

(b) 对用户程序进行初始化

图 12.4 对用户程序存储器进行初始化示意图

如果需要对PLC的用户程序存储器进行初始化，则按“**RD / WR**”键，使编程器处在**W**工作方式下，接着依次按下“**NOP**”键、“**A**”键和“**GO**”键，这时，屏幕上显示如下内容：

```
ALL CLARE

      OK→（GO）
      NO→（CLEAR）
```

经过确认后，再次按下“**GO**”键，则将PLC用户程序存储器的全部存储单元置为“**NOP**”。

以上即为在 FX-20P 编程器上，功能键和功能菜单的使用方法。其指令、数字、符号等程序输入键，可直接操作。

四、三菱 FX2PLC 内部器件的简介

由于PLC是用于控制的计算机，因此，在其内部设置了大量的通用控制器件。包括用作接点状态锁存的中间继电器M；用作程序运行状态暂存的状态寄存器S；用作存储程序数据的数据寄存器D；还有程序指针寄存器P；控制用的定时器T和计数器C。其基本性能如表12.1所示。除此之外，为保证系统安全运行，并方便编程人员使用，机内还设置了一批存储PLC内部运行状态的特殊辅助继电器，其基本性能如表12.2所示。

表 12.1 通用器件（S、M、T、C、D、P）

M0-M495 M496-M511	496点通用继电器 16点锁存继电器	C0-C13 C14，C15	14点通用计数器 锁存16位以上计数器
S0-S9 S10-S63	初始化状态寄存器 通用状态寄存器	D0-D29 D30，D31	通用数据寄存器 锁存数据寄存器
T0-T55	0-32767定时器(100)	C235-C254	32位高速计数器
T32-T55	0-32767定时器(10)	P0-P63	64点JUMP / CALL指针

表12.2 特殊辅助继电器（M8000-M8254，D8000-D8069）

M8000	运行监控(触点 a)	D8000	警戒时钟
M8001	运行监控(触点 b)	D8001	PC 型号(版本)
M8002	初始脉冲(触点 a)	D8004	出错 M 编号
M8003	初始脉冲(触点 b)	D8010	当前扫描时间
M8004	出错	D8011	最小扫描时间
M8011	10ms 时钟	D8012	最大扫描时间
M8012	100ms 时钟	D8013	当前容量值 0～255
M8013	1s 时钟	D8028	Z 寄存器数据
M8014	lmin 时钟	D8029	V 寄存器数据
M8020	清零标志	D8039	扫描时间(ms)
M8021	借位标志	D8040	0N 状态寄存器 1 个
M8022	进位标志	D8041	0N 状态寄存器 2 个
M8028	定时器启动	D8042	0N 状态寄存器 3 个
M8029	指令执行完毕标志	D8043	0N 状态寄存器 4 个
M8039	定时扫描方式	D8044	0N 状态寄存器 5 个
M8040	禁止状态转移	D8045	0N 状态寄存器 6 个
M8041	状态转移开始	D8046	0N 状态寄存器 7 个
M8042	启动脉冲	D8047	0N 状态寄存器 8 个
M8043	回原点完成	D8061	PC 硬件出错码编号
M8061	PC 硬件出错	D8064	参数出错码编号
M8064	参数出错	D8065	语法出错码编号
M8065	语法出错	D8066	电路出错码编号
M8066	电路出错	D8067	操作出错码编号
M8067	操作出错	D8068	操作出错步序编程(锁存)
M8068	操作错锁存出错	D8069	M8065—M8067 错误步序号

12.1.2　三菱FX系列PLC的编程语言

一、FX的基本逻辑指令

PLC的显著特点之一是其编程语言简单易学。由于早期的PLC主要用于替代继电器控制装置，为了有利于推广这一新型工业控制装置，它的编程语言吸取了广大电气工程技术人员最为熟悉的继电器线路图的特点，形成了其特有的编程语言——梯形图。

虽然梯形图是一种采用常开触点、常闭触点、线圈和功能块等构成的图形语言，类似于继电器线路图，直观易懂。但是用它编程时必须使用图示编程器(如专用大屏幕LCD、个人计算机)，并配以相应的软件，才能将梯形图直接送入PLC。如使用手持式简易编程器，则必须将梯形图转为语句表方可输入，而不同公司生产的PLC所使用的语句表助记符所表示的功能含义均有所不同。表12.3是三菱公司的FX系列PLC所使用的基本逻辑语言的语句指令与梯形图的对照表，为方便理解和使用这些基本逻辑指令，特采用解释示范程序的方法，即对每一个梯形指令行，用文字描述其虚拟动作过程，来介绍指令的功能和常规用法。

表 12.3　基本逻辑指令

符号名称	功能	电路表示和目标元件
LD 取	运算开始a接点	XYMSTC
LDI 取反	运算开始b接点	XYMSTC
AND 与	串行连接a接点	XYMSTC
ANI 与非	串行连接b接点	XYMSTC
OR 或	并行连接a接点	XYMSTC
ORI 或非	并行连接b接点	XYMSTC
ANB 电路块与	块间 串行连接	
ORB 电路块或	块间 并行连接	
OUT 输出	线圈驱动 指令	YMSTC
SET 置位	动作保持 线圈指令	SET YMS
RST 复位	保持解除 线圈指令	RST YMSTCD
PLS 脉冲	上升沿 脉冲触发	PLS YM
PLF 脉冲	下降沿 脉冲触发	PLF YM
MC 主控	母线 分支控制	MC N YM
MCR 主控复位	母线分支 控制解除	MRC N
MPS 进栈	运算存储	MPS
MRD 读栈	读出存储	MRD
MPP 出栈	读出存储 并复位	MPP
NOP 无	空操作	
END 结束	程序结束	

1．LD，LDI，AND，ANI，OR，ORI，OUT，END 指令

（1）输入X000为ON时，驱动输出Y000。

（2）输入X000为OFF时，输人为X001为ON时，驱动辅助继电器M0。在驱动M0的状态下，输入X002为OFF时，可以操作输出Y001。

（3）输入X001为OFF或输入X002为ON或者输入X003为OFF时，驱动输出Y002。

语句表			梯形图
0	LD	X000	
1	OUT	Y000	
2	LDI	X000	
3	AND	X001	
4	OUT	M0	
5	ANI	X002	
6	OUT	Y001	
7	LDI	X001	
8	OR	X002	
9	ORI	X003	
10	OUT	Y002	
11	END		

2．ANB，ORB 指令

（1）输入X000或输入X001为ON时，输入X002或输入X003为ON时，输入Y000被驱动。

（2）输入X004和X005或输入X006和X007为ON时，输出Y001被驱动。这样，“ANB”为串行连接并行电路块，而“ORB”为并行连接串行电路块的指令。

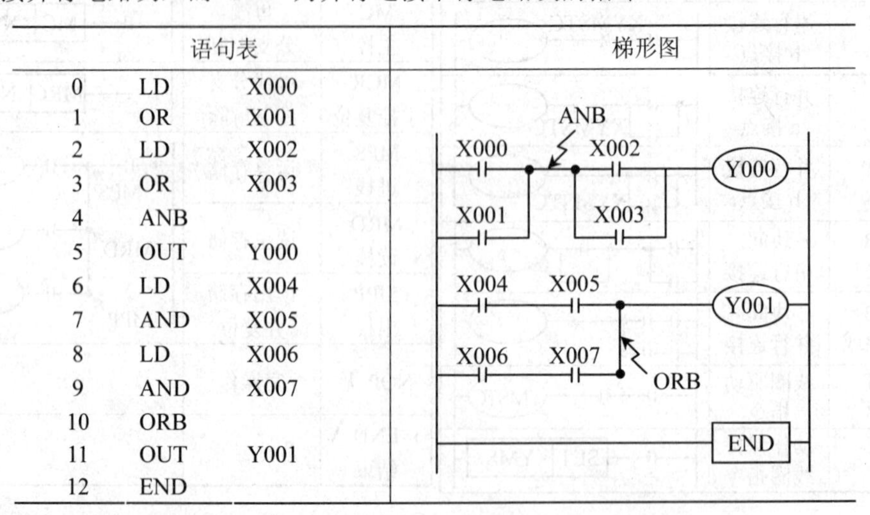

语句表			梯形图
0	LD	X000	
1	OR	X001	
2	LD	X002	
3	OR	X003	
4	ANB		
5	OUT	Y000	
6	LD	X004	
7	AND	X005	
8	LD	X006	
9	AND	X007	
10	ORB		
11	OUT	Y001	
12	END		

3．SET，RST，PLS，PLF 指令

（1）用输入 X000 的向上升沿脉冲来驱动辅助继电器 M0（1 个扫描时间），操作保持辅

助继电器 M50。

（2）用输入 X001 的下降沿脉冲来驱动(1 个扫描时间)辅助继电器 M1，解除辅助继电器 M50 的操作保持。

语句表			梯形图
0	LD	X000	X000 —┤├— [PLS M0]
1	PLS	M0	
3	LDI	X001	X001 —┤/├— [PLF M1]
4	PLF	M1	
6	LD	M0	M0 —┤├— [SET M50]
7	SET	M50	
8	LD	M1	M1 —┤├— [RST M50]
9	RST	M50	
10	END		[END]

4．MC，MCR 指令

（1）输入X000为ON时，公共串行接点M0为ON。X000(M0)为OFF时，MC—MCR的程序为执行OFF，输出没有被驱动。X000(M0)为ON时，根据输入图形存储的操作数据，输出被驱动。

（2）MC不是嵌套结构时，使用多次时，可在“MC N0 M**—MCR N0”之后，再反复用“MC N0 M**—MCR N0”和“N0”。N0的使用次数没有限制。

（3）一串MC指令的最后一定要加上“MCR N0”指令。

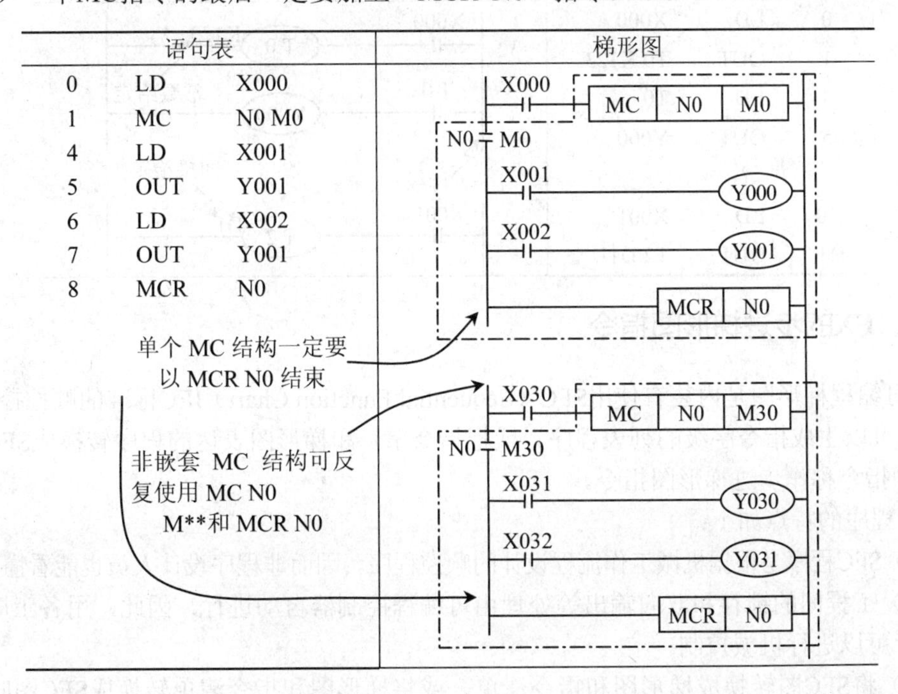

语句表		
0	LD	X000
1	MC	N0 M0
4	LD	X001
5	OUT	Y001
6	LD	X002
7	OUT	Y001
8	MCR	N0

5．MPS，MRD，MPP 指令

（1）这是一条为执行分支多重输出电路的指令。利用MPS指令，存储运算的中间结果，然后驱动输出Y000。利用MRD指令，读出其存储，驱动输出Y001。最后的电路使用MPP指令替代MRD指令。于是，在读出上述存储的同时，也复位。

（2）MPS指令是利用公共串行接点，驱动多个输出电路的电路程序。

语句表

0	LD	X000
1	MPS	
2	AND	X001
3	OUT	Y000
4	MRD	
5	AND	X002
6	OUT	Y001
7	MPP	
8	OUT	Y002
9	END	

梯形图

X000
X001
Y000
MPS
X002
Y001
MRD
Y002
MPP
EMD

6．定时器输出指令

（1）定时器有一般用和累计用两种。累计用定时器即使计数输入为OFF，也能存储当前值。计数器有16位向上计数和32位向上／向下计数用的两种。向上／向下计数器的计数方向由特殊辅助继电器M8200—M8234的ON／OFF来指定的。

（2）定时器的设定值，可以用K常数直接指定，用数据寄存器(D)间接指定。但间接指定值必须事先写入数据寄存器里。

语句表

0	LD	X000
1	OUT	T0 K123
4	LD	T0
5	OUT	Y000
	~	
10	LD	X001
11	OUT	T2 D1

梯形图

X000
T 0
K123
常数给定
T 0
Y000
母线
间接给定
X001
T 2
D1

二、FX的步进梯形图指令

FX可编程梯形图是内装有使用SFC（Sequential Function Chart）IEC标准的顺控控制功能，从SFC图可以生成指令字级的列表程序，或把指令字，和梯形图表达的程序转换成SFC图的指令，这种指令称作步进梯形图指令。

SFC程序的特点如下：

（1）SFC程序是根据机械工作流程设计的顺控程序。因而非程序设计人员也能看懂其内容。

（2）工程间的锁存和双向输出等处理由可编程控制器自动进行，因此，用各工序的简单顺控设计可以进行机械控制。

（3）将SFC图转换成梯形图和指令清单，或将梯形图和指令清单转换成SFC图时不需要

特别的顺控设计。

（4）使用微机和A7PHP / A7HGP等与之相应的编程软件，能用SFC表达来进行操作监测。和操作状态自动显示。因此，能容易地监视机器工作状况和发现产生故障的地。

（5）从上述的外部设备上可以打印输出用SFC表达的顺控程序，也能够制作成文件。

图12.5（a）是用SFC编程的顺控控制的一个实例。在SFC图上各工序用状态(S)表示。用顺控指令字表达该图时，如图12.5(b)所示。

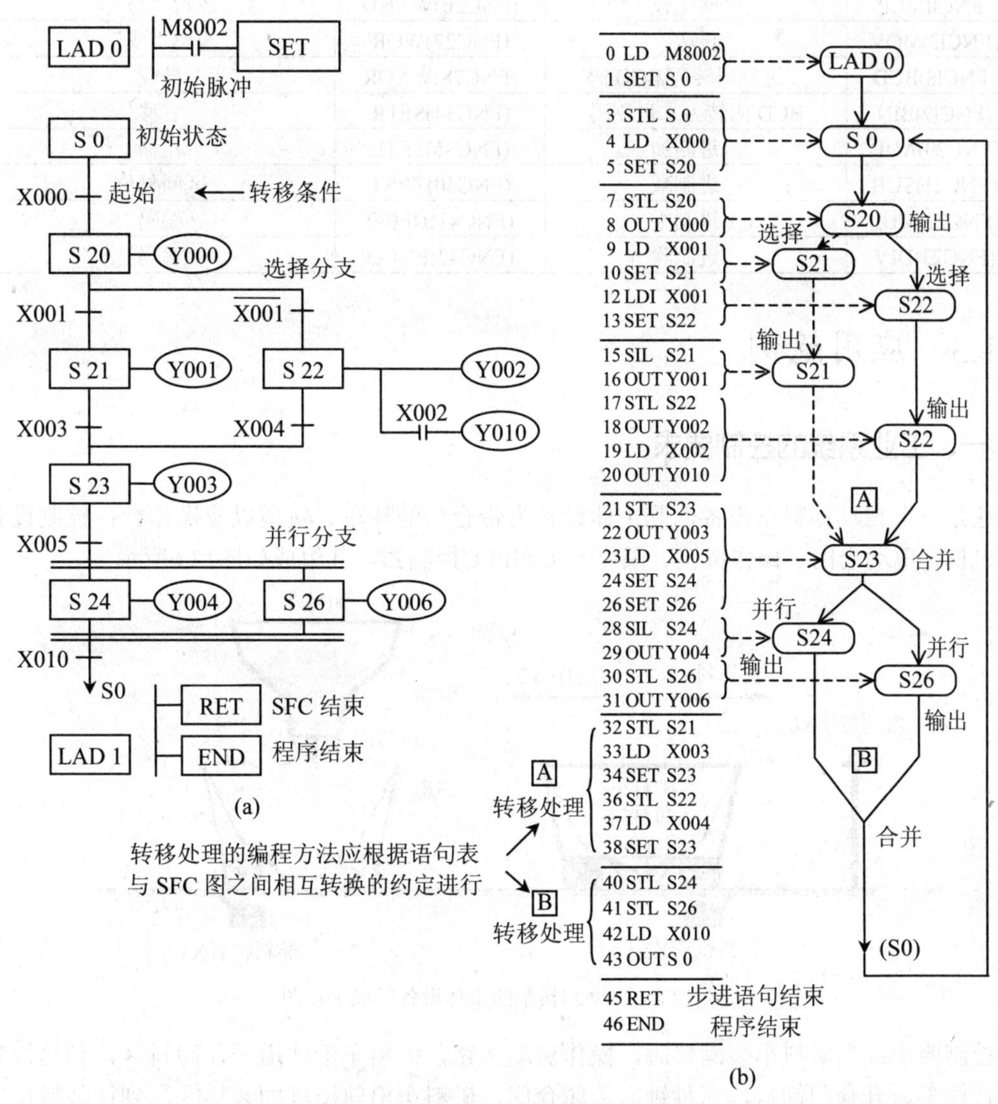

图 12.5　SFC编程的顺控程序范例

三、FX的基本功能指令

由于PLC不仅有逻辑控制功能，还为具有算法控制功能。也就是说，它的指令系统还包括大量用于数据处理和算法控制的功能指令。表12.4对日本三菱公司FX_2型PLC的一部分功能指令作了简要介绍，供对照参考之用。至于其具体使用方式，可根据所编制程序的具体情况，参照产品使用手册中的功能指令说明来确定。

表 12.4 基本功能指令

(FNC00)CJ	有条件跳转	(FNC24)INC	二进制增 1
(FNCl0)CMP	比较	(FNC25)DEC	二进制减 1
(FNCll)ZCP	区间比较	(FNC26)WAND	逻辑“与”
(FNCl2)MOV	传送	(FNC27)WOR	逻辑“或”
(FNCl8)BCD	二进制码转为 BCD 码	(FNC28)WXOR	异或
(FNCl9)BIN	BCD 码转为二进制码	(FNC34)SFTR	右移
(FNC20)ADD	二进制加	(FNC35)SFTL	左移
(FNC21)SUB	二进制减	(FNC40)ZRST	区间复位
(FNC22)MUL	二进制乘	(FNC41)DECO	编码
(FNC23)DIV	二进制除	(FNC42)ENCO	解码

12.1.3 应用范例

一、工业系统的控制要求

这是一个自动卸料车设备，其主体设备为带仓门的斗车、轨道以及操作台；控制设备为驱动电机、电动仓门、操作按钮、限位开关和PLC控制器。其组成如图12.6所示。

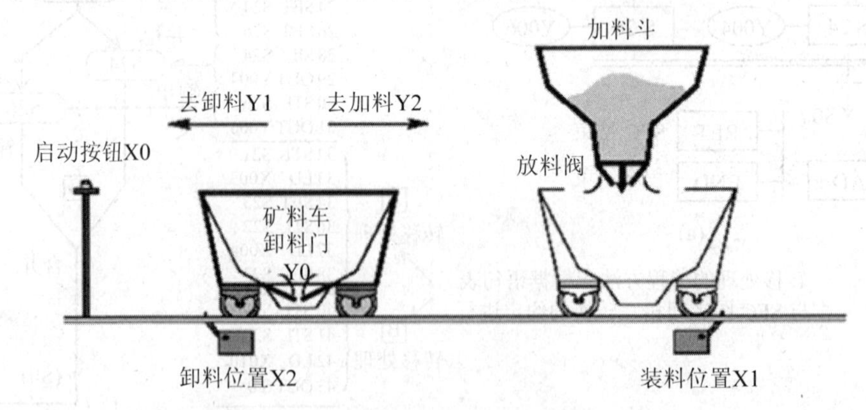

图 12.6 自动卸料车的主体设备组成示意图

控制要求：当矿料车装满料时，操作启动按钮，矿料车沿轨道开往卸料区，到达卸料位置后，停车、开仓门卸料，三秒钟后关闭仓门，矿料车沿轨道驶回装料区，到达装料位置即停车，结束整个自动卸料过程。

二、PLC控制器的I/O分配

该系统使用三菱的FX_2型PLC作为系统控制器，其I／O分配情况如表12.5所示。

表 12.5　I / O分配表

输入	控制设备	设备位置	输出	驱动设备	设备位置
X0	启动按钮 SB	操作台	Y0	正向开关 KM_F	矿料车上
X1	装料限位 ST_1	矿料车轨道上	Y1	仓门开关 KM_1	矿料车上
X2	卸料限位 ST_2	矿料车轨道上	Y2	反向开关 KM_R	矿料车上
X3	热继电器 FR	矿料车上			

其中，正、反向开关指的是控制驱动电机正、反转的接触器KM_F和KM_R，仓门开关指的是控制卸料门执行器的继电器KM_1，而热继电器就是驱动电机过载保护器FR。

三、PLC 控制系统的组成

本系统属于由PLC构成的单机控制系统，它是一个四输入、三输出，I/O点数为七的，开关量逻辑控制系统。其构成如图12.7所示。图中的工作电源是专为PLC设计的，供I/O端口使用的供电电源。

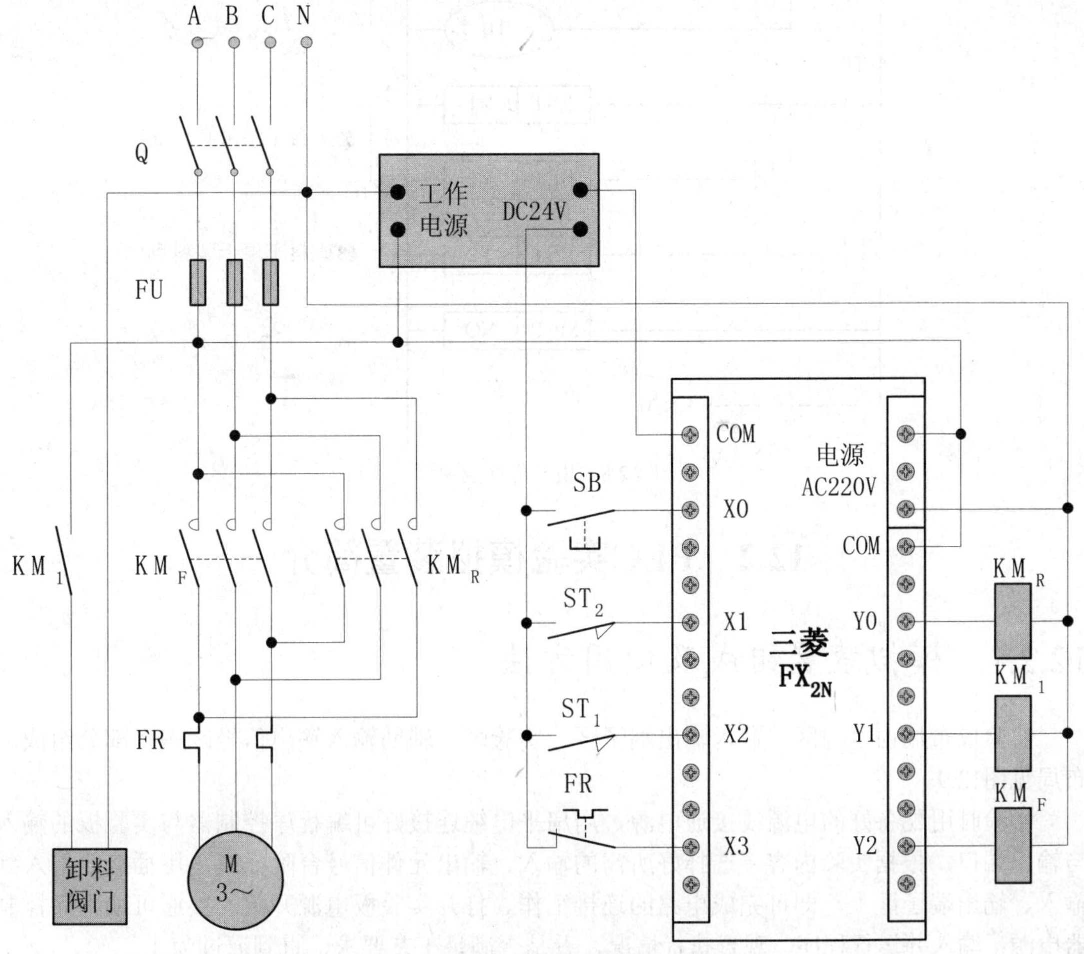

图 12.7　PLC控制系统的组成图

四、系统控制程序

所谓系统控制程序（或称为用户程序），就是用PLC的编程语言（如梯形图），来描述工业系统的控制要求或控制流程。本系统的控制程序如图12.8所示。

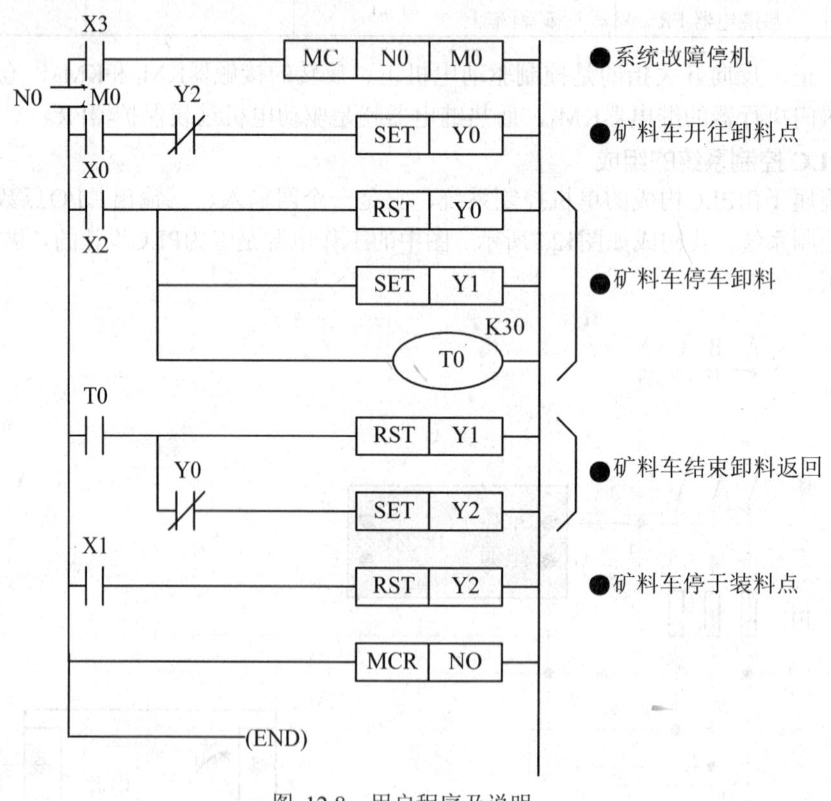

图 12.8　用户程序及说明

12.2　PLC实验模拟装置简介

12.2.1　模拟装置组成及使用方法

实验板布局由电源区、输入输出端子区、实验区、辅助输入输出信号区等几部分组成。布局见图12.9。

实验时用配备好的电源线接通电源，用扁平电缆连接好可编程序控制器与实验板的输入与输出端口，根据实验内容，选择好所需的输入、输出元件信号台阶插座，用插接线引入到输入、输出端子区上，即可完成电路的连接工作。打开实验板电源开关，接通可编程序控制器电源，输入并运行程序，观查执行情况，看是否满足工艺要求，直到通过为止。

操作时注意区别实验板上的输入和输出信号，因电压和电路不同，尽量不要接错。

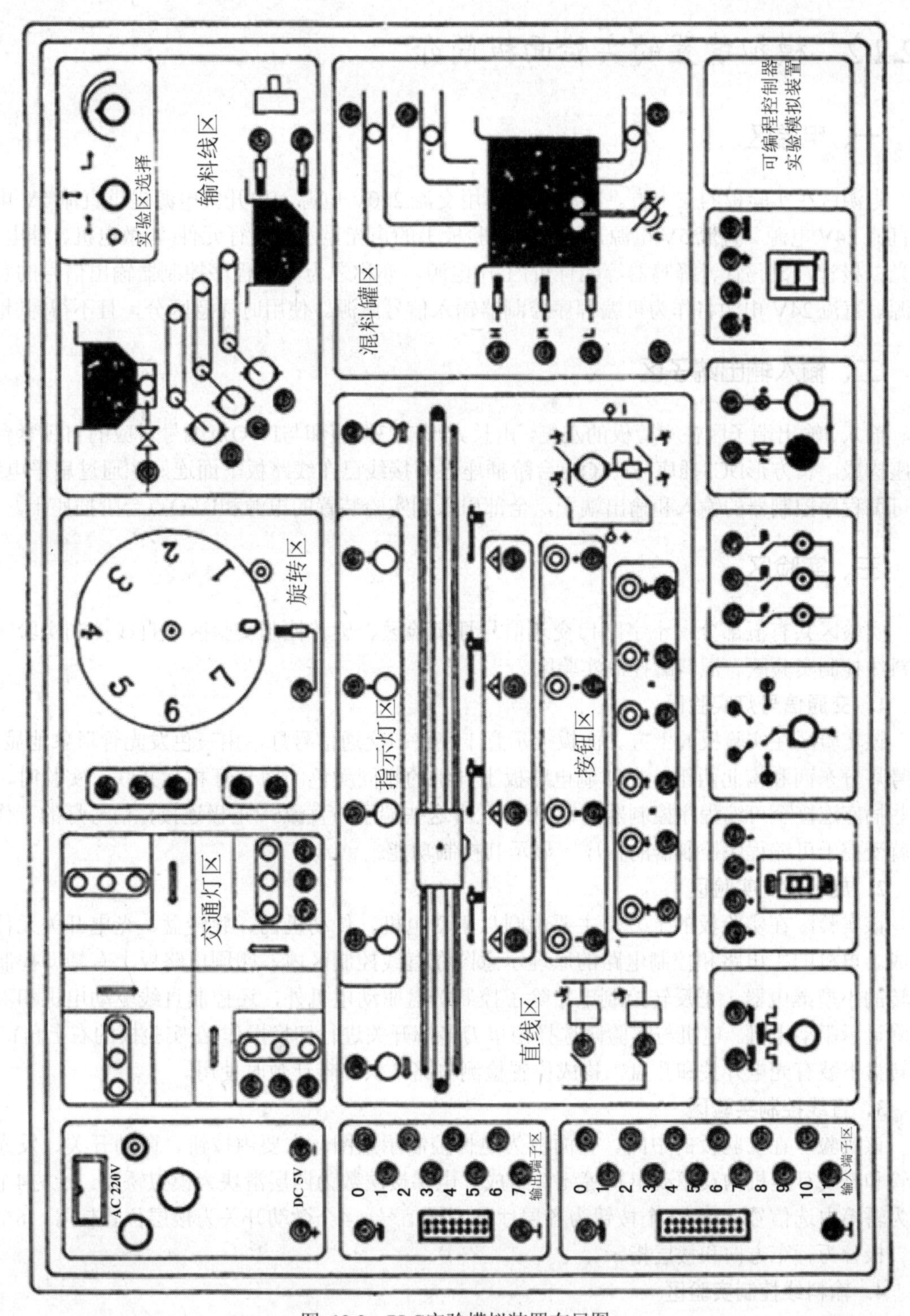

图 12.9　PLC实验模拟装置布局图

12.2.2 模拟装置的实验面板简介

一、电源区

电源区在实验板的左上方。实验装置使用交流 220V 电源，由开关电源提供直流 5V 电源和直流 24V 电源。直流 5V 电源，将作为实验板上的声光显示和执行元件(如微电机、继电器、发光二极管、数码管、蜂鸣器等元件)的工作电源，亦称之为可编程序控制器输出信号的负载电源。直流 24V 电源将作为可编程序控制器输入信号电源。使用时注意区分，且不得“共地”。

二、输入输出端子区

输入、输出端子区在实验板的左侧，由长方形DC3插座和与I / O点编号对应的自锁紧台阶插座构成。长方形DC3插座与I / O点台阶插座之间接线已在线路板下面连好。通过扁平电缆，将可编程序控制器的输入和输出端子，全部引入到实验装置的电源和I / O点台阶插座上。

三、实验区

实验区共有五部分：十字路口交通信号灯实验区、旋转控制实验区、直线控制实验区、输料线控制实验区、混料罐控制实验区。

1．交通信号灯实验区

该实验区在实验板的上方。面板上示意十字路口交通信号灯，由三色发光管形象地显示。信号灯分东西和南北两组，在印刷电路板上同组的相同颜色的信号灯相互并联。实验时，将这些插座连接至可编程序控制器的输出端子上(这些端子与直流5V正极连接)，信号灯的工作状态就受控于可编程序控制器的程序，显示其控制功能。

2．旋转控制实验区

该实验区在实验板的上方。主要由圆盘驱动电机、传动机构、旋转盘、光电开关元件等组成。电机的主电路和控制电路的原理示意图在直线控制区内，印刷电路板上有辅助控制正反转的小型继电器。正反转控制电路除了控制圆盘驱动电机外，还控制直线驱动电机和液位升降显示驱动电机。电机与实验区选择由单刀多掷开关进行切换操作(在实验板的右上角)。圆形转盘下装有光电开关和孔盘，构成位置检测电路，供旋转计数时使用。

3．直线控制实验区

该实验区在实验板的中间。正面板为电梯控制示意图。主要由按钮、微动开关、发光二极管和直线行走机构及驱动电机等元件组成。电梯楼层数为四层滑块为模拟轿箱。上方4个按钮为轿箱内选信号，下方6个按钮为各层厅外呼梯信号，4个微动开关为楼层位置信号，6个发光二极管为行车方向和楼层指示。

4．输料线控制实验区

该实验区在实验板的右上方。正面板为输料生产线示意图。上料仓底下有背景光显示料位，下料仓背景光显示料位的有无。下料仓料位的料满和料欠传感器信号由三位双刀开关代

替。卸料阀皮带等工作状态由发光二极管表示。输料线起动和停止的顺序应以不积压物料和节能等方面予以考虑。输料线起动和停止信号选用直线区的按钮实现。自动起停时，扳动手动开关产生模拟的料满或料欠信号，即可模拟实现输料线各级皮带的自动顺序起停。

5. 混料罐实验区

该实验区在实验板的右侧。正面板为混料罐设备示意。液体*A*和液体*B*的输入和输出混合液体*C*的工作状态以及搅拌机的工作状态由发光二极管表示。液体的液面高低由可升降的背景光表示，液体*A*和液体*B*的输入时，料位上升：混合液体*C*输出时，料位下降。液面的高、中、低三个位置信号由三个微动开关产生，应接至可编程序控制器的输入端。

混料罐的控制方式手动、自动、单周期和多周期等，信号可选至辅助信号区的方式开关。起动和停止信号可选用直线区的按钮产生。

四、辅助输入输出信号区

在实验板的下方，共有六个辅助信号区，输入信号为高速脉冲信号、拨码盘信号、方式选择信号、开关信号；输出信号为声光显示和数码显示。

高速脉冲源产生脉冲信号，频率范围为300Hz～2 000Hz，可作为可编程控制器的高速计数器的输入信号。实验时，应将高速脉冲信号源区上的+5V电源端接至电源区+5V端，给信号源提供工作电源（同时给数码区提供工作电源）。将PLUSE高速脉冲信号端接至可编程控制器的高速计数器的输入端子上，即可做相应的实验。

数码显示区端子有4个，数据端子分别为8，4，2，1端子，当可编程控制器输出端给出4位BCD数据并将信号端引至数据端时，数码显示一位十进制数。

这些辅助信号可加到其他程序中使用，增加其控制功能。例如，用方式开关作为应用实验中的功能选择信号，用数码显示电梯楼层、转盘位置显示等。

第13章　实 习 项 目

13.1　PLC操作实验

☞ **实验目的**：掌握可编程控制器的操作方法，熟悉基本指令以及实验设备的使用方法。

☞ **实验设备**：（1）可编程控制器；

（2）编程器；

（3）SAC—PC可编程控制器实验模拟装置。

☞ **实验任务**：按照给出的控制要求编写梯形图程序，输入到可编程控制器中运行，根据运行情况进行调试、修改程序，直到通过为止。

一、走廊灯三地控制

I / O分配

输入信号	信号元件及作用	元件或端子位置
X000	走廊东侧开关	开关信号区
X001	走廊中间开关	开关信号区
X002	走廊西侧开关	开关信号区
输出信号	控制对象及作用	元件或端子位置
Y000	走廊灯	声光显示区

二、圆盘正反转控制

I / O分配

输入信号	信号元件及作用	元件或端子位置
X000	正转信号按钮	直线区　任选
X001	反转信号按钮	直线区　任选
X002	停止信号按钮	直线区　任选
输出信号	控制对象及作用	元件或端子位置
Y000	电机正转继电器	旋转区正转端子
Y001	电机反转继电器	旋转区反转端子

三、小车直线行驶正反向自动往返控制

I/O分配

输入信号	信号元件及作用	元件或端子位置
X000	停止信号按钮	直线区　任选
X001	正转信号按钮	直线区　任选
X002	反转信号按钮	直线区　任选
X003	左限位行程开关	直线区左数第一个
X004	左行程开关	直线区左数第二个
X005	右行程开关	直线区左数第三个
X006	右限位行程开关	直线区左数第四个
输出信号	控制对象及作用	元件或端子位置
Y000	电机正转继电器	直线区正转端子
Y001	电机反转继电器	直线区反转端子

四、圆盘旋转计数、计时控制

圆盘电机启动后，旋转一周(对应光电开关产生8个计数脉冲)后，停1s，然后再转一周……以此规律重复，直到按下停止按钮时为止。

I/O分配

输入信号	信号元件及作用	元件或端子位置
X000	启动按钮	直线区　任选
X001	停止按钮	直线区　任选
X002	位置检测信号	旋转区
输出信号	控制对象及作用	元件或端子位置
Y000	电机正转继电器	旋转区正转端子

五、计时器当前值显示控制

编一简单的通电延时程序，将计时器当前值(十进制)用数据传送指令传送到某中间通道，再将秒位值传送到输出通道，并接至数码显示区观察计时器秒位倒计时变化情况。

I/O分配

输入信号	信号元件及作用	元件或端子位置
X000	启动按钮	直线区　任选
X001	停止按钮	直线区　任选
输出信号	控制对象及作用	元件或端子位置
Y000	数码显示	数码区 1 端
Y001	数码显示	数码区 2 端
Y002	数码显示	数码区 4 端
Y003	数码显示	数码区 8 端

六、单方向顺序单通控制

八盏灯，用三个按钮控制，实现单方向逐个按顺序亮，一次只有一盏灯亮，所以称单方向顺序单通控制。亮灯的位移方式有两种，一种为点动位移，用一按钮实现，按钮每按下一次，亮灯向后移动一位：另一种为连续位移，按钮一旦按下即可使亮灯连续向后位移，间隔0.5s（用内部特殊接点）或间隔任意秒脉冲串(用计时器产生的脉冲串)。亮灯位移可以重复循环。按下复位按钮，灯全灭。

I / O分配（输出可不接，在可编程控制器输出指示灯上观察）

输入信号	信号元件及作用	元件或端子位置
X000	点动位移按钮	直线区　任选
X001	连续位移按钮	直线区　任选
X002	复位按钮	直线区　任选

七、可逆计数器当前值显示控制

用三个按钮，分别作为加、减计数端和复位端，控制数码显示器。每当按下加计数按钮或减计数按钮一次，数码显示器数据就做加1或减1一次。当按下复位按钮，数码显示器复位为零。

I / O分配

输入信号	信号元件及作用	元件或端子位置
X000	加计数按钮	直线区　任选
X001	减计数按钮	直线区　任选
X002	复位按钮	直线区　任选
输出信号	控制对象及作用	元件或端子位置
Y000	数码显示	数码区 1 端
Y001	数码显示	数码区 2 端
Y002	数码显示	数码区 4 端
Y003	数码显示	数码区 8 端

13.2　PLC应用实验

一、十字路口交通信号灯控制实验

1．控制要求

该实验在十字路口交通信号灯控制实验区内完成，交通灯分1，2两组，控制规律相同工作时序如下：

（1）启动后 1 绿和 2 红亮，1 绿亮 20s 后以每秒一次的速率闪三次熄灭。

（2）1 绿灭时 1 黄亮，1 黄亮 2s 后熄灭。

（3）1 黄灭时，1 红和 2 绿亮，2 红熄灭。

（4）2 绿亮 20s 后以每秒一次的速率闪三次熄灭，2 绿灭时 2 黄亮。

（5）2 黄灭时，1 绿和 2 红亮，1 红熄灭，回到初始状态进行循环运行。

（6）当停止按钮按下后，系统将所在循环走完即停止，所有信号灯熄灭。

2．I / O 分配

输入信号	信号元件及作用	元件或端子位置
X000	启动按钮	直线区　任选
X001	停止按钮	直线区　任选
输出信号	控制对象及作用	元件或端子位置
Y000	1 红信号灯	交通信号灯实验区
Y001	1 黄信号灯	交通信号灯实验区
Y002	1 绿信号灯	交通信号灯实验区
Y003	2 红信号灯	交通信号灯实验区
Y004	2 黄信号灯	交通信号灯实验区
Y005	2 绿信号灯	交通信号灯实验区

二、混料罐控制实验

1．控制要求

该实验在混料罐控制实验区内完成。液面在最下方时，按下启动按钮后，可进行连续混料。首先，液体A阀门打开，液体A流入容器；当液面升到M传感器检测位置时，液体A阀门关闭，液体B阀门打开；当液面升到H传感器检测位置时，液体B阀门关闭，搅拌电机开始工作。搅拌电机工作6s钟后，停止搅拌，混合液体C阀门打开，开始放出混合液体。当液面降到L传感器检测位置时，延时2s后，关闭液体C阀门，然后再开始下一周期工作。如果工作期间有停止按钮操作，则待该次混料结束后，方能停止，不再进行下一周期工作。由于初始工作时，液位不一定在最下方，为此需下按复位按钮，使料位液面处于最下方。

2．I / O 分配

输入信号	信号元件及作用	元件或端子位置
X000	启动按钮	直线区　任选
X001	停止按钮	直线区　任选
X002	H 传感器	混料罐实验区
X003	M 传感器	混料罐实验区
X004	L 传感器	混料罐实验区
X005	复位按钮	直线区　任选
输出信号	控制对象及作用	元件或端子位置
Y000	A 阀门电磁阀	混料罐实验区
Y001	B 阀门电磁阀	混料罐实验区
Y002	C 阀门电磁阀	混料罐实验区
Y003	搅拌电机	混料罐实验区

三、传输线控制实验

1．控制要求

该实验在传输线实验区完成。按下启动按钮后，皮带1启动，经过20s后，皮带2启动，再经过20s后，皮带3启动，再经过20s后，卸料阀打开，物料流下经各级皮带向后下方传送进入下料仓。按下停止按钮后，卸料阀关闭，停止卸料，经过20s后，皮带3停止，再经过20s后，皮带2停止，再经过20s后，皮带1停止。输料线启动顺序为顺物流方向，停止顺序为逆物流方向。

2．I / O 分配

输入信号	信号元件及作用	元件或端子位置
X000	启动按钮	直线区　任选
X001	停止按钮	直线区　任选
X002	料欠传感器	输料线实验区
X003	料满传感器	输料线实验区
输出信号	控制对象及作用	元件或端子位置
Y000	卸料电磁阀	输料线实验区
Y001	皮带 1 动作显示	输料线实验区
Y002	皮带 2 动作显示	输料线实验区
Y003	皮带 3 动作显示	输料线实验区

四、刀具库管理控制实验

1．控制要求

该实验在圆盘旋转控制区完成。圆盘模拟数控加工中心刀具库，刀具库上有8个位置，表示能存放8把刀具，编号为0～7。圆盘能正、反向旋转，当数码盘拨出所需刀具数字编号时，按下启动按钮，即可将码盘数据输入，同时圆盘按就近方向旋转，将所需的刀具当前存放位置，转到正下方出口处停下。要求动作执行是以就近旋转取出为目的。

例如：8 种刀具，一半是 4，若(码盘)设定值与出口处当前位置值之差≥4 时，则正转（顺时针），若比值之差 <4 时，则反转（逆时针）。

若设定值为 6，当前值为 1，则 6–1＝5>4，正转；若设定值为 7，当前值为 5，则 7–5=2<4，则反转；若设定值为 0，当前值为 3，0– 3=–3；结果为负数时，则用：（模）8–3=5>4，正转。

2．I / O 分配

输入信号	信号元件及作用	元件或端子位置
X000	码盘开关 1 位	码盘开关
X001	码盘开关 2 位	码盘开关
X002	码盘开关 4 位	码盘开关
X003	码盘开关 8 位	码盘开关
X004	启动按钮	直线区按钮任选
X005	位置传感器	旋转区位置传感器
X006	点动按钮	直线区按钮任选
输出信号	控制对象及作用	元件及端子位置
Y000	电机正转继电器	旋转区正转端子
Y00l	电机反转继电器	旋转区反转端子

3．内部继电器分配

D0：TO的现行值为刀具库(转盘)出口处的位置值；

D1：差值。

五、电梯控制实验

1．控制要求

该实验在直线控制区完成。电梯为四层四站有司机驾驶客梯，轿箱行走由滑块行走示意，开门动作由信号灯指示示意。其他部分参考下面电梯控制逻辑关系I／O分配表。

电梯控制逻辑关系如下：

（1）行车方向由内选信号决定，顺向优先执行。

（2）行车途中如遇呼梯信号时，顺向截车，反向不截车。

（3）内选信号、呼梯信号具有记忆功能，执行后解除。

（4）内选信号、呼梯信号、行车方向、行车楼层位置均由，（因点数不够，只有行车方向和楼层位置由信号灯指示）。

（5）停层时可延时自动开门、手动开门、（关门过程中）本层顺向呼梯开门。

（6）有内选信号时延时自动关门，关门后延时自动行车。

（7）无内选时不能自动关门。

（8）行车时不能手动开门或本层呼梯开门，开门不能行车。

2．I／O 分配

输入信号	信号元件及作用	元件或端子位置
X000	内选 1 按钮	直线区内选 1
X001	内选 2 按钮	直线区内选 2
X002	内选 3 按钮	直线区内选 3
X003	内选 4 按钮	直线区内选 4
X004	1 层上呼梯按钮	直线区呼梯按钮
X005	2 层上呼梯按钮	直线区呼梯按钮
X006	3 层上呼梯按钮	直线区呼梯按钮
X007	2 层下呼梯按钮	直线区呼梯按钮
X010	3 层下呼梯按钮	直线区呼梯按钮
X011	4 层下呼梯按钮	直线区呼梯按钮
X012	1 层行程开关	直线区 1 行程开关
(并联)	2 层行程开关	直线区 2 行程开关
	3 层行程开关	直线区 3 行程开关
	4 层行程开关	直线区 4 行程开关
X013	手动开门按钮	开关信号区(代用)
输出信号	**控制对象及作用**	**元件或端子位置**
Y000	电机正转继电器	直线区正转端子
(并联)	电梯上行指示	直线区上行指示
Y001	电机反转继电器	直线区反转端子
(并联)	电梯下行指示	直线区下行指示
Y002	1 楼层指示	直线区 1 层指示
Y003	2 楼层指示	直线区　2 层指示
Y004	3 楼层指示	直线区 3 层指示
Y005	4 楼层指示	直线区　4 层指示
Y006	有呼梯信号指示	声光显示区(蜂鸣器)
Y007	开门状态指示	声光显示区(信号灯)

3．内部中间继电器分配

M0～M3　电梯轿箱内司机内选信号指示；
M4～M6　厅外乘客上呼信号指示；
M7～M9　厅外乘客下呼信号指示；
M101　有内选信号；
M102　有呼梯信号；
M103　有截车信号及自动开门信号；
M104　上行信号；
M105　下行信号；
M106　本层开门信号。

13.3　PLC设计性实验

一、设计一

（1）设计题目：抢答器控制系统程序设计。

（2）控制要求：用六个抢答按钮对应六个抢答指示灯，一个主持人启动按钮和一个复位按钮，一个准备抢答信号灯和一个犯规信号灯(蜂鸣器)，实现先输入有效，后输入无效的抢答器功能。当主持人按下启动按钮时，准备抢答信号灯灭，允许抢答；第一位抢答有效，对应信号灯亮，其他无效。主持人按下复位按钮，回到初始状态，准备抢答信号灯亮。如在准备抢答信号灯亮时抢答，犯规者对应信号灯亮，同时犯规信号灯(蜂鸣器)发光(发声)。

（3）设计要求：　①用基本指令实现；　②用数据传送指令，比较指令实现。

二、设计二

（1）设计题目：小车定位系统程序设计。

（2）控制要求：小车可在4个行程开关位置间左右直线运动，用单刀四掷开关进行控制，实现自动选项、自动定位控制。单刀四掷开关的 4 个编号位置与 4 个行程开关编号位置相互对应。当单刀四掷开关拨至某一位置时，小车就运动到与其编号相对应的位置停止，并用显示区的数码管显示小车所在位置编号。

（3）设计要求：　①用基本指令实现；　②用比较指令实现。

三、设计三

（1）设计题目：圆盘转速、位置控制系统程序设计。

（2）控制要求：圆盘上标有 8 个位置，编号为 0～7。要求圆盘启动后为高速运行、停止前(相差一个位置时)为低速，并只做顺时针单方向旋转。用 8 个按钮控制，编号也为 0～7，按下某一按钮，圆盘上对应编号的位置就会旋转至下方出口位置后停下。例如，当按下第 0 号

按钮时，圆盘第 0 号位置就转至出口处停下；当按下第 N 号按钮时，圆盘第 N 号位置就转至出口处后停下，并用显示区的数码管显示圆盘在出口处的位置编号。

（3）设计要求：任意。

四、设计四

（1）设计题目：信号灯控制系统。

（2）控制要求：用启动、停止按钮控制六个信号灯组成的信号系统，用单刀四掷旋钮开关选择四种点亮方式：

①逐个点亮，间隔0.5s；

②两个一组点亮，间隔1s；

③三个一组点亮，间隔2s；

④全部点亮，然后逐个熄灭，间隔1s。

五、设计五

（1）设计题目：小车定位系统。

（2）控制要求：小车可在四个行程开关位置间左右直线行驶，用四个控制按钮实现小车自动定位控制。四个控制按钮与四个行程开关位置相对应。当有任何一按钮操作后，小车就运动到与其相对应的位置停止。

六、设计六

（1）设计题目四：家用洗衣机自动清洗控制。

（2）控制要求：当电源开关打开后，洗衣机按水量选择开关所选水位注水，水量选择开关分满、中两挡。在满挡时，洗衣机先注一半水，洗涤5s后，再将水注满，洗涤6s后，停机浸泡3s后排水，水排完后发出1s结束信号；在中挡时，洗衣机注一半水，洗涤8s后，停机浸泡5s排水，水排完后发出1s结束信号。如在洗涤过程中换挡，则由中挡换满挡时，停止清洗，将水注满，完成满挡洗涤：由满挡换中挡时，停止清洗，将水排至一半，完成中挡洗涤。

附录1　部分实习项目的参考程序

程序一　走廊灯两地控制

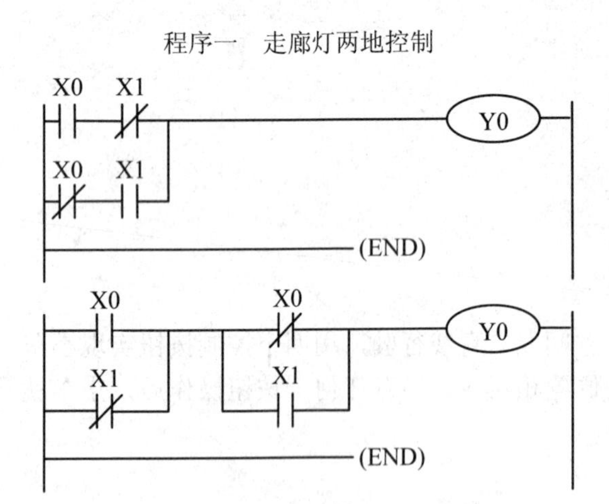

程序二　走廊灯三地控制

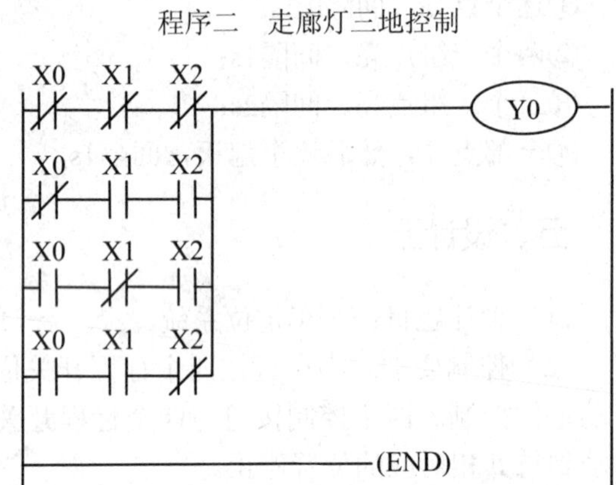

程序三　圆盘正、反转控制

程序四　小车自动往返控制

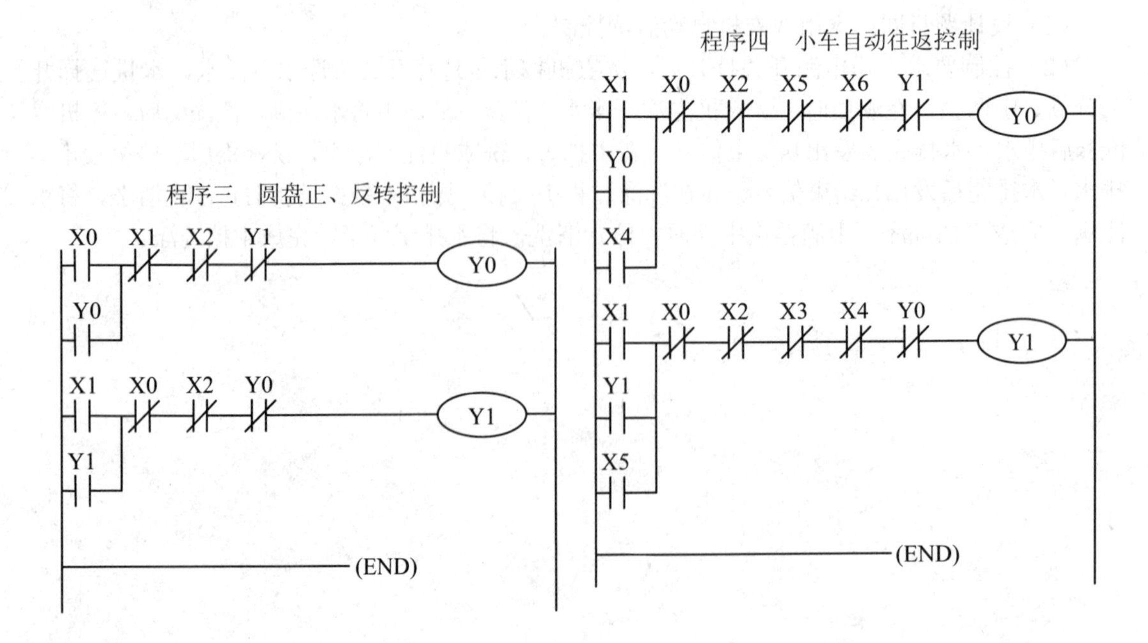

程序五 计时器当前值控制

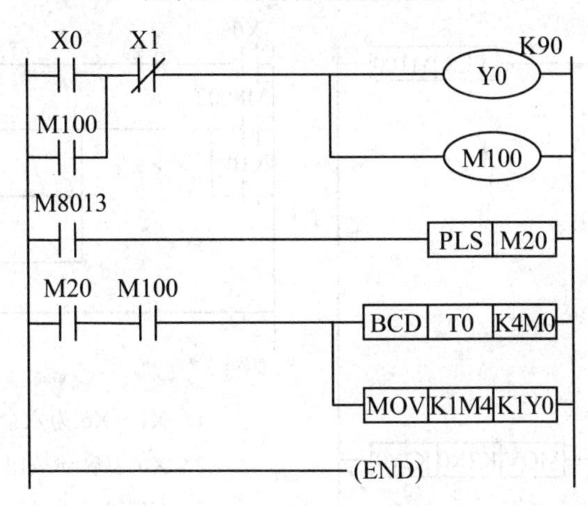

程序六 圆盘旋转计数、计时控制

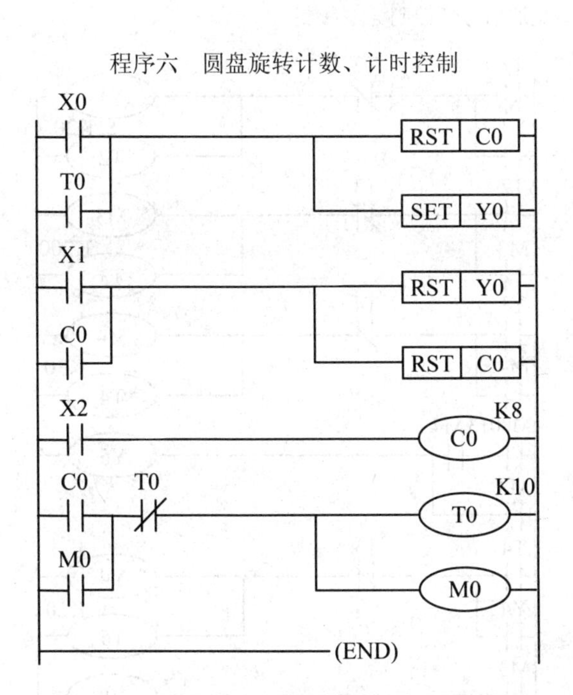

程序七 单方向顺序单通控制

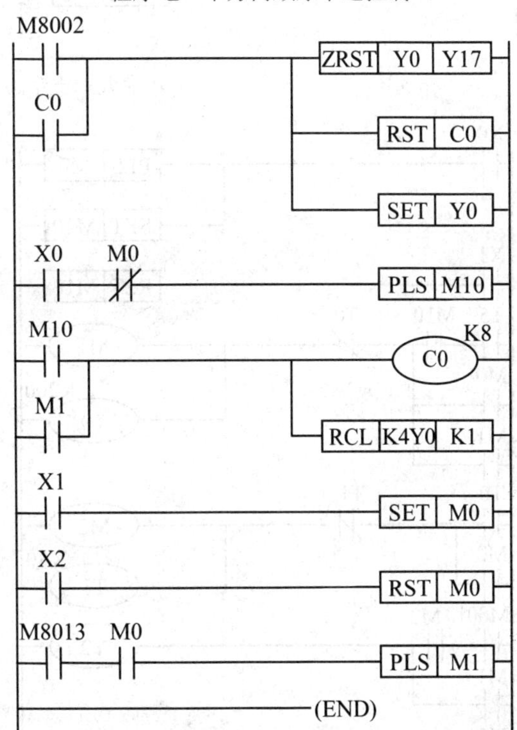

程序八　抢答器控制

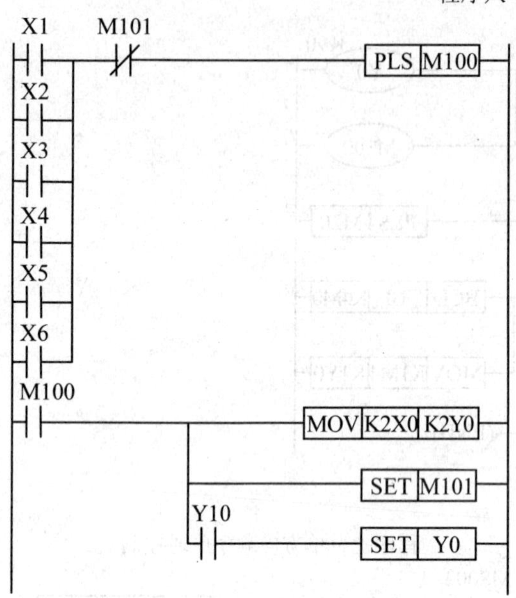

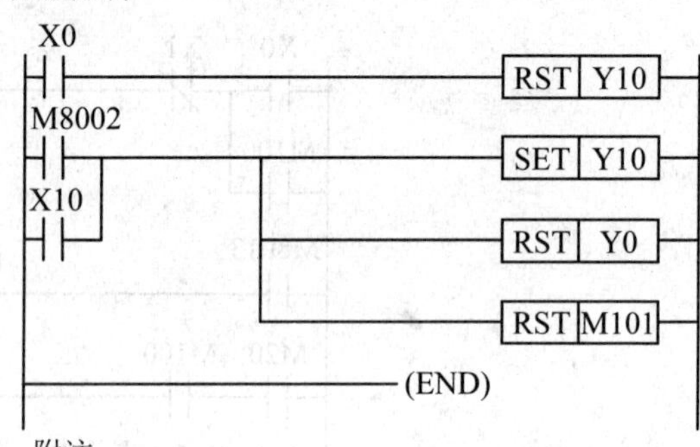

附注：

1. X1～X6 为六个抢答按钮；
2. X0 为启动按钮，X10 为复位按钮；
3. Y1～Y6 为六个抢答指示灯；
4. Y0 为犯规信号灯，Y10 为准确抢答信号灯。

程序九　十字路口交通信号灯控制

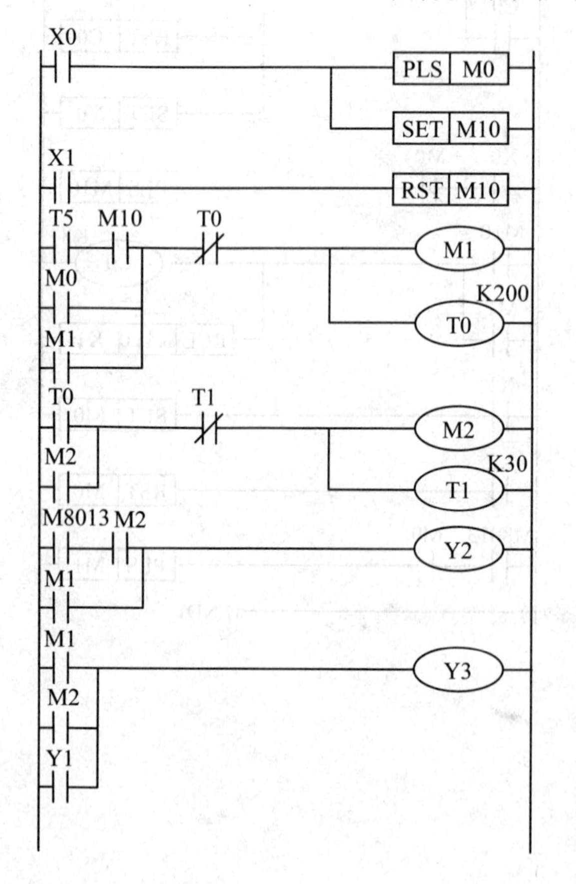

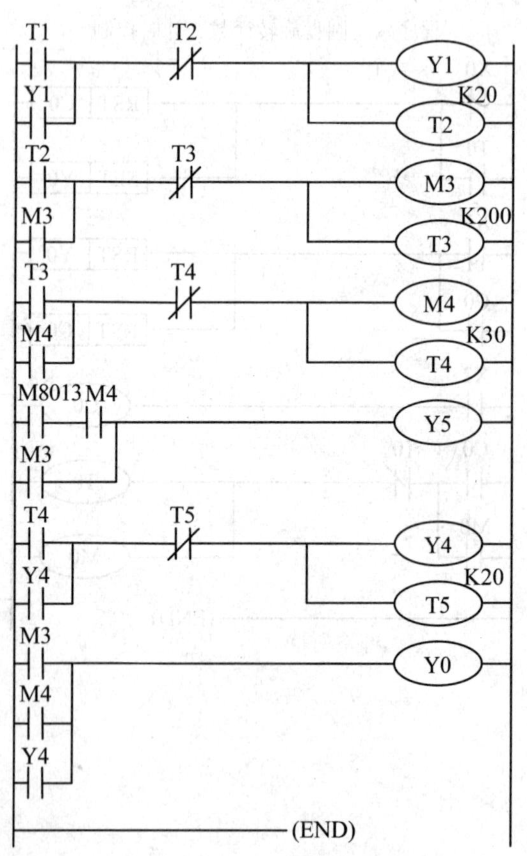

附录 2　设计自动化解决方案（PLC 硬件系统）

一、设计一个自动化项目的基本步骤

本章概述了为一个可编程控制器（PLC）设计一个自动化项目所涉及的基本任务。基于一个自动工业搅拌过程示例的指导，将一步一步贯穿整个过程。

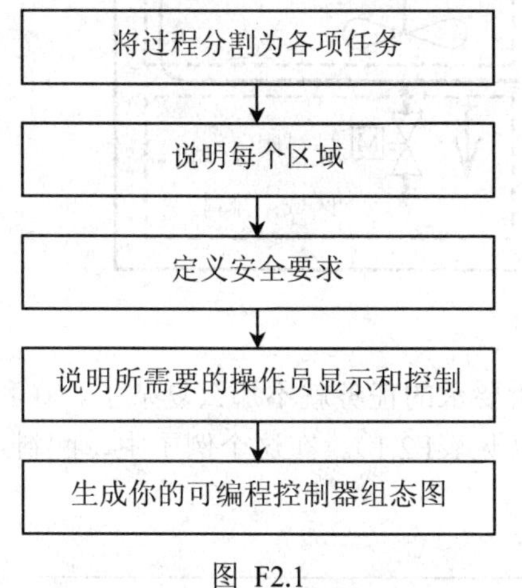

图 F2.1

设计一个自动化项目的方法有很多。可用于任何项目的基本步骤的说明如图F2.1所示。

二、将过程分割为任务和区域

一个自动化过程包括许多单个的任务。通过识别一个过程内的相关任务组，然后将这些组再分解为更小的任务，即使最复杂的过程也能够被定义。

下面这个工业搅拌过程的例子（见图F2.2），可以用来说明如何将一个过程构造为功能区域和单个的任务。

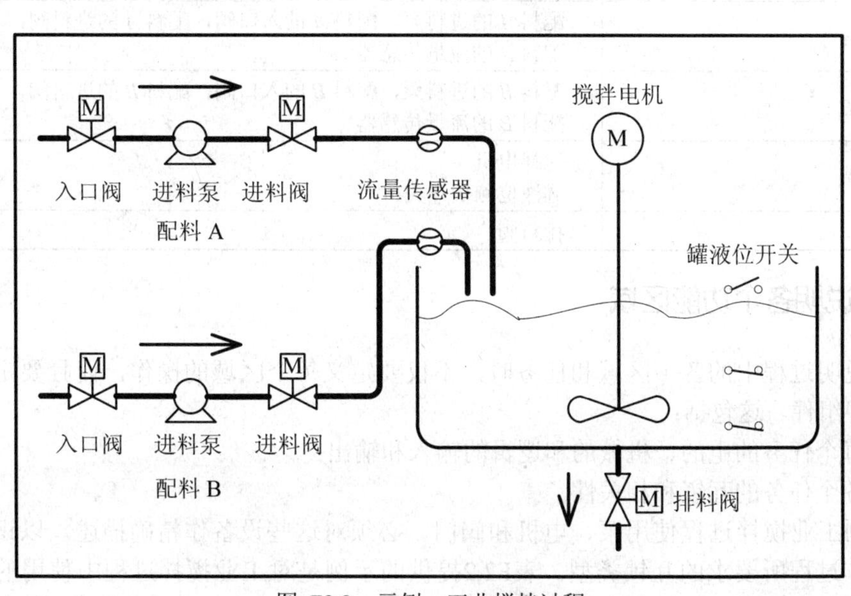

图 F2.2　示例　工业搅拌过程

决定过程的区域：在定义了要控制的过程后，将项目分割成相关的组或区域（图F2.3）。

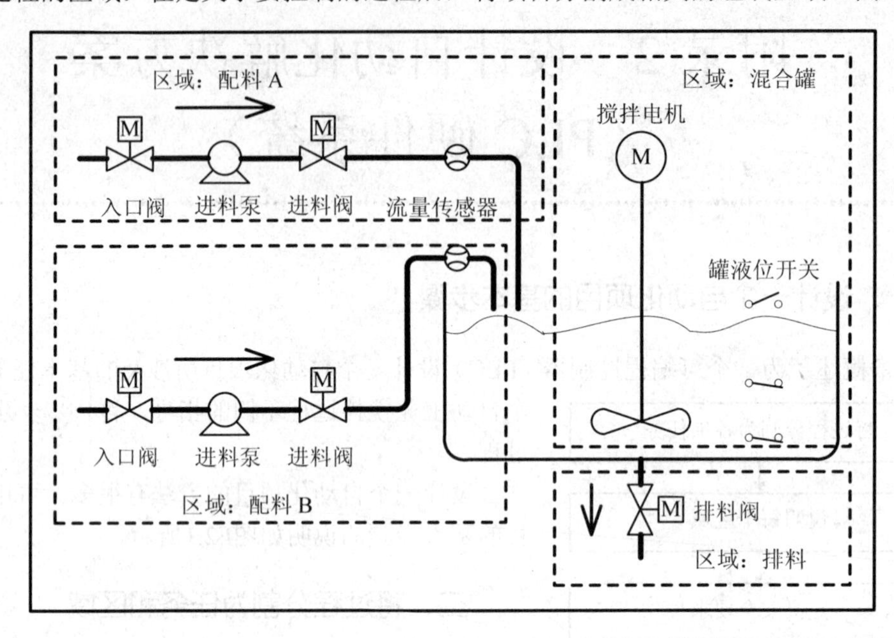

图 F2.3

由于每组被分为小任务，所以控制过程在这一部分所要求的任务就不那么复杂了。在我们的工业搅拌过程示例中，你可以看到四个不同的区域（见表F2.1）。在这个例子中，配料*A*的区域中包含的设备与配料*B*的区域相同。

表 F 2.1

功能区域	使用的设备
配料 *A*	配料 *A* 的进料泵，配料 *A* 的入口阀，配料 *A* 的进料阀，配料 *A* 的流量传感器
配料 *B*	配料 *B* 的进料泵，配料 *B* 的入口阀，配料 *B* 的进料阀，配料 *B* 的流量传感器
混合罐	搅拌电机 罐液位测量开关
排料	排料阀

三、说明各个功能区域

当你说明过程中的各个区域和任务时，不仅要定义每个区域的操作，而且要定义控制该区域的各种组件。这包括：

（1）每个任务的电的、机械的和逻辑的输入和输出；

（2）各个任务的互锁和相关性。

本示例工业搅拌过程使用泵、电机和阀门。必须对这些设备作精确描述，以识别其操作特性和操作过程所要求的互锁类型。表F2.2提供的示例是对工业搅拌过程中使用的设备的描述。完成说明后，还可以用它来订购所需要的设备。

表 F 2.2

配料 *A* / *B*：入口阀和进料阀
配料 *A* 和 *B* 的入口阀和进料阀可以允许或防止配料进入混合槽
阀门是带有弹簧的螺线管: • 如果螺线管动作则送出阀打开 • 如果螺线管不动作则送出阀关闭
入口阀和进料阀都由用户程序控制
满足以下条件，排料阀可以打开; • 进料泵电机至少运行 1s
如果满足下列条件，则泵被关断: • 流量传感器指示没有流量

(a)

配料NB：进料泵电机
进料泵电机传送配料 A 和 B 到混合罐: • 流速：400L(100 加仑)　/ min • 速率：1200r / min，100kW(134 马力)
泵由混合罐附近的操作员站控制(启动 / 停止)，启动的次数被计数以便进行维护，计数器和显示都可以由一个按钮复位
对泵进行操作必须满足以下条件: • 混合罐不满 • 混合罐的排料阀关闭 • 紧急关断未动作
如果满足下列条件，则泵被关断: • 在泵电机启动 7s 后流量传感器仍指示没有流量 • 流量传感器指示流动已停止

(b)

搅拌电机
搅拌电机在混合罐中混合配料 A 和配料 B • 速率：1200r / min 100kW(134 马力)
搅拌电机由混合罐附近的操作员站控制(启动 / 停止)，启动的次数被计数以便进行维护，计数器和显示都可以由一个按钮复位
对泵进行操作必须满足以下条件: • 罐液位传感器没有指示“罐液位低于最低限” • 混合罐的排料阀是关闭的 • 紧急关断未动作:
如果满足下列条件，则泵被关断: • 在电机启动后的 10s 内转速计未指示已达到额定速度

(c)

排料阀
排料阀让混合物排出(靠重力排出)到过程的下一阶段，阀门是带有弹簧的螺线管 ·如果螺线管动作则送出阀打开 ·如果螺线管不动作则送出阀关闭
送出阀由一个操作员站控制(打开／关闭)
以下条件满足，排料阀可以打开： ·搅拌电机关断 ·罐液位传感器未指示“罐空” ·紧急关断未动作：
如果满足下列条件，则泵被关断： ·罐液位传感器指示“罐空”。

(d)

罐液位测量开关
混合罐中的开关指示罐的液位高度，并用来联锁进料泵和搅拌电机

(e)

四、列表输入，输出和入／出

为每个要控制的设备写出物理说明后，为每个设备或任务区域画出输入和输出图，见图F2.4。这个图相应于要编程的逻辑块。

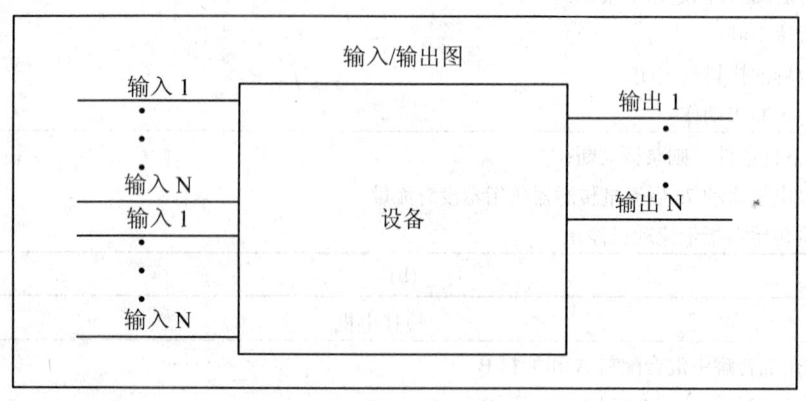

图 F2.4

五、为电机生成一个I／O图

在我们这个工业搅拌过程的例子中，使用了两个进料泵和一个搅拌电机。每个电机由它自己的“电机块”控制（见图F2.5），而这个“电机块”对三个设备都是一样的。该块需要六个输入：两个用于启动或停止电机，一个用于复位维护显示，一个用于电机的响应信号（电机运行／未运行），一个用于运行期间必须接收的响应信号，一个用于流量时间的定时器的号码。逻辑块还需要4个输出：两个指示电机的操作状态，一个指示故障，一个指示电机应维护了。

还需要一个入／出参数启动电机。它被用作控制电机但同时也在“电机块”的程序中被

编辑并修改。

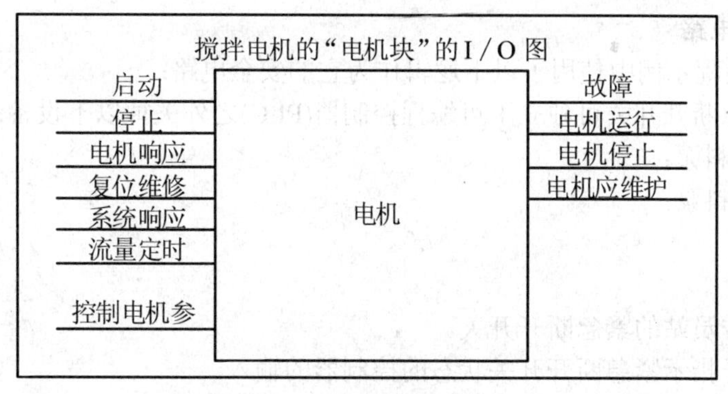

图 F2.5

六、为阀门创建一个I / O图

每个阀由它自己的“阀门块”控制（见图F2.6），该块对所有的阀都是一样的。该逻辑块有两个输入：一个用来打开阀，一个用来关闭阀。它还有两个输出：一个用于指示阀是打开的，另一个用于指示阀是关闭的。

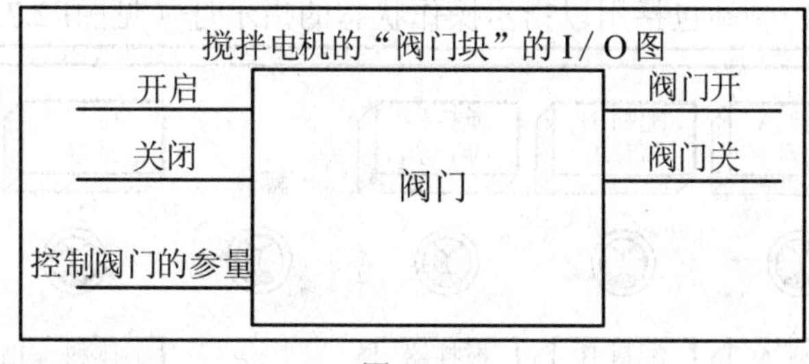

图 F2.6

该块有一个入 / 出参数用于启动该阀。它被用作控制阀门但同时也在“阀门块”的程序中被编辑和修改。

七、建立安全要求

根据法定的要求及公共健康和安全政策，决定为确保过程安全还需要哪些附加组件。在你的描述中还应包括那些安全组件对你的过程区域的任何影响。

1．定义安全要求

确定哪些设备需要硬件接线电路以达到安全要求。通过定义，这些安全电路的操作独立于可编程控制器之外(虽然安全电路通常提供一个I / O接口以便与用户程序相配合)。通常你要组态一个矩阵来连接每一个执行器，这些执行器都有它自己的紧急断开范围。这个矩阵是安全电路的电路图的基础。

要设计安全机制可按如下进行：

（1）决定每个自动化任务之间逻辑的和机械的 / 电的互锁。

（2）设计电路使得属于过程的设备可以在紧急情况下手动操作。

（3）为过程的安全操作建立更进一步的安全要求。

2．建立安全电路

在工业搅拌过程示例中使用了以下逻辑作为它的安全电路：

（1）一个紧急断开开关可独立于可编程控制器(PLC)之外关掉以下设备：

①配料A的进料泵；

②配料B的进料泵；

③搅拌电机。

（2）阀门。

（3）位于操作员站的紧急断开开关。

（4）一个用于指示紧急断开开关状态的控制器的输入。

八、描述所需要的操作员显示和控制

每个过程需要一个操作接口，使得操作人员能够对过程进行干预。设计技术规范的部分包括操作员控制站的设计。

定义操作员控制站：

在我们示例中所描述的工业搅拌过程，每个设备都可以由操作员控制站上的按钮来启动或停-止。这个操作员控制站包括用以指示操作状态的指示灯（见图F2.7）。

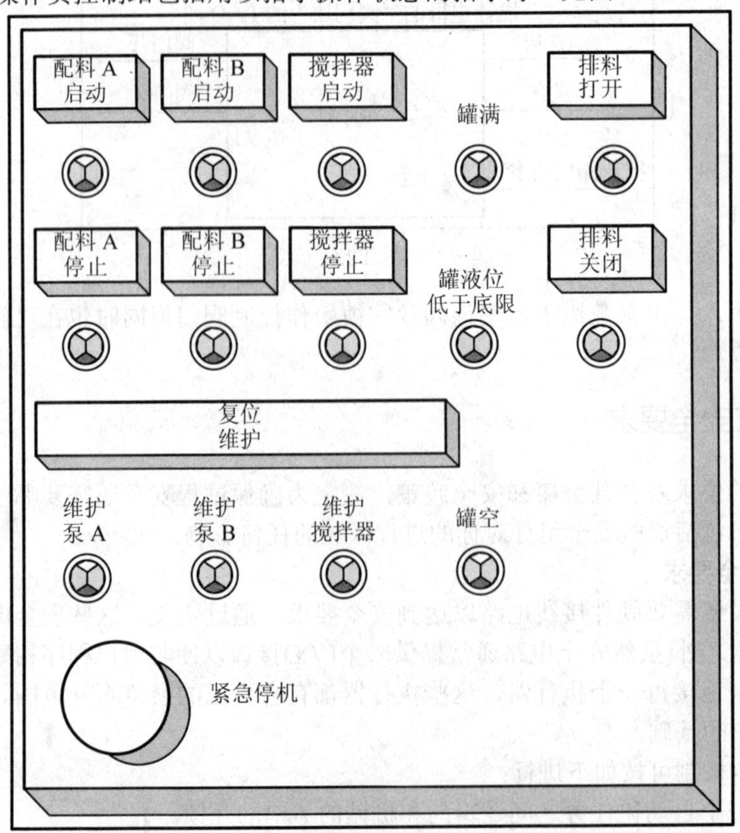

图 F2.7

操作站上还包括指示设备在经过一定次数的启动后需要维护的指示灯以及可以使过程立即停止的紧急断开开关。操作站上还有用来复位三个电机的维护显示灯的按钮。用这个按钮可以关断用于指示电机应进行维护的维护指示灯并将相应的计数器清零。

九、生在一个组态图

在制作了设计要求的文档后，还必须决定项目所需的控制设备的类型。

通过决定使用什么样的模板也就指定了可编程控制器的结构。生成一个组态图指定以下方面：

（1）CPU 类型；

（2）I / O 模板的类型及数量；

（3）物理输入和输出的组态。

图F2.8所示为工业搅拌过程的S_7组态的示例。

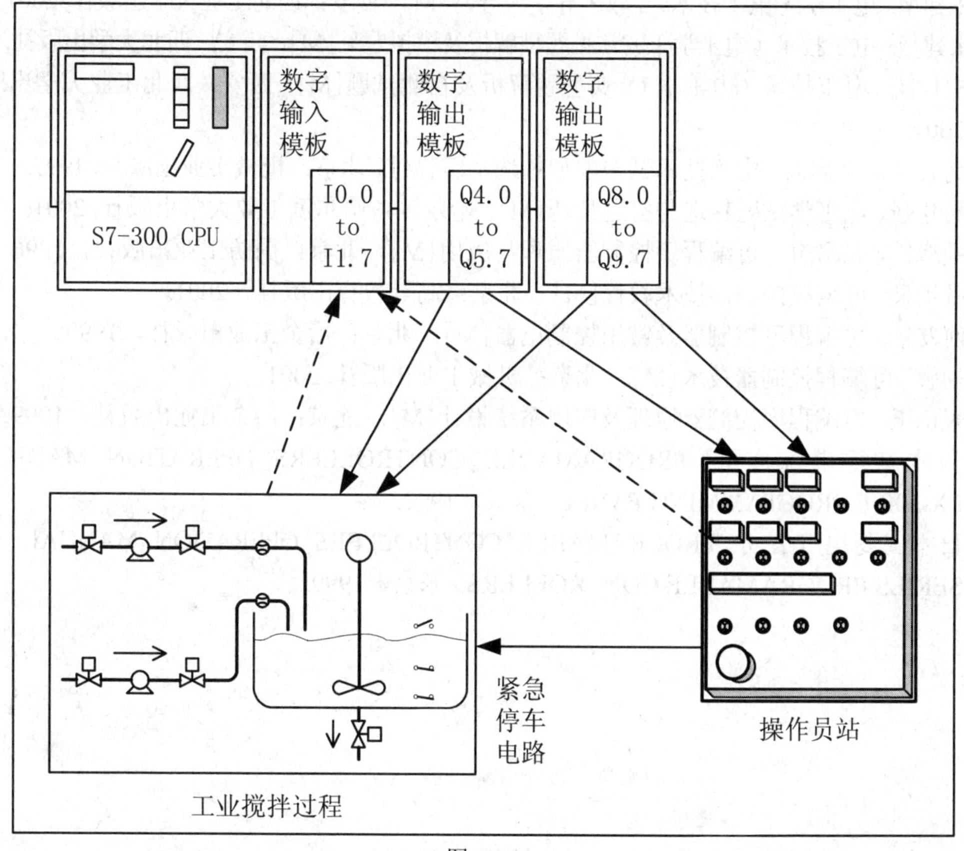

图 F2.8

参考文献

[1] 秦曾煌. 电工学（上册）：电工技术[M].第五版. 北京：高等教育出版社, 1999.
[2] 秦曾煌. 电工学（第六版）学习指导[M]. 北京：高等教育出版社, 2006.
[3] 唐介. 电工学学习指导（少学时）[M]. 大连：大连理工大学出版社, 1999.
[4] 刘全忠. 电工学习题精解[M]. 北京：科学出版社, 2002.
[5] 朱建堃. 电工学・电子技术 导教・导学・导考[M]. 西安：西北工业大学出版社, 2001.
[6] 朱建堃. 电工技术（电工学Ⅰ）常见题型解析及模拟题见[M]. 西安：西北大学出版社, 1999.
[7] 史仪凯. 电工技术（电工学Ⅰ）典型题解析及自测试题[M]. 西安：西北工业大学出版社, 2001.
[8] 高有华，李忠波. 电工技术试题题型精选汇编[M]. 北京：机械工业出版社, 1997.
[9] 吴建强. 电工学试题精选与答题技巧[M]. 哈尔滨：哈尔滨工业大学出版社, 2001.
[10] 顾战松，陈铁年. 可编程序控制器原理与应用[M]. 北京：国防工业出版社，1996.
[11] 吕景泉. 可编程控制器技术教程[M]. 北京：高等教育出版社，2001.
[12] 何友华. 可编程序控制器及常用控制电器[M]. 北京：冶金工业出版社，1999.
[13] 刘敏. 可编程控制器技术[M]. 北京：机械工业出版社, 2001.
[14] 宋德玉. 可编程序控制器原理及应用系统设计[M]. 北京：冶金工业出版社，1999.
[15] 日本三菱电气公司. PROGRAMABLE CONTROLLERS OPERATION MANUAL—FX-20P-E PROGPAMMING PANEL. 东京，1992.
[16] 日本三菱电气公司. PROGRAMABLE CONTROLLERS OPERATION MANUAL—FX_{2N} SERIES PROGRAMABLE CONTROLLERS. 东京，1999.